□ 中国高等职业技术教育研究会推荐

高职高专电子、通信类专业“十二五”规划教材

DSP处理器原理与应用

主　编　鲍安平

主　审　周昌雄

西安电子科技大学出版社

内 容 简 介

本书共分 9 章，21 个任务，分别介绍了 TMS320C55X 系列 DSP、DSP 处理器软硬件开发工具、DSP 软件开发、TMS320C55X DSP 的外设、利用 DSP 实现外部控制与通信、数字信号处理方法及其 DSP 实现、利用 DSP 实现语音信号采集与分析、DSP 系统硬件设计等内容。

本书以简单的语言和详实的步骤讲述 DSP 使用的重点操作，将一些零散的知识点放在任务的相关原理之中，这样既保证了章节在逻辑上的连贯性，又方便了教师的教学和学生的自学。

本书可作为高职高专院校电子与通信类专业的教材，也可作为工程技术人员的培训教材和参考书。

图书在版编目(CIP)数据

DSP 处理器原理与应用/鲍安平主编. —西安：西安电子科技大学出版社，2009. 9(2012.6 重印)

高职高专电子、通信类专业“十二五”规划教材

ISBN 978-7-5606-2323-8

Ⅰ. D… Ⅱ. 鲍… Ⅲ. ① 数字信号—信号处理—高等学校：技术学校—教材 ② 数字信号—微处理器—高等学校：技术学校—教材 Ⅳ. TN911.72 TP332

中国版本图书馆 CIP 数据核字(2009)第 128029 号

策　　划　张　媛
责任编辑　张　媛
出版发行　西安电子科技大学出版社(西安市太白南路 2 号)
电　　话　(029)88242885　88201467　　邮　　编　710071
网　　址　www.xduph.com　　电子邮箱　xdupfxb001@163.com
经　　销　新华书店
印刷单位　陕西天意印务有限责任公司
版　　次　2009 年 9 月第 1 版　2012 年 6 月第 2 次印刷
开　　本　787 毫米×1092 毫米　1/16　　印　　张　16.875
字　　数　395 千字
印　　数　4000～7000 册
定　　价　25.00 元
ISBN 978-7-5606-2323-8/TN・0534

XDUP 2615001-2

序

进入21世纪以来，高等职业教育呈现出快速发展的形势。高等职业教育的发展，丰富了高等教育的体系结构，突出了高等职业教育的类型特色，顺应了人民群众接受高等教育的强烈需求，为现代化建设培养了大量高素质技能型专门人才，对高等教育大众化作出了重要贡献。目前，高等职业教育在我国社会主义现代化建设事业中发挥着越来越重要的作用。

教育部2006年下发了《关于全面提高高等职业教育教学质量的若干意见》，其中提出了深化教育教学改革，重视内涵建设，促进"工学结合"人才培养模式改革，推进整体办学水平提升，形成结构合理、功能完善、质量优良、特色鲜明的高等职业教育体系的任务要求。

根据新的发展要求，高等职业院校积极与行业企业合作开发课程，根据技术领域和职业岗位群任职要求，参照相关职业资格标准，改革课程体系和教学内容，建立突出职业能力培养的课程标准，规范课程教学的基本要求，提高课程教学质量，不断更新教学内容，而实施具有工学结合特色的教材建设是推进高等职业教育改革发展的重要任务。

为配合教育部实施质量工程，解决当前高职高专精品教材不足的问题，西安电子科技大学出版社与中国高等职业技术教育研究会在前三轮联合策划、组织编写"计算机、通信电子、机电及汽车类专业"系列高职高专教材共160余种的基础上，又联合策划、组织编写了新一轮"计算机、通信、电子类"专业系列高职高专教材共120余种。这些教材的选题是在全国范围内近30所高职高专院校中，对教学计划和课程设置进行充分调研的基础上策划产生的。教材的编写采取在教育部精品专业或示范性专业的高职高专院校中公开招标的形式，以吸收尽可能多的优秀作者参与投标和编写。在此基础上，召开系列教材专家编委会，评审教材编写大纲，并对中标大纲提出修改、完善意见，确定主编、主审人选。该系列教材以满足职业岗位需求为目标，以培养学生的应用技能为着力点，在教材的编写中结合任务驱动、项目导向的教学方式，力求在新颖性、实用性、可读性三个方面有所突破，体现高职高专教材的特点。已出版的第一轮教材共36种，2001年全部出齐，从使用情况看，比较适合高等职业院校的需要，普遍受到各学校的欢迎，一再重印，其中《互联网实用技术与网页制作》在短短两年多的时间里先后重印6次，并获教育部2002年普通高校优秀教材奖。第二轮教材共60余种，在2004年已全部出齐，有的教材出版一年多的时间里就重印4次，反映了市场对优秀专业教材的需求。前两轮教材中有十几种入选国家"十一五"规划教材。第三轮教材2007年8月之前全部出齐。本轮教材预计2009年全部出齐，相信也会成为系列精品教材。

教材建设是高职高专院校教学基本建设的一项重要工作。多年来，高职高专院校十分重视教材建设，组织教师参加教材编写，为高职高专教材从无到有，从有到优、到特而辛勤工作。但高职高专教材的建设起步时间不长，还需要与行业企业合作，通过共同努力，出版一大批符合培养高素质技能型专门人才要求的特色教材。

我们殷切希望广大从事高职高专教育的教师，面向市场，服务需求，为形成具有中国特色和高职教育特点的高职高专教材体系作出积极的贡献。

中国高等职业技术教育研究会会长

2007年6月

高职高专电子、通信类专业“十二五”规划教材
编审专家委员会名单

前　言

目前，信息化已经成为社会发展的大趋势。由于信息化是以数字化为背景的，因此电子技术已全面地由模拟技术向数字技术过渡，传统的模拟信号处理技术正被全新的数字信号处理技术所替代。由于目前绝大多数的数字化产品都需要快速实时地完成数字信号处理任务，因此能够完成实时数字信号处理任务的数字信号处理器也日益显示出其重要性。

本教材以培养职业能力为目标，兼顾知识的完整性和学生的可持续发展。变书本知识的传授为动手能力的培养，打破传统的知识传授方式，以“任务”为主线，创设工作情景，培养学生的实践动手能力。

本书共分为 9 章。第 1 章为 DSP 概述；第 2 章介绍了 TMS320C55X 系列 DSP，为学习后面的章节打下基础；第 3～8 章按照学习的规律循序渐进地介绍了 DSP 处理器软硬件开发工具、DSP 软件开发、TMS320C55X DSP 的外设、利用 DSP 实现外部控制与通信、数字信号处理方法及其 DSP 实现、利用 DSP 实现语音信号采集与分析，第 9 章详细地介绍了 DSP 系统硬件设计的方法和注意事项。

本书中还设置了 21 个任务。其中以简单的语言和详实的步骤讲述 DSP 使用的重点操作，与相关的章节有机的结合起来，将一些零散的知识点放在任务的相关原理之中，这样既保证了章节在逻辑上的连贯性，又方便了教师的教学和学生的自学。

本书可以作为高职高专电子与通信类专业高年级学生的教材，也可以作为工程技术人员的培训教材和参考书。

本书由南京信息职业技术学院鲍安平担任主编，该院的魏琰和徐开军以及河南理工大学钱伟也参与了部分章节的编写。南京信息职业技术学院袁小燕和南京工程学院张弘担任本书的绘图和制表工作。在本书的编写过程中，得到了北京合众达电子技术有限公司南京分公司经理焦小军的大力帮助。北京瑞泰创新科技有限责任公司工程师尚奎、东南大学自动化学院院长费树岷教授、苏州职业大学的周昌雄老师为本书提出了许多好的建议，编者在此表示衷心感谢。

由于 DSP 应用技术的发展日新月异，加上编者水平有限，书中难免存在不妥之处，恳请广大读者批评指正。

编　者

2009 年 5 月

目　录

第 1 章　DSP 概述

1.1　引　　言

现代社会，数字电视、数码相机、数字电话、数字视频、数字音频等产品已经得到了广泛的应用。与传统的模拟产品比较，这些数字产品能够提供更完美的效果。这在很大程度上是由于这些产品使用了数字信号处理技术的缘故。目前，数字信号处理任务大多数都是由 DSP 来完成的，DSP 技术已成为人们日益关注的并得到迅速发展的前沿技术。

1.2　什么是 DSP

DSP 是数字信号处理(Digital Signal Processing)的缩写，也是数字信号处理器(Digital Signal Processor)的缩写。我们所说的 DSP 技术，通常指的是利用通用的或专用的 DSP 处理器来完成数字信号处理的方法和技术。

1.2.1　数字信号处理

数字信号处理是一种通过使用数学方法来提取信息，处理现实信号的信号处理技术。这些被处理的信号由数字序列表示。

1807 年傅里叶分析诞生，并在随后产生了两种傅里叶分析方法，即连续的和离散的傅里叶分析，但是由于其计算量太大，很难在实际使用中发挥作用。直到 1965 年，IBM 公司的 Cooley 和 Tukey 提出 DFT(离散傅里叶变换)的高效快速算法(Fourier Transform，FFT)，才使数字信号处理方法的使用有了突破性的进展。

自 FFT 产生以来，数字信号处理(DSP)已有 40 多年的历史，在这期间，伴随着计算机和信息技术的飞速发展，数字信号处理技术日臻完善，进而形成一门独立的学科系统。

如今，在数字信号处理的各个应用领域，如语音与图像处理、信息的压缩与编码、信号的调制与调解、信道的辨识与均衡、各种智能控制与移动通信等都延伸出各自的理论与技术，可以说凡是用计算机来处理各类信号的场合都引用了数字信号处理的基本理论、概念和技术。

经典的数字信号处理方法有时域的信号滤波(如 IIR、FIR)和频域的频谱分析(如 FFT)。

1.2.2　数字信号处理器

数字信号处理器(Digital Signal Processors，DSP)是指具有专门为完成通用数字信号处理任务而优化设计的系统体系结构、软件和硬件资源的单片、可编程的处理器。

经典的数字信号处理，如 IIR、FIR 和 FFT 的核心是乘加运算。数字信号处理器是专门为完成数字信号处理任务而优化设计的，其设计的宗旨是为了更快地完成数字信号处理任务，因此其特点是更适合于乘加运算。另外，数字信号处理器是可编程的，非常利于程序修改以及产品升级。

1.2.3 数字信号处理的特点与优势

1. 数字信号处理的优点

1) 设计灵活性

图 1-1 为一个典型的 FIR 滤波器，同样的滤波效果可以由传统的模拟滤波器完成，但是如果需要改变设计时，模拟系统必须重新进行系统设计，至少需要改变系统中的某些器件或参数，然后再重新装配和调试，这个过程是非常费时和费力的。而如果使用以 DSP 处理器为核心的数字系统，则是在一个硬件平台通过用各种软件来执行各种各样的数字信号处理任务。改变设计时，只需要改变相应的软件或软件中的参数，而不需要改变硬件平台本身，具有极大的灵活性，是传统的模拟系统无法比拟的。例如，数字滤波器可以通过重新编程来完成低通、高通、带通和带阻等不同的滤波任务，不需要改变硬件；而模拟滤波器则必须改变其设计并重新调试，才能达到目的。近年来得到迅速发展和应用的软件无线电技术，是在一个以高性能 DSP 处理器为核心的硬件平台上，用不同的软件来实现对不同工作模式的电台间通信；对于模拟电台而言，只有工作模式完全相同的电台之间才能进行通信。

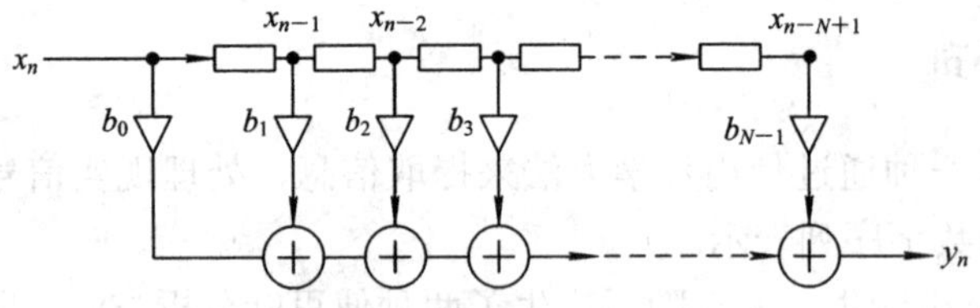

图 1-1　有限冲击响应滤波器(FIR)结构图

以 DSP 处理器为核心的数字系统的灵活性是模拟系统很难达到的，有的甚至是模拟系统不可能实现的。

2) 精度高

一般来说，数字系统精度要比模拟系统高。模拟系统由于受元器件精度的制约，精度始终很难提高，虽然现在有了高精度的电阻等元器件，但其直接影响了系统的成本，而且其精度也不能让人满意。而数字系统的精度是由系统所采用的 A/D 转换器的位数、处理器字长以及所采用的算法等因素决定的。相对而言，可以获得更高的精度。

3) 可靠性和可重复性好

数字系统的可靠性和可重复性也是模拟系统所不能达到的。模拟系统受环境温度、湿度、噪声、电磁场等的干扰和影响大。当环境的温度、湿度、振动以及在外界电磁场干扰等条件改变时，模拟系统的性能就会发生改变，而且可能是大的改变。另外，随时间的改变，模拟系统的特性也会发生改变。数字系统的输入、输出是由软件来确定的，因此，不存在随时间而改变的问题。相对模拟系统而言，数字系统的稳定性要好得多，即受时间和环境的影响要小得多。

两个同样设计的模拟系统，采用同样的元器件，在相同的输入信号和环境下，由于元器件参数的离散性，所得到的输出往往会有细小的差别。另外，同一个模拟系统在不同的时间和环境下，相同的输入也往往得不到相同的输出结果。而数字系统一旦其设计完毕以后，精度也就确定了，并且其精度不会随着时间和环境的变化而变化。

4) 便于大规模集成

随着科学与技术的发展，近年出现了大量的模拟集成电路和模拟/数字混合集成电路，但从可选择的种类、集成度、功能与性能、性价比等诸方面而言，还是不能与超大规模数字集成电路相比。DSP 处理器就是基于超大规模数字集成电路技术和计算机技术而发展起来的、适合于作数字信号处理的高速高位微处理器。它们体积小、功能强、功耗小、一致性好、使用方便、性价比高。

5) 数字系统的其他优势

数字系统除具有上述优势以外，还在抗干扰性能、数据压缩、实现自适应算法等方面有不俗的表现。

数字系统的抗干扰功能强大。在数字系统中，信号是用 0 和 1 来表征的，虽然 0 和 1 所表征的数字信号也会受到噪声的干扰，但只要能够正确地识别 0 和 1，并将其再生，则可以完全消除噪声的影响。另外，迅速发展的各种数字纠错编解码技术，能够在极为复杂的噪声环境中，甚至信号完全被噪声所淹没的情况下，正确地识别和恢复原有的信号。这点在模拟系统中是无法做到的。

模拟信号进行压缩时付出的代价是随着带宽的变窄，信号的质量会受到比较大的影响。然而数字信号的压缩可以在对原信号质量影响很小的前提下，取得很高的压缩比。这对数据的传输和存储，无疑是很有利的。例如，采用数字电视技术以后，可以利用原有的有线电视网络传输更多的、质量更好的电视节目，并且可以提供诸如互动电视等更好的服务。

从信号与系统的角度讲，自适应就是使系统的特性随输入信号的改变而改变，从而在某种准则下，得到最优的输出。例如，IP 电话中的回声会严重影响服务质量，必须加以消除。但回声的幅度和延时量随时都在改变，只有使用自适应系统才能将其消除。就模拟系统而言，只有改变系统的设计和元器件的参数，才能改变系统的特性，因而很难实现实时自适应。以 DSP 处理器为核心的数字系统，已经成为实现各种自适应算法的首选。对于特定的自适应算法，它能根据确定的准则，实时地改变系统的参数，从而实现实时自适应；对于不同的自适应算法，只需要更换适当的软件即可。

2. 模拟信号处理的不可替代性

尽管数字系统具有如此之多的优越性，但仍然不能完全取代模拟系统。

实际上，自然界的信号绝大多数是模拟信号。如声音、图像、温度、压力、速度、加速度等信号都是随时间连续变化的模拟信号。我们要利用数字系统对其进行处理，必须首先用模拟系统和模拟数字混合系统加以处理。例如用模拟滤波器将其改变成带限信号，用模拟放大器改变其幅度，然后采样/保持，通过 A/D 变换器变换成为数字信号后，才能用数字信号处理系统加以处理；处理之后，还要通过 D/A 变换器变换成为模拟信号，并通过适当的模拟信号处理，才能加以使用。所以，要想构成一个完整的数字信号处理系统，大多数情形下离不开模拟系统。

1.2.4 数字信号处理算法的特点

上面我们讲到了 DSP 处理器是专门为数字信号处理算法而优化设计的，那么 DSP 算法到底有什么特点呢？

图 1-1 中有限冲击响应滤波器(FIR)可以用下式来表示：

$$y(n)=\sum_{i=0}^{N-1} b_i x(n-i) \tag{1-1}$$

式 1-1 是一个一系列乘积的累加，也就是说该式使用了乘法和加法，并且做了 N 重的循环。

由此可以看出 DSP 算法是属于数学计算，这区别于那些以数据操作为主的常规任务。数据操作的典型运用如字处理、数据库管理、表格、操作系统等，其主要操作有诸如将数据 B 移动到数据 A，检测 A 是否等于 B 等。而数学计算的典型运用，如数字信号处理、科学和工程仿真等，其主要操作是乘法、加法等运算。

1.2.5 实时处理的概念

上面我们讲了模拟系统从本质上来说是实时的，那么，什么是实时处理呢？可以这样说：实时的概念是根据具体的应用来确定的。

对于一个处理过程，如果满足下式，我们可以认为处理是实时的。

$$\text{等待时间} \geqslant 0 \tag{1-2}$$

如图 1-2 所示，要使等待时间≥0，就必须使处理时间小于采样时间，也就是说要在规定的采样时间内完成与之相应的数据处理。

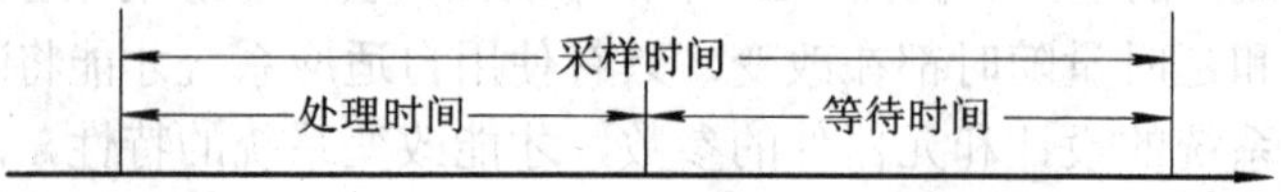

图 1-2　处理时间、采样时间、等待时间关系图

对于图 1-1 中有限冲击响应滤波器(FIR)来说，要使其处理是实时的，就必须在采样时间内完成式(1-1)的计算，这样的计算量通常来说都是相当大的。

数字信号处理器是专门为完成数字信号处理任务而优化设计的，因此其实时处理数据的能力也是独一无二的。

1.2.6 数字信号处理算法实现的途径

数字信号处理的实现方法有多种，大体可以分为基于 PC 和非基于 PC 的两种。

基于 PC 的实现方法可以说是通过软件来实现的。例如，我们在个人电脑上常用的 MP3 播放器就是通过软件来实现 MP3 格式的音频文件解压缩的，而这过程是通过在个人电脑上运行的软件来实现的。

非基于 PC 的实现方法可以说是通过硬件来实现的。例如，FPGA(现场可编程门阵列)、ASIC (专用集成电路)以及专用的和通用的 DSP，都可以用来实现 DSP 算法。

用 FPGA(现场可编程阵列)实现 DSP 的各种功能实质上是采用了一种硬连接逻辑电路，但由于 FPGA 具有现场可编程能力，允许根据需要迅速重新组合基础逻辑来满足使用要求，因而更加灵活，而且比通用 DSP 芯片具有更高的速度。一些大的公司如 Xilinx、Altera 也正把 FPGA 产品扩展到 DSP 的应用中去。值得一提的是 Xilinx 在 2004 年 9 月成立了 DSP 部，2005 年又加大对 DSP 研发的投入。

ASIC 系统是为某种应用目的专门设计的系统。通常用于数字信号处理的 ASIC 系统只涉及一种或一种以上自然类型数据的处理，例如音频、视频、语音的压缩和解压、调制/解调等。其内部由基本 DSP 运算单元构建，包括 FIR、IIR、FFT、DCT、卷积码的编解码器及 RS 编解码器等。其可应用于计算复杂密集、数据量、运算量都很大的场合，但成本较高。

通用可编程 DSP 芯片是目前使用最多的数字信号处理器件。其特点本书将予以详细讨论。

1.3　DSP 处理器的特点

1.3.1　DSP 处理器的结构特点

DSP 处理器是专门用来进行高速数字信号处理的微处理器，其设计的着眼点是要求速度快、处理的数据量大、效率高。它的主要结构特点如下。

1. 采用哈佛(Harvard)结构和改进的哈佛结构

以奔腾为代表的通用处理器采用冯·诺依曼(Von Neumen)结构，这主要考虑到成本，其结构如图 1-3 所示。在冯·诺依曼结构中，程序代码和数据共用一个公共的存储空间，指令、数据、地址的传送采用同一条总线，靠指令计数来区分三者。由于取指和存取数据是在同一存取空间通过同一总线传输，因而指令的执行只能是顺序的，不可能重叠进行，所以无法提高运算速度。

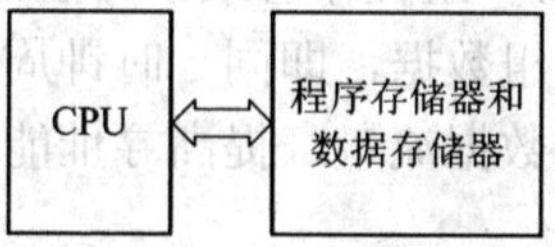

图 1-3　冯·诺依曼结构

DSP 处理器几乎毫无例外的采用哈佛结构，如图 1-4 所示。哈佛结构把程序代码和数据的存储空间分开，并有各自的地址和数据总线，每个存储器独立编址，用独立的一组程序总线和数据总线进行访问。这样，DSP 处理器就可以并行地进行指令和数据的处理，提高了信号处理的速度。

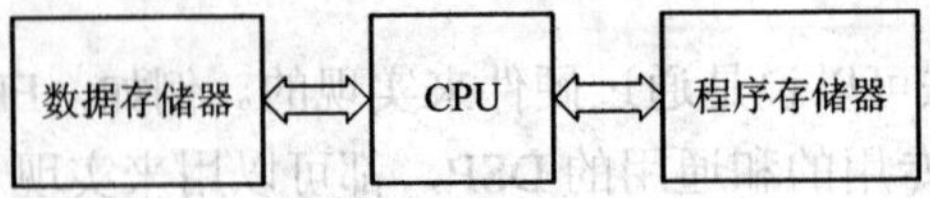

图 1-4　哈佛结构

为了进一步提高信号处理的效率，在哈佛结构的基础上加以改进，使得程序代码存储空间与数据存储空间之间也可以进行数据交换，则称为改进的哈佛结构(Modified Harvard Architecture)。这种结构可以并行进行数据操作，例如在做数字滤波时把系数放在程序空间，待处理的样本数据放在数据空间，处理时可以同时提取滤波器系数和样本进行乘法和累加操作，从而大大提高运算速度。改进的哈佛结构还可以从程序存储区来初始化数据存储区，或把数据存储区的内容转移到程序存储区，这样可以复用存储器，降低成本，提高存储器使用效率。

2. 多总线结构

DSP 除了将数据、地址总线分开以外，还具有多条附加总线，如图 1-5 所示。

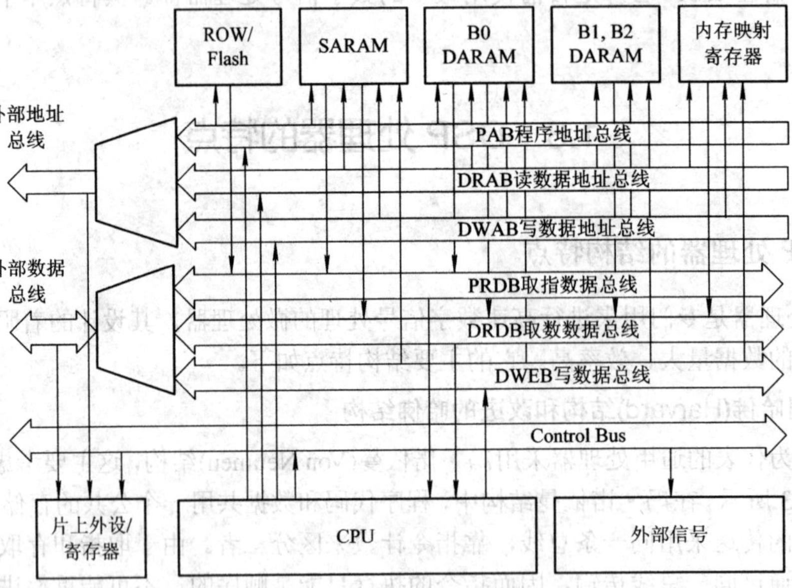

图 1-5　多总线结构图

例如 TMS320C54X 的结构中有一组程序总线，两组读数据总线和一组写数据总线，这样可以同时读取两组数据和存储一组数据，即同一时钟周期内可以执行一条 3 个操作的指令。这种附加总线可扩充地址增加数据流量，提高寻址能力。

3. 采用流水线操作

计算机在执行一条指令时，要通过取指、译码、取数、执行等各阶段，需要若干个指令周期才能完成。流水线技术是将各指令的各个步骤重叠起来进行，虽然每条指令的执行仍然要经过这些步骤，需要同样的指令周期数，但是将一个指令段综合起来看，其中每一条指令似乎都是在一个周期内完成，可以把指令周期减到最小，增加数据吞吐量。图 1-6 为流水线技术示意图。

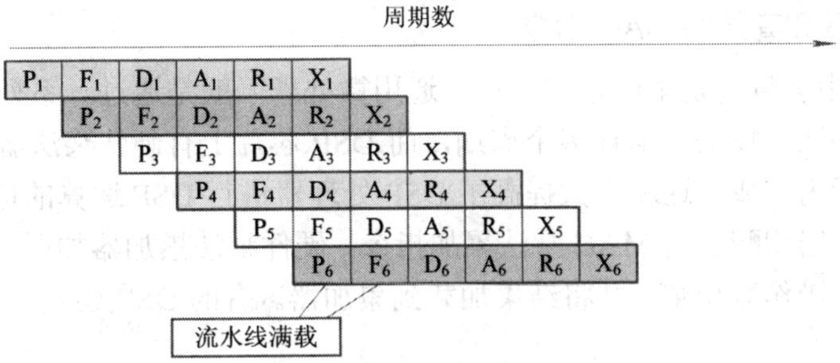

图 1-6 流水线技术

如图 1-6 所示，可进一步把一条指令分解为预取指、取指、解码、取操作数地址、取操作数和执行等 6 个阶段，图中的字母分别表示：

P——预取指；F——取指令；D——码；A——取操作数地址；R——取操作数；X——执行。

从图 1-6 中我们可以看出，当第一条指令执行到取指令的同时，第二条指令在预取指；当第一条指令执行到解码时，第二条指令在取指令，第三条指令在预取指；以此类推，直到第六条指令预取指时，第一条指令已经在执行了。对于图中的流水线状况，当第六条指令开始时，我们就称这个流水线满载了。当流水线满载以后，从图中纵向看，似乎一条指令在一个周期内就完成了。这有些类似我们通常见到的工厂的生产流水线，一条生产线分为很多的工序，零件进入生产线依次进入各道工序，当各道工序都开始工作时，成品就从生产线上生产出来了。

图 1-7 直观地给出了采用流水线技术之后，执行同样的指令，所需要的指令周期数较采用前得到了很大的节约。

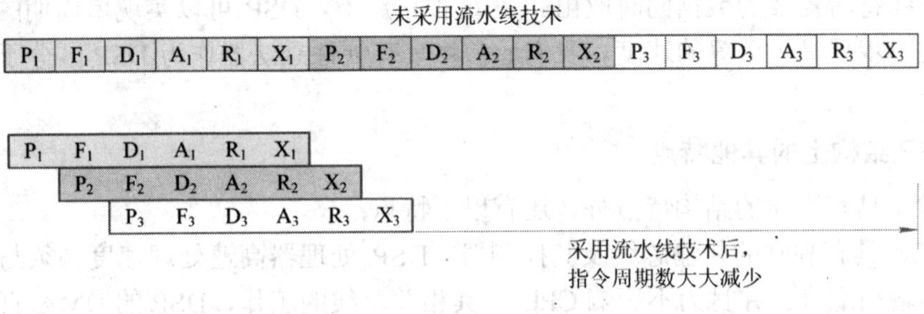

图 1-7 采用流水线技术前后的比较

但是，这种流水线操作也不是十全十美的，其主要原因是，一项处理很难被分解成若干个处理规模一致、在时间上有最佳配合的流水段，因而需要用寄存器协调流水线工作。

流水线操作适用于循环操作时间足够长或多个数据点反复执行同一指令的情况。这是由于，流水线启动和停止的阶段是流水线逐步被填满和出空的过程。对于一次性非重复计算，流水线不可能达到稳态，反而用主要时间做填满和出空操作，因而是不合适的。我们从 DSP 算法的特点，可以看出其非常适合于流水线操作，因为其计算大多是相同的乘法或加法运算，而且循环的次数较多，流水线容易达到满载的运行状态。

4. 硬件乘法器和高效的MAC指令

在DSP算法中大量的是乘法累加运算。通用微处理一般是通过一系列的加法来完成乘法运算的，一个乘法运算需要消耗多个周期，而DSP芯片上有硬件乘法器，使得乘法运算能够做到一个周期内完成，这就大大提高了DSP处理器进行DSP运算的速度。另外，DSP还具有与硬件乘法器相配合的MAC乘法累加指令。硬件乘法累加器如图1-8所示，它可以在单周期内取两个操作数相乘，并将结果加载到累加器。有的DSP还具有多组MAC结构，可以并行处理。

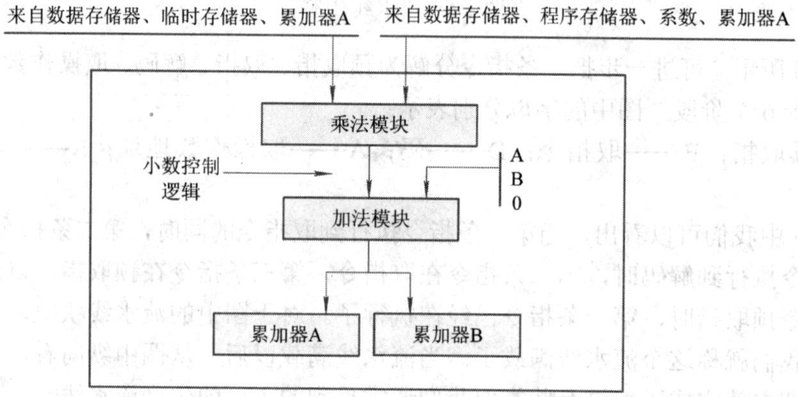

图1-8　硬件乘法累加器

图1-8中，在加法器方框(ADD)右边的A、B、0分别代表有可能的加法器输入，它们为累加器A、累加器B及0值。从图1-8中，我们还可以看出，由于DSP采用了哈佛结构，它可以将运算所需要的采样值和系数分别放在数据存储器和程序存储器之中，这样可以通过不同的总线将所需要的数据同时取出。在这种布局下，DSP可以实现单周期的MAC指令，从而进一步提高了运算的速度。我们通常将具有硬件乘法器作为DSP区分于其他处理器的标志。

5. DSP结构上的其他特点

DSP除了具有上述的结构特点外，还有以下特点：

(1) DSP具有独立的传输总线及其控制器。DSP处理器高速处理速度必须与高速的数据访问和传输相配合。并且为不影响CPU及其相关总线的工作，DSP的DMA(直接内存存取方式：数据在内存与I/O设备间直接进行成块传输)单独设置有传输总线及其控制器，因此DMA可以独立工作。有时为了提高DSP的实时处理能力，把多个DSP组成DSP处理器阵列，并行工作，此时DMA可以作为各处理器之间进行数据传输的主要通道。

(2) DSP具有专用的数据地址发生器(DAG)。在DSP运算中，存储器的访问具有可预测性。例如在FIR滤波中，样本、系数都是顺序访问的，因此在DSP芯片中专门设置数据地址发生器。其实它也是一个算术逻辑运算单元ALU，具有简单的运算能力。在通用机的CPU中，数据地址和数据处理都由同一ALU完成。例如在8086中，做一次加法需要三个周期，而计算一次地址需要5～6周期，这样会耗费大量的时间，在DSP芯片中就不需要这样的额外开销。另外在DSP芯片的数据地址产生中还支持间接寻址、循环寻址、倒位寻址等特殊操作，以适应DSP运算的各种寻址需求。

(3) DSP 具有丰富的外设(Peripherals)。DSP 处理器往往是脱机独立工作的，因此为与外设接口方便，往往设置了丰富的周边接口电路。一般包含如下片上外设：时钟产生器(振荡器与锁相环 PLL)、定时器(Timer)、软件可编程等待状态发生器(以便使较快的片内设施与较慢的片外电路及存储器协调工作)、通用的 I/O 口、多通道同步缓冲串口(McBSP)和异步串口、主机接口(HIP)、JTAG 边界扫描逻辑电路(IEEE 标准 1149.1)(便于对 DSP 处理器做片上在线仿真和多处理器情况下的调试)。

(4) DSP 具有片内存储器。DSP 芯片片内一般带有存放程序的只读存储器 ROM 和存放数据的随机存储器 RAM，符合 DSP 运算简单、核心程序短小的特征，同时可以提高指令传输效率，减小总线接口压力。这些片存储器不存在与外部总线竞争和访问外部存储器速度不匹配的问题，这样使 DSP 处理器具有强大的数据处理能力。

(5) DSP 具有与结构相配合的 RISC 指令集。一般 DSP 处理器具有高度专门化、复杂且不规则的指令集，这样单个指令字可以同时控制片内多个功能单元操作。DSP 处理器指令集在设计时有两个特点：一是最大限度地使用了处理器的硬件资源，在单个指令中并行完成若干操作，例如在完成主要算术运算的同时，并行地从存储器提取一个或两个数据以及完成地址指针的更新；其次是指令所使用的存储空间缩减到最小，为缩短指令字长，往往用状态寄存器的模式来控制处理器的操作特性，例如舍入或饱和的处理，不再将这些信息作为指令的一部分来处理。

综上所述，DSP 处理器实现高速运算的主要途径可以概括为：硬件乘法器及乘-加单元、高效的存储器访问、零开销循环、专门的适应硬件结构的指令集、多执行单元、数据流的线性 I/O 口。

1.3.2　DSP 与 MCU、GPP 的区别及其优势

微处理器自诞生以来，就沿着 GPP(General Purpose Processor)即通常所说的通用 CPU，以微机中 Intel 公司的奔腾系列 CPU 为代表、微控制器(MCU，即通常所说的单片机)以及 DSP 三个方向发展。MCU 集成了片上外围器件，适合不同信息源的多种数据的处理诊断和运算，侧重于控制，速度并不如 DSP；GPP 不带外围器件(例如存储器阵列)，是高度集成的通用结构的处理器，是去除了集成外设的 MCU；DSP 运算能力强，擅长很多的重复数据运算。这三类处理器各有专长，虽然随着技术的发展，这三类处理器之间互相借鉴，并有融合的趋势，但总的来说，它们各自有不同的应用领域。

1. 与 GPP 相比 DSP 具有的优势

上文讲到了 DSP 算法的实现方式，其中有基于 PC 的实现方式，也就是利用软件来实现。现在的 GPP 速度越来越快，在实现 DSP 算法时可能并不比 DSP 慢，那么为什么大多数的 DSP 算法的实现是由 DSP 来完成的呢？我们从以下几点来考虑这个问题。

首先，在功耗方面，奔腾系列 CPU 的功耗多在 20～100 W，PowerPC 的功耗最小也要 5～10 W，而 DSP 可以做到 1～2 W。如 TMS320C54X 是目前普遍使用的定点 DSP 芯片，当它的速度在 100 MIPS(MIPS：每秒执行的百万指令数，是处理器速度的重要指标之一)时其功耗为 60 mW，而本书重点讲述的 TMS320C55X 的功耗更低，一般工作状态下平均功耗在 20 mW 左右，最低可至 0.33 mA/MHz 的超低功耗，为节能型便携式系统提供了令人难

以置信的潜能。

其次，采用 GPP 来设计系统比采用 DSP 的花费更多。就单个的芯片而言，GPP 的价格一般来说都比 DSP 要贵的多，现在市场上 GPP 的价格在几百元人民币到上千元不等，而普通的 DSP 价格一般在 100 元人民币左右。另外，使用 GPP 来开发，其开发费用高，上市的周期长，而使用 DSP 开发则与之相反。

最后，DSP 的尺寸比 GPP 要小得多，更适用于便携产品。我们只要看一下 PC 机和数码相机的大小便可以直观的知道两者之间的差距了，很难想象我们会使用一台 PC 机大小的数码相机。DSP 的尺寸有越来越小的趋势，并且随着设备不断变小，速度越来越快，便携性越来越高的情况下，此趋势会继续发展。

由上可知，如果设计的系统或装置需要低成本、小尺寸、低功耗并且对信号处理的实时性要求很高时，我们使用 DSP 来进行开发。如果需要更大的存储空间、更高级的操作系统支持的时候，我们采用 GPP 来进行开发。

2. MCU 与 DSP 的比较

MCU 区别于 DSP 的最大特点在于它的通用性，反映在指令集和寻址模式中。与 MCU 相比，DSP 实时处理要求必须满足大数据量、复杂计算、实时性强的各种运算。

DSP 在运算能力上进行了扩充，它采用专用的硬件乘法器，有足够的字长，乘法结果保留全部数值，用双字长乘法存储器，同时可以用来做双精度运算。另外，如上文所述，DSP 能自动产生数据地址；指令时序的产生不对其他运算单元造成额外开销；一般 DSP 芯片中都有桶形移位器，可以在一定范围内调整数据输出宽度，特别是在做浮点和块浮点运算时，免去主处理器作多次移位和旋转操作。

DSP 与 MCU 的结合是数字信号控制器(DSC)，它终将取代这两种芯片。数字信号控制器(DSC)是一种集微控制器(MCU)和数字信号处理器(DSP)专长于一身的新型处理器。与 MCU 一样，DSC 具有快速中断响应、提供面向控制的外设(如脉宽调制器和看门狗定时器)、用 C 编程等特性。DSC 还集成了诸如单周期乘累加(MAC)单元、桶形移位器(barrel shifter)和大的累加器等功能。

1.3.3 DSP 处理器性能指标

一般，对 DSP 处理器缺乏一种诸如对 PC 机那样公正合理的性能评价体系，这是由于各 DSP 厂商推出的产品在结构和数据传输能力上有很大的差异，DSP 产品都是专门为某种目的而设计的，因而正确评价只有与特定的应用联系起来，评价结果才有意义。这里将常用的指标做一介绍。

(1) MIPS(Millions of Instructions Per Second)，每秒执行百万指令数。一般 DSP 为 100 MIPS，TI 公司的 5000 系列性能最高可达 900 MIPS，使用超长指令字的 TMS320B2XX 为 2400 MIPS。

(2) MOPS(Millions of Operations Per Second)，每秒执行百万操作数。这个指标的问题是什么是一次操作。通常操作包括 CPU 操作外，还包括地址计算、DMA 访问数据传输、I/O 操作等。一般说 MOPS 越高意味着乘积-累加和运算速度越快。

(3) MFLOPS(Million Floating Point Operations Per Second)。这是衡量浮点 DSP 芯片的重

要指标。例如 TMS320C31 在主频为 40 MHz 时，处理能力为 40MFLOPS，TMS320C6701 在指令周期为 6 ns 时，单精度运算可达 GFLOPS。

(4) MBPS(Million Bit Per Second)。它是对总线和 I/O 口数据吞吐率的度量，也就是某个总线或 I/O 的带宽。例如对 TMS320C6XXX 在 200 MHz 时钟、32 bit 总线时，总线数据吞吐率为 6400 MBPS。

(5) MACS(Multiply-Accumulates Per Second)。例如 TMS320C6XXX 乘加速度达 300～600 MMACS。

以上传统指标虽然可以作为设计时可选的参考指标，但是有很大的局限性。例如它没有考虑存储器的使用和器件的功耗，一旦器件与外部速度较慢的存储器进行数据交换时，运行速度马上就会降低。

另一评价指标是核心算法评价指标。它是利用构成大多数 DSP 系统的基本运算模块(例如 FIR、IIR、FFT、向量加等典型运算)来进行评价的。在规定大小适度、输入、输出要求统一，保证功能一致性的条件下，也允许程序员针对所使用的处理进行代码的优化。评价指标是执行时间、存储器的使用和能耗等。

DSP 处理器还有其他评估指标，各类评估指标之间都有其自身的不足，因而正确的选用器件要根据任务需要量身定做，不可一味追求某项高指标，要根据性价比合理选用器件。

1.4　DSP 处理器的应用

由于超大规模集成电路技术的迅猛发展，DSP 技术也得到了突飞猛进的发展。成本降低，促使了其需求的上升和应用领域的扩展。目前，DSP 在计算机、通信、消费类电子产品方面(即所谓 3C 领域)得到了广泛的应用。DSP 在通信领域应用占 72%，计算机占 3%，消费类、办公自动化各占 2%，从趋势上看，工业(特别是变频电机控制)中的应用，以及消费类产品中应用的份额会有所上升。下面就 DSP 的几个与我们日常生活相关的典型应用做一简单介绍。

1. 数字视频

DSP 在数字视频领域从基础设备到客户端，以及便携式设备中都得到广泛应用。在诸如 DVD、数码相机、数字摄像机、便携式媒体播放器(PMP)、数字机顶盒、流媒体、监视 IP 视频节点、基于 IP 的视频会议终端等应用上，DSP 大有用武之地。特别是 TI 公司推出的 DaVinci 技术使手持、家庭以及车载数字媒体设备方面的突破性创新成为可能。DaVinci 专门针对数字视频系统进行了优化，并集成了基于数字信号处理器(DSP)的片上系统(SoC)、多媒体编解码器、ASP 和框架以及开发工具。这些集成组件提供了一套完整的开放平台解决方案。现在，开发者可以创建具有丰富特性的独特设备，并针对特定应用进行优化，从而快速投入市场。

2. 电信

电信应用要求具有操作各种各样的数据、语音、电话和连接功能的处理能力。使用可编程 DSP，开发者可以轻松地扩展产品功能和特性集来匹配设计要求。此外，开发者可以自定义、改编以及扩充基于 DSP 的设计，以满足特定的要求并集中于终端产品个性化。DSP 的解决方案可以供远程数据收集、因特网连接、电话协处理以及语音频带处理客户端电话等使用。

其中数字移动电话是 DSP 最为重要的应用领域。由于 DSP 具有强大的计算能力，使得移动通信的蜂窝电话重新崛起，并创造了一批诸如 GSM、CDMA 等全数字蜂窝电话网。由于采用 DSP 技术，移动电话的更新换代变得更为容易，只需在统一的硬件平台基础上，通过软件的不断升级就可以生产出各式各样的新款手机。

3. 安防

通过使用 DSP 技术，可以将只有人类可以理解的模拟视频输入转换为计算机可以理解的 0 和 1 的数字流。通过选择处理空间超过转换模拟视频信号所需的 DSP，就有可能创造具备领先功能的可编程智能产品，从而真正使产品具有特色并获得未来证明。换句话说，摄像机不再局限于记录事件。通过 DSP 技术，它们现在可以评估事件的重要性和相关性，而无需人员干预。

提高效率的方法之一是让摄像机评估事件且仅在事件确实重要的情况下才触发警报：通过移动检测机制，智能摄像机可以实时跟踪运动；通过限制关注范围，摄像机可以确定移动是发生在安全门附近(从而指示一个事件)还是在街道对面(因为不是关注点，从而也不是一个事件)；摄像机可以利用对象识别来评估是重要事件(对象是一个人)还是错误警报(对象是一只鸟或狗)；通过面部识别技术，摄像机可以验证人员身份。此时，仅当具有足够证据表明事件是相关的且可能非常重要时，摄像机才会触发警报以告知人员。

4. 生物辨识

生物辨识一般是指指纹匹配、面部识别和虹膜扫描等技术。每种技术的识别系统都使用传感器收集图像(指纹、面部或虹膜图像)，然后将它们与注册用户的数据库中的数据进行匹配。

识别准确度是许多因素的综合，但其中最重要的是图像质量。如果噪声和人为因素使关键的详细信息(例如用于模型匹配的关键指纹细节)模糊不清，则尝试将一个图像与用户数据库进行匹配就变得非常困难。因此，图像质量就非常重要。DSP 可以降低图像的噪声，进行图像清理并且可以为扫描仪提高一个具有快速内存结构的强大处理器，以实时地完成所需要的处理。

5. 控制

DSP 可以提供较 MCU 而言更快的执行速度，从而达到更高的控制性能，且 DSP 片上集成的外设丰富、便于设计、控制精度高，因此越来越多地应用于控制领域，其主要用于磁盘控制、激光打印机控制、电机控制、发动机控制、机器人控制等场合。

1.5 具有代表性的 DSP 芯片生产商

1. TI 公司

TI(Texas Instruments)公司的 DSP 市场占有率最高，大概每 2 个数字蜂窝电话中就有 1

个采用 TI 产品，全世界 90%的硬盘和 33%的 Modem 均采用 TI 的 DSP 技术。1997 年，TI 公司的两项重大投资项目令其霸主地位更加稳固不可动摇：一是设立 1 亿美元的风险基金，支持那些需要启动资金的 DSP 应用企业，为掀起 DSP 的应用高潮打下坚实的基础；二是启动 500 万美元的全球大学科研基金，用于支持各高校的 DSP 教育，TI 已在中国国内几十所大学建立了 DSP 实验室和技术中心。

TI 公司 DSP 目前广泛应用的有 TMS320C2000 系列、TMS320C5000 系列和 TMS320C6000 系列。

TMS320C2000 系列主要用于控制系统，因为它的资源非常丰富，在控制系统中需用到的一些外设该系列均在片内集成了。TMS320C5000 系列主要用于数字信号的算法处理，如 FIR、IIR、FFT 等。TMS320C5000 系列的 DSP 的速度比 TMS320C2000 快，TMS320C2407 最快只能到 40 MHz，TMS320C5410 可以达到 160 MHz。目前，该系列主要用来做数字信号方面的处理以及简单的静态图像处理等这样一些资源需要处于中等的算法。TMS320C 6000 系列主要是用在实时图像处理方面，更侧重于算法处理。

TMS320C2000 系列 DSP 定位于控制优化的 DSP，其融合了微控制器(MCU)的控制外设集成功能和易用性，以及 TI 领先的 DSP 技术处理能力和 C 编程效率。所有 C28X 控制器所运行的程序是相互兼容的。所有 C28X 控制器都能提供 12 位高速模数转换器和高级 PWM 发生器。TMS320C2000 系列 DSP 主要应用于硬盘控制、采暖控制、通风空调控制、电机控制、家用电器以及变频电源控制。TMS320C2000 系列 DSP 的主要代表产品如下：

● TMS320F283XX 浮点控制器：业界首款浮点数字信号控制器，工作频率高达 150 MHz，并可提供 300MFLOPS 的处理速度和 512 KB 的片上闪存。

● TMS320F282X 控制器：这些定点 32 位控制器可与 F283XX 浮点控制器 100%兼容。F282XX 与 F283XX 具有相同的特性集和引脚至引脚兼容性，而且完全与 F283XX 系列软件兼容。

● TMS320F281X 控制器：定点 32 位控制器，具有高达 256 KB 的闪存和 150 MIPS 的性能，同样提供引脚兼容的 ROM 和 RAM 特有版本。

● TMS320F280XX 控制器：定点 32 位控制器，采用 100 引脚封装，具有高达 256 KB 的闪存和 100 MIPS 的性能。F280XX 系列有 12 款产品，它们全部都引脚至引脚兼容。

● TMS320LF240X 控制器：较旧的 16 位控制器，提供 40 MIPS 的性能以及高度集成的闪存、控制和通信外设。其起价低于 2 美元，还提供了引脚兼容的 ROM 版本。

TMS320C5000 系列 DSP 定位于高效能的 DSP。现在 TMS320C5000 DSP 平台已进行优化，适合于消费类数字产品市场及通信电子产品。TMS320C5000 系列是目前 TI DSP 的主流产品，它涵盖了从低档到中高档的应用领域，也是用户最多的系列。TMS320C5000 系列 DSP 的主要代表产品如下：

● TMS320C55XDSP：包括 TMS320VC5503、TMS320VC5507 和 TMS320VC5509A DSP，这些都是业界最低功耗和待机功耗超低的 DSP。它们的高级电源管理技术会自动关闭闲置的外设、存储器和核心功能单元，从而延长了电池寿命。此外，该系列还包括 OMAP 器件。OMAP 器件在低功耗、实时信号处理的基础上增加了 ARM 的命令和控制功能。

● TMS320C54XDSP：包括 TMS320VC5402 DSP。它具有广泛的性能和外设选项，这些选项适用于数字蜂窝和个人通信系统、PDA、数字无绳和无线数据通信、语音分组、便携式因特网音频以及调制解调器。

TMS320C6000系列DSP定位于高性能的DSP。该系列能提供业界最高性能的定点DSP，非常适合于成像、宽带基础设施和高性能音频应用。

2. 其他公司

除 TI 公司以外，AD 公司、Motorola 等公司也推出自己的 DSP 芯片，并且各有特色。

AD 公司的 DSP 包括 Blackfin 处理器、SHARC 处理器、TigerSHARC 处理器、ADSP-21XX 处理器。

Blackfin 处理器代表了一种新型 16/32 bit 嵌入式处理器，它非常适合会聚起关键作用的应用——多格式音频、视频、语音和图像处理；多模式基带和分组处理；控制处理和实时安全性。正是这种软件灵活性和可扩展性的独特结合为 Blackfin 处理器赢得了会聚应用领域广泛的适应性。

SHARC 处理器占据浮点 DSP 市场的主要份额，提供了配有卓越 I/O 吞吐率的优异内核和存储器性能。

TigerSHARC 处理器为多处理应用提供最高性能密度，提供高于每秒吉字节浮点操作次数 GFLOPS 的高性能。

ADSP-21XX 处理器是代码和引脚兼容的数字信号处理器家族，具有高达 160 MHz 的工作频率和低至 184 μA 的功耗。ADSP-21XX 系列产品适合语音处理和话音频带调制解调以及实时控制应用。

Motorola 公司 16 位的 DSP56800 系列，主要有 DSP56F801、56F802、56F803、56F805、56F807 以及 56F824、56F826、56F827 等几种型号。最新一代的 Motorola DSP 产品采用 Star*Core 内核，性能上有进一步改进，这一代产品以 MSC8101、MSC8102 为代表，采用 SC140 内核，带有 PowerPC 的总线接口，与 PowerPC 微处理器配合使用，用于高速有线与无线通信。

Motorola 的 24 位 DSP 主要有 56300 系列和 56600 系列。56300 系列包括 DSP56301、56303、56305、56306、56307、56309、56311、56321、56364、56366、56367 等，其中 5636X 系列用于音频信号处理。

习题与思考题

1. 结合你的专业方向或是你感兴趣的应用领域，试举出一个 DSP(数字信号处理器)的具体应用实例，并说明为什么要采用 DSP 以及是如何应用 DSP 的。
2. 简述数字信号处理的特点与优势。
3. 简述实时处理的概念。
4. 请详细描述冯·诺依曼结构和哈佛结构，并比较它们的不同。
5. 简述 DSP 处理器的结构特点。
6. 简述 DSP 与 MCU、GPP 的区别及其优势。

第 2 章　TMS320C55X 系列 DSP

本章介绍 TMS320C55X(以下简称为 C55X)在 TMS320C5000 (以下简称为 C5000)系列 DSP 中的地位、C55X 的存储器和 I/O 空间，C55X 的 CPU 结构、低功耗的强化以及嵌入式仿真器的特性。其中 C55X 的 CPU 结构是本章的重点。

2.1　TMS320C55X 概述

2.1.1　C55X 在 C5000 系列 DSP 中的地位

第 1 章我们讲到 C5000 系列 DSP 是高效能的 DSP，功耗低，适合于消费类数字产品市场以及通信电子产品。其发展方向是朝更加有效的电源使用以及更多的集成方向发展，并且有多核、DSP+RISC、功能强化三个产品系列。

C55X DSP 是 C5000 DSP 系列中最新的一代产品，包含 TMS320VC5503、TMS320VC5507 和 TMS320VC5509A DSP。C55X 对 C54X 有很好的继承性，与 C54X 源代码兼容，从而有效地保护用户在软件上的投资。

C55X 继承了 C54X 的发展趋势，低功耗、低成本，在有限的功率条件下，保持最好的性能。其工作在 0.9 V 下，待机功耗低至 0.12 mW，性能高达 600 MIPS，并且具有业界目前最低的待机功耗，极大地延长了电池的寿命，对数字通信等便携式应用所提出的挑战，提供了有效的解决方案。其软件也与所有 C5000 DSP 兼容。与 120 MHz 的 C54X 相比，300 MHz 的 C55X 性能大约提高了 5 倍，而功耗则降为 C54X 的 1/6。C55X 的超低功耗，是通过低功率设计以及功率管理技术的进步而达到的。设计者使用了一种非并行层次的节电配置，以及创新的粒度耦合自动功率管理，对于用户是透明的。

与 C54X 相比，C55X 的片内有两个乘法累加器(MAC)，并且增加了累加器(ACC)、算术逻辑单元(ALU)、数据寄存器等，配合以并行指令，每个机器周期的效率提高了一倍。其指令集是 C54X 的超集，加入了适应扩展的新的硬件单元的指令。其指令长度从 8 bit 到 48 bit。这种长度可变的指令可以使每个函数的控制代码量比 C54X 降低 40%。减少代码量，就意味着减少存储器的用量，从而降低系统成本。

2.1.2　TMS320C55X DSP 的应用

C55X 的结构和设计是为了达到四个相关的目标：超低功耗，有效的 DSP 性能，降低代码密度，与 C54X 完全的代码兼容。

C55X 支持四类基本的应用：

① 在保持或略微提高性能的条件下，大大延长电池寿命。例如，将数字蜂窝电话、便携式声音播放器、数码相机的电池使用时间，从小时延长到天，从天延长到周。

② 在保持或稍微延长电池寿命的条件下，大大提高性能。例如，刚刚推出使用的 3G 手机，可以用于因特网的音频、视频、数据的移动产品等，用户所期待的是具有一定水平的待机时间和使用时间的电池寿命，而不愿意为增加功能而牺牲电池的寿命。

③ 要求很小的尺寸、超低功耗、中低水平的 DSP 性能。例如，助听器和医疗检测设备，要求 DSP 具有相当的能力，但电池的寿命要达到数周乃至数月。

④ 高功效的设施，要求提高信道密度，但又有严格的板级功耗和空间的限制。

一般地说，C55X 的目标市场是消费和通信市场，多用于语音编解码，线路回音和噪声消除，调制解调，图像和声音的压缩与解压，语音的加密与解密，语音的识别与合成等领域。

2.1.3　TMS320C55X DSP 的主要性能和优点

C55X 的主要性能和优点如下所示：

- 一个 32 × 16 bit 指令缓冲队列：缓冲可变长度指令和实现块重复操作。
- 两个 17 bit × 17 bit MAC：在单周期内实现双 MAC 操作。
- 一个 40 bit ALU：执行高精度算术和逻辑运算。
- 一个 40 bit 桶形移位寄存器：可以把 40 bit 结果左移 31 位或右移 32 位。
- 一个 16 bit ALU：和主 ALU 并行执行简单算术运算。
- 四个 40 bit 累加器：保持计算结果和减少所需存储器数量。
- 12 条独立总线：并行地对不同操作单元同时提供处理指令和操作数。
- 用户配置的 IDLE 域：改善低活动性时的电源管理。

2.1.4　对低功耗能力的加强

C55X 是在 C54X 的基础上发展起来的，后者已经是低功耗的 DSP。通过工艺、设计、结构等一系列的强化，使 C55X 的功耗降低到新的水平，不仅降低了功耗，而且提高了性能。

1. 提高并行处理的能力

C55X 通过结构上的改进，提高了并行性并降低了每个任务所需要的周期数。它采用的手段主要包括：

- 两个乘法累加(MAC)单元；
- 两个算术逻辑单元(ALU)；
- 三组读总线；
- 两组写总线。

采用这些措施后，C55X 可以处理两个数据流，或者以两倍的速度来处理一个数据流，不需要将系数值读两遍。对于一个给定的任务，减少存储器的访问，就可以改善功耗和性能。

C55X 的指令结构允许在一个周期里执行两条指令。处理器内的两组写总线，可以在一个周期里作两次写或一次写两个字，从而降低每个任务所需要的周期数。这也就意味着，更多的时间是处于节电模式(IDLE)。

(1) 对于许多任务来说，使用不同的计算单元，可以降低功耗。C55X 的 CPU 内有两个 ALU，一个是 40 bit(C54X 的标准配置)，一个是 16 bit(C55X 增加的)。40 bit 的 ALU 用于基本的计算任务。16 bit 的 ALU 可以用于较小的算术与逻辑任务。灵活的指令集可以直接将比较简单的计算或逻辑/位操作任务交给 16 bit 的 ALU，从而减小功耗。由于两个 ALU 可以并行工作，从而减少每个任务的周期数，来降低功耗。

(2) 将存储器的访问减到最少。存储器的访问，无论是片内的还是片外的，都是功率消耗的主要部分。将存储器的访问减到最少，无疑是降低每个任务功耗所必需的。在 C55X 里，指令的提取是 32 bit(C54X 里是 16 bit)。此外，可变长度指令集意味着，每个 32 bit 指令的提取可以提出一个以上的长度可变的指令，按照所需要的信息来决定指令的长度，从而改善代码的密度。这种指令集的设计和处理器结构的结合，就可以保证在达到最高性能的同时，使功耗降到最小。

C55X 灵活的指令 Cache(高速缓冲存储器)也可以对不同类型的代码做优化配置。改善 Cache 的访问率，就意味着减少片外的访问，从而减少系统的功耗。

(3) 外设和片上存储器阵列的自动低功率机制。C55X 的核处理器会自动地管理片上外设和存储器阵列的功耗。这种资源的管理完全是自动的，对用户透明。而且，这种功耗的降低，并不影响处理器的性能。当某个片上的存储器阵列没有被使用时，它们就自动地切换到低功率模式。当一个访问的要求到达时，该阵列就恢复到正常的工作状态，完成存储器的访问，无须应用程序的干预。如果没有进一步的访问，该阵列又回到低功率状态。该处理器对片上外设也提供类似的控制。当外设没有激活，以及 CPU 不需要其关注时，就进入低功率状态。外设响应处理器的要求，退出低功率状态，也不需要程序的干预。这种功率管理也可以在软件的外设 IDLE(闲置)域控制下进行。

(4) 可控制的功能 IDLE 域，提供了极大的省电灵活性。节电最重要的是，当应用是处于 IDLE 或低活动状态时，达到最小功耗。C55X 通过用户可控制的 IDLE 域，来改善低活动域功率管理的灵活性。这里所谓的域，是指器件里的不同部分，可以由软件来选择，使其使能或禁止。在禁止时，该域进入非常低功率的 IDLE 状态，但寄存器及存储器的内容仍然保留。当该域使能时，返回到正常的工作状态。各个域都可以单独地使能或禁止，使应用程序可以尽可能有效地管理低活动域的功耗状态。在 C55X 系列最初的器件里，可以分开配置的 IDLE 域包括 CPU、DMA、外设、外部存储器接口(EMIF)、指令 Cache 以及时钟发生电路。

2. 低电压工艺技术的发展

除通过结构和指令集来降低功耗外，C55X 系列处理器还通过先进的低电压 CMOS 技术来进一步突破降低功耗的壁垒。C55X 系列处理器所使用的 CMOS 技术支持器件工作在 1.5 V 和 0.9 V。这些低电压的处理器仍然可以和其他标准的 3.3 V CMOS 器件直接接口。

2.1.5　嵌入式仿真特性

1. 基本的仿真特性及其强化

和以往的处理器系列相比，C55X 强化了仿真和调试能力，所提供的仿真环境更加接近实际的应用环境，而且可以在仿真时进行实时的应用程序操作。

C55X 开发工具的强化仿真特性包括：

- 用观察点/断点来做非插入式的实时调试；
- 更快的屏幕更新；
- 在仿真停顿事件期间，更好地控制程序代码的执行；
- 实时数据交换(RTDX)。

这些强化能力的集成为软件和系统的开发者提供了不用停止CPU或消耗CPU的资源就能观察硬件的工作，达到仿真的目的。这样的仿真环境能最大限度地仿真 DSP 的全部性能。

2. 跟踪能力

C55X 片内仿真硬件的另一个强化，是程序计数器(PC)的跟踪能力。这种跟踪能力可以更好地观察应用程序流。PC 跟踪能力所关注的是，通过输出足够的信息，用一个离线程序来重构应用程序。要选择多种能力来输出，作为运行时用户的选项，以便控制输出哪些信息，什么时候输出，以及以什么样的格式输出。在仿真器里，PC 跟踪硬件所关注的是：最后 32 个 PC 值的跟踪，或最后 16 个不连续的 PC 值的跟踪。

最后 32 个 PC 值的跟踪，用于观察最近的程序流的历史。例如，一个子程序可能在子程序里的许多不同地方调用。在子程序里设置断点，就可以用 PC 跟踪能力来判断主程序里调用该子程序的位置。

最后 16 个不连续的 PC 值的跟踪，用于观察程序流的长期历史。在高度依赖条件转移和调用的代码里，这种功能非常有用。

3. 实时数据交换(RTDX)

RTDX 是在目标系统和运行调试器的仿真主机之间交换数据。片内的实时仿真硬件提供一条与调试控制共享的路径。目标系统与主机之间的数据交换率可达 2 MB/s，所开辟的新的仿真能力包括：

- 仿真到目标系统的实时输入；
- 在主机上实时地更新目标系统的性能曲线。

2.2 TMS320C55XCPU 的结构

2.2.1 CPU 结构概述

C55X DSP 是一款采用改良型哈佛结构，高度模块化的数字信号处理器，拥有比普通 DSP 更为丰富的硬件资源，能够有效提高运算能力。其内核结构如图 2-1 所示，整个处理器内部分为 5 个大的功能单元：存储器缓冲单元(M 单元)、指令缓冲单元(I 单元)、程序控制单元(P 单元)、地址生成单元(A 单元)和数据计算单元(D 单元)，各个功能单元之间通过总线连接。C55X DSP 中有 1 条 32 位程序数据总线(P 总线)，1 条 24 位程序地址总线(PA 总线)，5 条 16 位的数据总线(B、C、D、E、F 总线)和 5 条 24 位的数据地址总线(BA、CA、DA、EA、FA 总线)。这种高度模块化的多总线结构使得 C55X DSP 拥有超强的并行处理能力。

下面分别介绍总线和各功能单元。

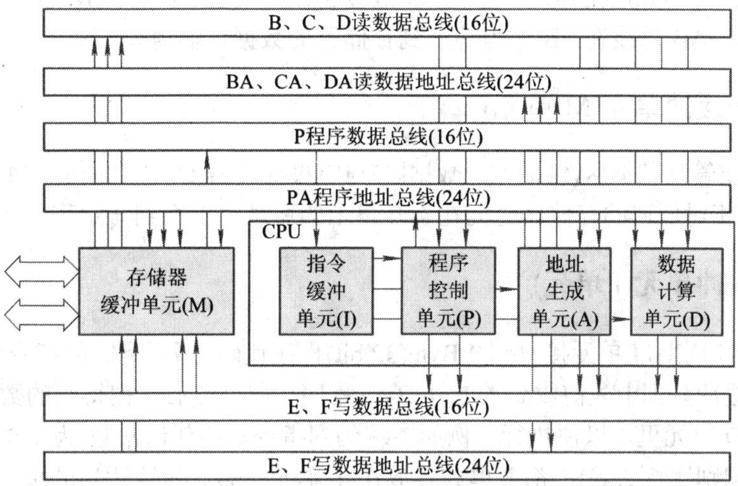

图 2-1　TMS320C55X 内核结构图

2.2.2　片内的数据和地址总线

在图 2-1 中所示的总线有：

(1) 读数据的数据总线(BB、CB、DB)。这 3 组总线从数据空间或 I/O 空间，传送 16 bit 的数据到 CPU 的各个功能单元。BB 总线仅从内部存储器传输数据到 D 单元(主要是到两个 MAC 单元。有特殊指令时，用 BB、CB 和 DB 这 3 组总线来同时读取 3 个操作数。(注意：BB 总线没有连接到外部存储器上。如果一条指令要从 BB 总线上获取一个操作数，则该操作数必须是内存中的数据。)CB 和 DB 总线给 P 单元、A 单元和 D 单元提供数据。对要求每次同时读两个操作数的指令，需要利用 CB 和 DB 两组总线；对每次只读一个操作数的指令，就只用 DB 总线。

(2) 读数据的地址总线(BAB，CAB，DAB)。这 3 组总线传送 24 bit 的地址给存储器接口单元，然后由存储器接口单元传送所需要的数据给读数据的数据总线。A 单元产生所有的数据空间地址。BAB 总线在 BB 上为从内存传到 CPU 的数据传输地址。CAB 总线在 CB 上为传到 CPU 的数据传输地址。DAB 总线只在 DB 上或同时在 CB 和 DB 上为传到 CPU 的数据传输地址。

(3) 读程序的数据总线(PB)。PB 传送 32 bit 的程序代码到 I 单元，在 I 单元对这些指令进行解码。

(4) 读程序的地址总线(PAB)。PAB 传送由 PB 送达 CPU 的程序代码的 24 bit 地址。

(5) 写数据的数据总线(EB，FB)。这两组总线从 CPU 的功能单元，传送 16 bit 的数据到数据空间或 I/O 空间。EB 和 FB 从 P 单元、A 单元和 D 单元接收数据。对要求每次同时写两个 16 bit 数据到存储器的指令，需要利用 EB 和 FB 两组总线；对每次只写一个数据的指令，就只用 EB。

(6) 写数据的地址总线(EAB，FAB)。这两组总线传送写入存储器接口单元的 24 bit 地址。存储器接口单元收到这个地址后，再接收由写数据的数据总线传来的数据。所有的数据空间地址都由 A 单元产生。EAB 总线只在 EB 上或同时在 EB 和 FB 上为写入到存储器的数据传输地址。FAB 总线在 FB 上为写入到存储器的数据传输地址。

2.2.3　存储器缓冲单元(M 单元)

M 单元主要管理数据区(包括 I/O 数据区)与中央处理器(CPU)之间的数据传送，使得高速 CPU 与外部相对低速的存储器之间在吞吐量上的瓶颈可以得到一定程度的缓解。

2.2.4　指令缓冲单元(I 单元)

在每个 CPU 周期，I 单元接收到 4 Byte(32 bit)程序代码，写入到它的指令缓冲队列(IBQ)中，并解码该缓冲队列中先前收到的 1～6 Byte 程序代码。然后，把得到的数据传输到 P 单元、A 单元和 D 单元里，以便执行。例如，编码到指令里的任何常数(为了加载寄存器，提供移位计数或识别比特数等)，都要单独存放在 I 单元，然后传给适当的单元。图 2-2 是 I 单元的基本框图。下面介绍一下 I 单元的主要部分。

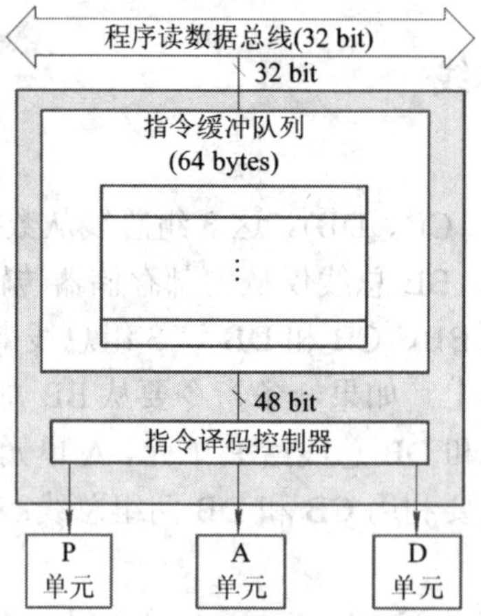

图 2-2　指令缓冲单元(I 单元)框图

1. 指令缓冲队列

CPU 从程序存储器一次可以提取 32 bit 代码。读程序的数据线(PB)从存储器提取 32 bit 的代码，放入指令缓冲队列。该队列一次最多可以存放 64 Byte 的代码。当 CPU 准备好解码后，每次可以从队列里取 6 Byte 送往指令解码器。

另外，为了协助指令的流水操作，指令缓冲队列还能完成以下操作：

(1) 执行队列中的一个代码块(局部循环指令)。

(2) 当测试了一个程序流控制指令(条件分支、条件调用或条件返回)，则可以随机提取指令。

2. 指令解码器

在指令流水的解码阶段，指令解码器从指令缓冲队列接收 6 Byte 的程序代码并解码。

指令解码器可以实现：

(1) 识别指令边界，可以对 8、16、24、32、40、48 bit 的指令解码。

(2) 决定 CPU 是否并行执行两条指令。

(3) 将解码后的执行命令和立即数传送给程序流单元(P 单元)、地址数据流单元(A 单元)以及数据计算单元(D 单元)，可以使用一些指令，通过特定的数据路径，直接把立即数写到存储器或 I/O 空间。

2.2.5　程序控制单元(P 单元)

P 单元主要是通过判断是否满足条件执行指令的条件来控制程序地址的产生，达到控制程序流程的目的。程序控制单元中还含有程序控制寄存器、循环控制寄存器、中断寄存器和状态寄存器等硬件寄存器。通过循环控制寄存器的设置，可以直接控制程序中的循环次数等，而不必像在普通 DSP 中一样在外部对循环条件进行判断，从而可以有效地提高运行效率。

图 2-3 是 P 单元的基本框图。下面介绍 P 单元的主要部分。

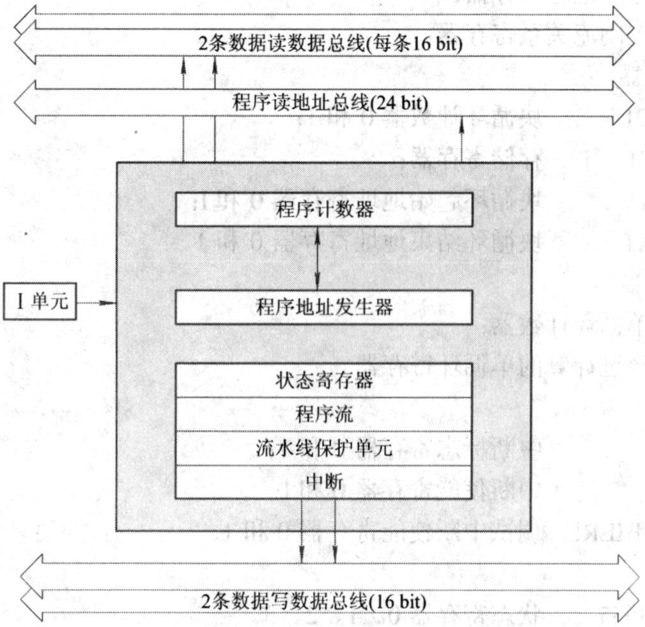

图 2-3　程序控制单元(P 单元)框图

1. 程序地址的产生和程序控制逻辑

在 P 单元内，程序地址产生逻辑产生 24 bit 的地址，以便从程序存储器里提取指令。P 单元通常产生顺序地址，但也可以产生非顺序的地址，这时程序地址产生逻辑可从 I 单元接收立即数，从 D 单元接收寄存器的值。地址产生后，就通过读程序的地址总线(PAB)送往存储器。

程序控制逻辑从 I 单元接收立即数，测试从 A 单元和 D 单元来的结果，并执行以下操作：

(1) 对一个条件指令，测试其条件的真假，然后将测试结果递交程序地址产生逻辑。

(2) 当有中断请求，并已使能时，启动中断服务。

(3) 控制单循环语句后面的指令的循环，或块循环语句后面的指令块的循环。可以嵌套三层循环，把一个块循环语句嵌套在另一个块循环语句里，再把一条单循环语句嵌套在以上任意一个块循环里，或者两个块循环里。所有的循环操作都可以中断。

C55X 系列 DSP 可以在作数据处理的同时，并行地执行程序控制指令。

2. P 单元内的寄存器

对程序流寄存器的访问是有限制的，用户不能对 PC 进行读或写操作，对 RETA 和 CFCT 两个寄存器的访问只能用以下两条语句：MOV dbl(Lmem)，RETA 和 MOV RETA，dbl(Lmem)。所有其他的寄存器，都可以存放从 I 单元来的立即数，且可以和数据存储器、I/O 空间、A 单元的寄存器以及 D 单元的寄存器双向通信。P 单元包含下列寄存器。

1) 程序流寄存器

- PC　　程序计数器；
- RETA　　返回地址寄存器；
- CFCT　　控制流关系寄存器。

2) 块循环寄存器

- BRC0，BRC1　　块循环计数器 0 和 1；
- BRS1，BRC1　　存储寄存器；
- RSA0，RSA1　　块循环起始地址寄存器 0 和 1；
- REA0，REA1　　块循环结束地址寄存器 0 和 1。

3) 单循环寄存器

- RPTC　　单循环计数器；
- CSR　　经过计算的单循环寄存器。

4) 中断寄存器

- IFR0，IFR1　　中断标志寄存器 0 和 1；
- IER0，IER1　　中断使能寄存器 0 和 1；
- DBIER0，DBIER1　　调试中断使能寄存器 0 和 1。

5) 状态寄存器

- ST0_55~ST3_55　　状态寄存器 0、1、2、3。

2.2.6　地址生成单元(A 单元)

A 单元的功能是产生读写数据空间的地址。地址生成单元由数据地址产生电路(DAGEN)、16 位的算术逻辑单元(ALU)和一组寄存器构成。C55X DSP 地址生成单元与其他功能模块分开，不会因为地址产生的原因使得单条指令需要在多个时钟周期内完成，提高了 DSP 的运行效率。A 单元中的寄存器包括数据页寄存器、辅助寄存器、堆栈指针寄存器、循环缓冲寻址寄存器和临时寄存器等。A 单元框图如图 2-4 所示。

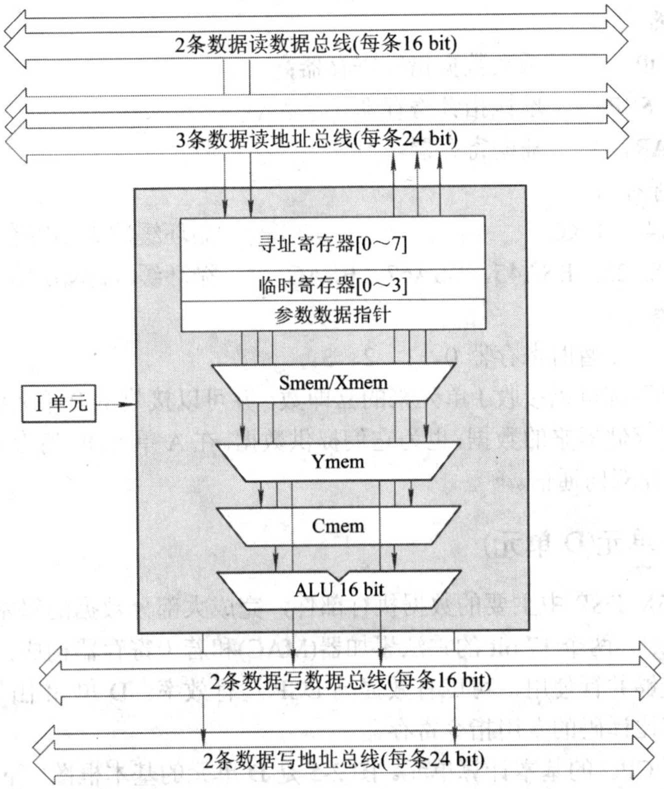

图 2-4 地址数据流单元(A 单元)框图

下面介绍 A 单元的主要部分。

1. 数据地址产生单元(DAGEN)

DAGEN 产生读写数据空间的所有地址。它可以接收 I 单元来的立即数，以及 A 单元来的寄存器值。对于使用非直接寻址模式的指令，P 单元指示 DAGEN 是用线性寻址还是循环寻址。

2. A 单元的算术逻辑单元(A 单元 ALU)

A 单元包含一个 16 bit 的 ALU，接收 I 单元来的立即数，与存储器、I/O 空间、A 单元的寄存器、D 单元的寄存器以及 P 单元的寄存器作双向通信。它还可以作以下操作：

(1) 加法、减法、比较、布尔逻辑运算、带符号移位、逻辑移位以及绝对值运算；

(2) 对 A 单元内寄存器的各位以及存储器的各位，作测试、设置、清除以及求补码；

(3) 对寄存器的值作修改和移位；

(4) 对寄存器的值作循环移位；

(5) 将移位器里的结果送至 A 单元的寄存器。

3. A 单元的寄存器

A 单元包括并且使用以下的寄存器。

1) 数据页寄存器

- DPH，DP　　数据页寄存器；
- PDP　　外设数据页寄存器。

2) 指针寄存器

- CDPH，CDP　系数数据指针寄存器；
- SPH，SP，SSP　堆栈指针寄存器；
- XAR0～XAR7　辅助寄存器。

3) 循环缓冲寄存器

- BK03，BK47，BKC　循环缓冲大小寄存器；
- BSA01，BSA23，BSA45，BSA67，BSAC　循环缓冲起始地址寄存器。

4) 暂时寄存器

- T0～T3　暂时寄存器 0、1、2、3。

所有这些寄存器都可以接收 I 单元来的立即数，并可以接收从 P 单元的寄存器、D 单元的寄存器以及数据存储器来的数据，也为它们提供数据。在 A 单元里，寄存器可以和 DAGEN 及 A 单元的 ALU 作双向通信。

2.2.7　数据计算单元(D 单元)

D 单元是 C55X DSP 中主要的数据执行部件，完成大部分数据的算术运算工作。它由移位器、40 bit ALU、两个 17 bit 的乘法累加器(MAC)和若干寄存器构成。数据计算单元的两个乘法累加器能够并行使用，可以有效提高 DSP 运行效率。D 单元中的寄存器包括累加器和两个用于维特比译码的专用指令寄存器。

D 单元包括了 CPU 的基本计算单元。图 2-5 是 D 单元的基本框图。下面介绍 D 单元的主要部分。

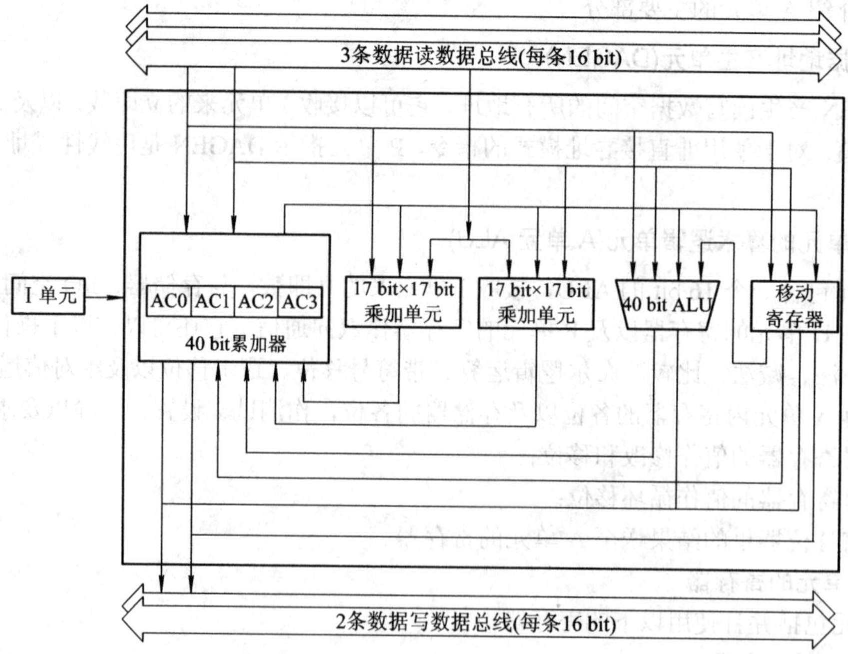

图 2-5　数据计算单元(D 单元)框图

1. 移位器

D 单元的移位器接收 I 单元来的立即数，与存储器、I/O 空间、A 单元的寄存器、D 单元的寄存器、P 单元的寄存器作双向通信。此外，它可以将移位后的值提供给 D 单元的 ALU(作进一步计算)及 A 单元的 ALU(作为结果存放在 A 单元的寄存器)。该移位器还可以作以下操作：

(1) 将 40 bit 的累加器值，左移达 31 bit 或右移达 32 bit，移位计数可从暂时寄存器(T0～T3)读取，或由指令里的常数来指定；

(2) 将 16 bit 的寄存器、存储器以及 I/O 空间的值左移达 31 bit 或右移达 32 bit，移位计数可从暂时寄存器(T0～T3)读取，或由指令里的常数来指定；

(3) 将 16 bit 的立即数左移达 15 bit，必须在指令里指定一个常数作为移位计数；

(4) 归一化累加器值；

(5) 压缩和扩展 bit 域，作 bit 计数；

(6) 对寄存器值作循环移位；

(7) 在累加器值被存储到数据存储器之前，对它们作取整或饱和运算。

2. D 单元算术逻辑单元(D 单元 ALU)

CPU 在 D 单元里包含一个 40 bit 的 ALU，接收 I 单元来的立即数，与存储器、I/O 空间、A 单元的寄存器、D 单元的寄存器、P 单元的寄存器作双向通信。另外，还可接收移位器的结果。D 单元的 ALU 还执行以下操作：

(1) 加法、减法、比较、取整、饱和、布尔逻辑以及绝对值运算；

(2) 在执行一条双 16 bit 算术指令时，同时进行两个算术操作；

(3) 测试、设置、清除以及求 D 单元寄存器补码；

(4) 移动寄存器的值。

3. 两个乘法累加器(MAC)

两个 MAC 支持乘法和加/减法。在单个机器周期内，每个 MAC 可以作一次 17 bit × 17 bit 的乘法(小数或整数乘法)，以及一次 40 bit 的加法/减法(带有可选的 32/40 bit 的饱和运算)。累加器(D 单元的寄存器)接收 MAC 的所有结果。MAC 接收 I 单元来的立即数，接收从存储器、I/O 空间以及 A 单元的寄存器来的数据值；和 D 单元寄存器、P 单元寄存器作双向通信。MAC 的操作会影响 P 单元状态寄存器的某些位。

4. D 单元寄存器

D 单元包含并使用以下的寄存器。

- 累加寄存器　　AC0～AC3 累加器 0、1、2、3；
- 变换寄存器　　TRN0，TRN1 变换寄存器 0、1。

以上寄存器可以接收 I 单元来的立即数，也可以接收从 P 单元的寄存器、A 单元的寄存器、移位器以及数据存储器来的数据，也为它们提供数据。在 D 单元内，寄存器与移位器、D 单元 ALU 以及 MAC 作双向连接。

2.3　TMS320C55X DSP 的存储器和 I/O 空间

TMS320C55X 系列 DSP 统一了对数据/程序空间和 I/O 空间的访问。数据空间的地址用来访问通用存储器和存储器映射 CPU 寄存器，CPU 用程序空间地址从存储器读取指令，I/O 空间可以通过外设进行双向通信。片上的引导程序(Boot Loader)用以将代码和数据装入片内存储器。

2.3.1　存储器映射

存储器的所有 16 MB 空间均可作为程序空间或数据空间来访问。当 CPU 使用程序空间从存储器读程序代码时，它使用 24 bit 地址(按 byte)。当程序访问数据空间时，则用 23 bit 地址(按 16 bit 字)。这两种情况下，地址总线都传输 24 bit 值；但在访问数据空间时，最低 bit 必须是 0。数据空间分成 128 个主数据页(0～127)，每页有 64 K 个地址。指向某个主数据页的指令，包含一个 7 bit 的主数据页值和一个 16 bit 的偏移值。存储器映射图如图 2-6 所示。

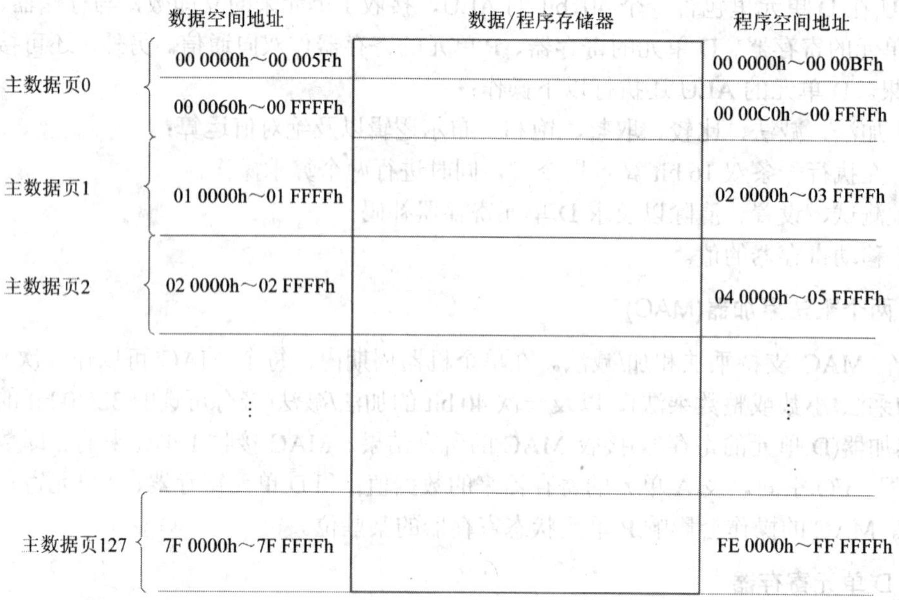

图 2-6　存储器映射图

在数据页 0 上，最前面的 96 个地址(00 0000h～00 005Fh)保留给存储器映射寄存器(MMRS)。在程序空间里，有一个相应的 192 个地址的存储器块(00 0000h～00 00BFh)，建议不要将程序代码存储到这些地址里。

关于片内存储器和片外存储器之间地址的划分，以及片内存储器的细节，参见 C55X 的数据手册，本书在第 5 章也对此作了部分介绍。

2.3.2　程序空间

只有当 CPU 从程序存储器读取指令时，才访问程序空间。CPU 使用字节地址提取不同长度的指令。指令的提取要对齐偶地址的 32 bit 边界。

下面，我们来看程序空间的地址是如何组织以及如何从程序空间中读取指令的。

当 CPU 从程序存储器读取指令时，使用字节地址，即地址要分配给各个字节，这些地址的宽度是 24 bit。

DSP 支持 8、16、24、32、48 bit 的指令。下面的例子说明指令在程序空间里是如何组织的。假设 5 条不同长度的指令存放在 32 bit 宽的存储器里，每条指令的地址就是它的最高字节(操作代码)的地址。空白的字节中不存放任何代码。假设该子程序的第一条指令是指令 C，其字节地址是 00 0106h，则这些指令在程序空间的地址组织如表 2-1 所示。

表 2-1　程序空间的地址组织举例

Byte 地址	Byte 0	Byte 1	Byte 2	Byte 3
00 0100h～00 0103h		A(23～16)	A(15～8)	A(7～0)
00 0104h～00 0107h	B(15～8)	B(7～0)	C(31～24)	C(23～16)
00 0108h～00 010Bh	C(15～8)	C(7～0)	D(7～0)	E(23～16)
00 010Ch～00 010Fh	E(15～8)	E(7～0)		

指　令	大　小	地　址
A	24 bit	00 0101h
B	16 bit	00 0104h
C	32 bit	00 0106h
D	8 bit	00 010Ah
E	24 bit	00 010Bh

由上可见，将指令存放到程序存储器时不需要对齐指令，但是在提取指令时必须对齐偶地址的 32 bit 边界。提取指令时，CPU 从最低两个 bit(LSB)为 00 的地址读取 32 个 bit。也就是说，提取地址的(用十六进制表示)最低位总是 0h、4h、8h 或 0Ch。

CPU 不连续执行时，写到程序计数器(PC)的地址可能与提取地址不同。只有 PC 地址最低两个 bit 为 00 时，才和提取地址相同。

PC 包含 00 0106h，但程序读地址总线(PAB)传送的是前面 32 bit 边界的 byte 地址，即 00 0104h。CPU 提取从 00 0104h 开始的 4 个 byte 的代码包，执行的第一条指令就是指令 C。

2.3.3　数据空间

当程序读写存储器或寄存器时，需要访问数据空间。CPU 使用字地址来读/写 8、16 或 32 bit 的值。对于一个特定的值，所需要生成的地址取决于它在数据空间存放时与字边界的关系。

CPU 对数据空间的访问使用字地址，这些字地址的宽度是 23 bit，分配给各个 16 bit 字。地址总线的宽度是 24 bit。CPU 读写数据空间时，地址总线就在 23 bit 地址的后面再添上一个 0。例如，设有一条指令读取在 23 bit 地址 00 0102h 处的一个字，读数据地址总线传输的 24 bit 正确值为 00 0204h：

字地址　　　　　　　　000 0000 0000 0001 0000 0010

数据读地址总线　　　　0000 0000 0000 0010 0000 0100

因为 CPU 在数据空间是用 32 bit 地址来访问字，如果要访问一个 byte，CPU 必须访问含该 byte 的字。

CPU 访问长字时，所需地址是 32 bit 值的最高字(MSW)的地址。最低字(LSW)的地址取决于最高字(MSW)的地址。如果 MSW 的地址是偶数，LSW 在下一个地址访问；如果 MSW 的地址是奇数，LSW 在前一个地址访问。

当给出了 MSW(LSW)的地址时，对它的最低位取反，即可获得 LSW(MSW)的地址。

下面的例子说明如何在数据空间里组织数据，如表 2-2 所示。32 bit 宽的存储器里存放 7 个不同长度的数据。

表 2-2　数据空间的数据组织举例

字 地 址	字 0		字 1	
00 0100h～00 0101h		A	B	
00 0102h～00 0103h	C 的 MSW(bit 31～16)		C 的 LSW(bit 15～0)	
00 0104h～00 0105h	D 的 LSW(bit 15～0)		D 的 MSW(bit 31～16)	
00 0106h～00 0107h	E		F	G

数据值	数据类型	地　址
A	Byte (8 bit)	00 0101h
B	Word(16 bit)	00 0104h
C	Long word(32 bit)	00 0106h
D	Long word(32 bit)	00 010Ah
E	Word(16 bit)	00 010Bh
F	Byte (8 bit)	00 0101h
G	Byte (8 bit)	00 0101h

要访问一个长字，必须指向它的最高字(MSW)。在地址 00 0102h 处访问 C，在地址 00 0105h 处访问 D。字地址也用来在数据空间里访问 byte。例如，访问地址 00 0107h 即可访问 F(高字节)和 G(低字节)。专用的字节指令会指明访问的是高字节还是低字节。

2.3.4　I/O 空间

I/O 空间与数据空间和程序空间是分开的，并且只能用来访问 DSP 外设上的寄存器。I/O 空间里的字地址宽度是 16 bit，可以访问 64 K 个地址。

CPU 用数据读总线 DAB 来读数据，用数据写总线 EAB 来写数据。CPU 在 I/O 空间读/写时，16 bit 地址的前面要补 0。例如，设一条指令从 16 bit 地址 0102h 处读取一个字，则 DAB 传输的 24 bit 地址为 00 010211。

2.4　启动加载程序

片上启动加载程序(Boot Loader)提供一些选项，在上电或复位时从外设转移代码和数据到 C55XDSP 里的 RAM。例如，TMS320VC5510DSP 的 Boot Loader 允许用以下方式加载 RAM：

- 从外部 16 bit 或 32 bit 的异步存储器；
- 通过强化的主机口(EHPI)；
- 通过多通道缓冲串口 0(元长度为 8 bit 或 16 bit)。

对于特定的 C55XDSP，其数据手册中包含它的 boot 选项清单。通过 TMS320C55X 汇编语言工具用户指南可以了解 C55X 的十六进制转换程序，将有助于使用 Boot Load。

2.5　本 章 小 结

本章介绍了 TMS320C55X 系列 DSP 的 CPU 结构及相关知识，这些对理解 DSP 是如何工作的有很好的帮助。本章内容对于初学者来说有一定的难度，读者可以在用到本章的相关知识时再来反复阅读，这对迅速掌握 DSP 技术有很大的益处。

习题与思考题

1. 简述 C55X DSP 的主要性能和优点。
2. 简述 C55X 采用哪些手段来降低功耗。
3. 处理器内部分为哪五个大的功能单元，并简述它们的功能。
4. 简述 C55X 程序空间的地址是如何组织的，以及如何从程序空间中读取指令。
5. 简述 C55X 如何在数据空间里组织数据。

第3章　DSP处理器软、硬件开发工具

随着DSP处理器的功能不断强化和系统开发周期不断缩短，设计和调试DSP系统越来越依赖于DSP开发系统和开发工具。不同的DSP芯片厂家提供了多种不同的开发系统，本章介绍了DSP处理器开发所需的软、硬件工具，并且重点介绍了TI的DSP集成开发环境CCS(Code Composer Studio)。

3.1　DSP处理器软、硬件开发工具简介

虽然不同DSP芯片厂家提供了多种不同的开发调试工具，但它们的功能大体相似。图3-1为DSP处理器软件开发流程图。

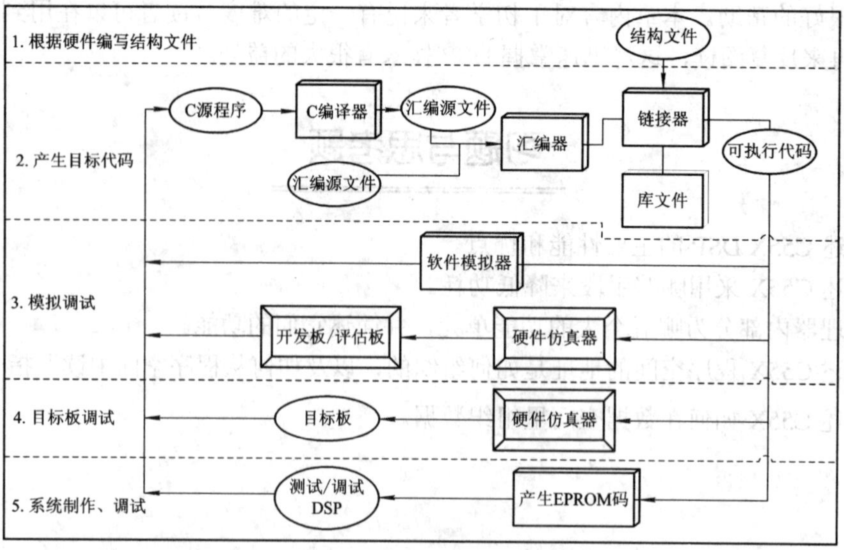

图3-1　DSP处理器软件开发流程图

从图3-1中可以看出，DSP软件开发可以分为5个步骤，首先要根据所设计的硬件情况编写出结构文件；然后用C或者汇编语言编写源程序，源程序经过C编译器和汇编器后与结构文件以及库文件在链接器中链接成可执行代码，如果是汇编语言编写的程序则可以跳过C编译器；可执行代码可以在软件模拟器模拟运行或者通过硬件仿真器在标准的开发板或者评估板上运行调试；当软件运行达到要求后，再在用户自己制作的目标板上调试；调试成功后将可执行代码制作成EPROM码，目标板脱机运行，完成系统的测试和调试。

图3-1中椭圆部分为用户制作或编写的硬件或软件，其他为不同厂家提供的开发系统处理程序或硬件开发调试板。

一般来说 DSP 芯片厂家提供的开发调试工具有下列几种：

(1) C 语言编译器(C Compiler)。厂家为了开发 DSP 系统方便，减小编写汇编程序的难度，都提供了高级语言设计方法(一般是 C 语言)。开发系统针对 DSP 库函数、头文件及编写的 C 程序，自动生成对应的汇编语言，这一步称为 C 编译。C 编译器通常符合 ANSI C 标准，可以对编写的程序进行不同等级的优化，以产生高效的汇编代码；C 编译器还具有对存储器的配置、分配及部分链接功能，并具有灵活的汇编语言接口等多种功能。C 编程方法易学易用，但编译出的汇编程序比手工汇编程序长得多，因而效率一般较低。为了克服 C 编译器低效率，在提供标准 C 库函数的同时，开发系统也提供了许多针对 DSP 运算的高效库函数，例如 FFT、FIR、IIR、相关、矩阵运算等，它们一般采用汇编语言来编写，带有高级语言调用/返回接口。

为了得到高效编程，在系统软件开发中，关键的 DSP 运算程序一般都是自行手工用汇编语言编写的，按照规定的接口约定，由 C 程序进行调用，这样极大地提高了编程效率。

(2) 汇编器(Assembler)。汇编器将汇编语言原文件转变为基于公用目标文件格式的机器语言目标文件。

(3) 链接器(Linker)。链接器将主程序、库函数和子程序等，由汇编器产生的目标文件链接在一起，产生一个可执行的模块，形成 DSP 目标代码。

(4) 软件模拟器(Simulator)。软件模拟器是脱离硬件的纯软件仿真工具。将程序代码加载后，在一个窗口工作环境中，可以模拟 DSP 的运行程序，同时对程序进行单步执行、设置断点，对寄存器/存储器进行观察、修改，统计某段程序的执行时间等。通常在程序编写完以后，都会在软件仿真器上进行调试，以初步确定程序的可运行性。软件仿真器的主要欠缺是对外部接口的仿真不够完善。

(5) 硬件仿真器(Emulator)。硬件仿真器是一种在线仿真工具。它用 JTAG 接口电缆(JTAG 是一种国际标准测试协议，与 IEEE 1149.1 兼容，主要用于芯片内部测试。)把 DSP 硬件目标系统和装有仿真软件或者仿真卡的 PC 接口板连接起来，用 PC 平台对实际硬件目标系统进行调试，能真实地仿真程序在实际硬件环境下的功能。现在常用的硬件仿真器与 PC 机的接口采用 USB2.0 接口。

(6) DSP 开发系统。DSP 开发系统是由厂家提供的一个包含 DSP、存储器、常用接口电路的通用电路板和相应软件的软/硬件系统。通常有两种形式，一种是电路板卡的形式，插入计算机中；另一种是通过计算机控制端口(如：串口、并口或者 USB 接口)连接到计算机，通过计算机的控制端口来控制 DSP 的运行。DSP 厂家或者其他的第三方公司提供 DSK(DSP starter Kit)入门套件和 EVM(Evaluation Module)评估模块等来帮助初学者熟悉 DSP 处理器的应用。同时，DSK 和 EVM 也可以作为程序的初步运行对象，以方便调试。

随着 DSP 应用范围的扩大、处理能力的加强以及 DSP 更新速度的加快，DSP 处理系统越来越复杂，对设计者来说难度也越来越大，为此有的厂家已制订出一定标准，依据标准来设计生产电路板级 DSP 处理模块，同时为这种标准模块提供丰富的软件开发系统和算法库。这种模块化设计降低了硬件设计难度，减少了硬件设计时间，有利于更高效的开发 DSP 系统。

目前各 DSP 芯片生产厂家已经把以上所述的各种开发工具集成在一起，构成了集成开发环境。例如 TI 公司的 CCS IDE(Code Composer Studio Integrated Development Environment)可以提供环境配置、源程序编辑、编译连接、程序调试、跟踪分析等各个环节，以加速软件开发进程，提高工作效率。它把编译、汇编、链接等工具集成在一起，用一条命令即可完成全部的汇编工作。另外把软、硬件开发工具集成在其中，使程序的编写、汇编、软/硬件仿真和调试等开发工作在统一的环境中进行，给开发工作带来极大的方便。本章的后面部分将详细讲述 TI 公司的 CCS 集成开发环境。

3.2 常用的 DSP 硬件开发工具

TI 公司针对出品的 DSP 芯片提供了相应的硬件仿真器以及 DSK 和 EVM，但是由于价格较高，没有在国内普遍使用。国内的 TI 第三方合作伙伴，如北京合众达电子技术有限公司、北京瑞泰创新科技有限责任公司等纷纷推出自己开发的仿真器以及 DSK 和 EVM，并且提供相应的技术支持，在国内影响较大。下面分别就硬件仿真器以及 DSK 和 EVM 做一介绍。

3.2.1 硬件仿真器

1. ICETEK-5100USB

ICETEK-5100USB V2.0 是北京瑞泰创新科技有限责任公司提供的 TI 全系列 DSP 硬件仿真器，如图 3-2 所示。

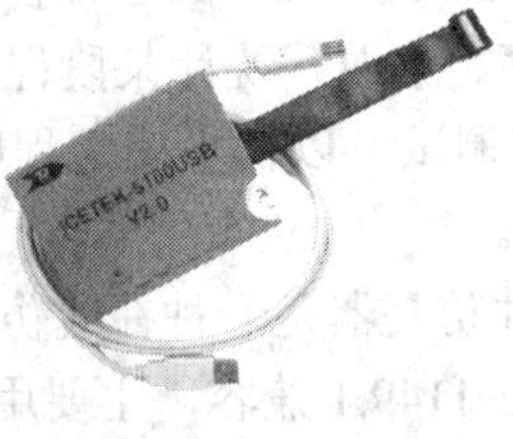

图 3-2 ICETEK-5100USB V2.0 仿真器

其具有如下特点：

- 真正兼容 TI 全系列 DSP 产品；
- 完全通用，只需更换软件就可以实现所有 DSP 器件的开发；
- USB2.0 接口，仿真速度快，调试方便，携带方便；
- 支持 Code Composer Studio 集成调试环境；
- 支持热插拔；
- 仿真不占用任何 DSP 资源；
- 支持多 DSP 同时调试仿真；
- 在 Win 98/Win 2000/XP 下均可使用。

本书所介绍的硬件仿真就是使用该型号的硬件仿真器，在与 CCS 配合使用时需要安装相应的驱动程序。

2. SEED-XDS560USB

北京合众达电子技术有限公司推出的 SEED-XDS560USB 仿真器如图 3-3 所示，它所具有的特点和性能如表 3-1 所示。

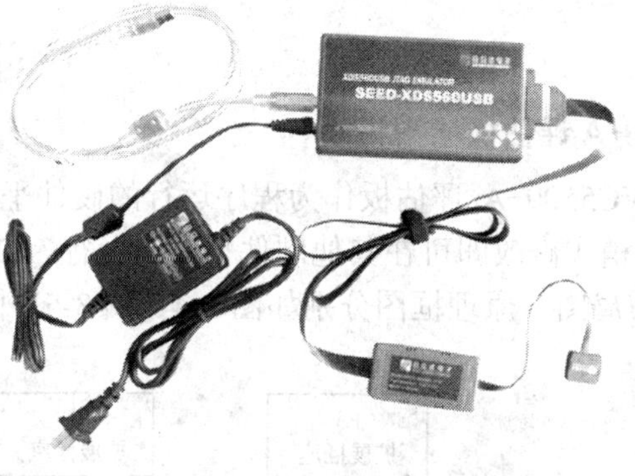

图 3-3　SEED-XDS560USB 仿真器

表 3-1　SEED-XDS560USB 仿真器特点与性能

特点	① 全新的设计理念； ② 完全自主知识产权； ③ 更强的 DSP 协处理能力； ④ 更高的仿真、调试性能； ⑤ 设计更加小巧、携带更方便(XDS560USB 仿真盒尺寸： 137 mm × 80 mm)； ⑥ 超强的性价比优势
性能	① 支持 LF24XX/F28XX/C5000/C6000/C64XX/DM64X/DM270、DM320 系列/OMAP 平台/Davinci 系列 JTAG 标准仿真接口。 ② 高速的 RTDX 数据交换能力，达每秒 2 M 字节。 a. 目标 DSP 运行时，可以对变量进行实时的观测； b. 可以进行实时数据交换，和多种的数据格式兼容，如：Excel, Matlab, LAB View 等； c. 只占用很少的 DSP 资源； d. 实现条件：具有高速 JTAG 的 DSP；XDS560；CCS3.3。 ③ 实时事件触发，支持实时断点。 a. 设置硬件断点和观察点； b. 事件和时序管理； c. 精确地测量调试的时序。 ④ 快速的代码下载速度，达每秒 0.5M 字节。 ⑤ 仿真速度自适应。 ⑥ 内带锁相环，可以根据需要调节仿真时钟，范围为 500 kHz～35 MHz。 ⑦ 兼容 XDS510 的全部功能。 ⑧ USB2.0 标准接口。 ⑨ 支持多 CPU 的调试。 ⑩ 适用于 Win 2000/XP 操作系统。 ⑪ 自适应仿真电压，0.5～5 V。 ⑫ 具有极强的抗干扰能力。 ⑬ 高速抗干扰仿真电缆

3.2.2　EVM 和 DSK

1. ICETEK-VC5509-A 评估板

本书采用 ICETEK-VC5509-A 评估板作为程序运行的硬件平台，由于不同厂家的评估板基本相似，只需对程序稍作修改即可在其他硬件平台上运行。ICETEK-VC5509-A 评估板接口说明实物图、器件布局图、原理框图分别如图 3-4、图 3-5、图 3-6 所示。

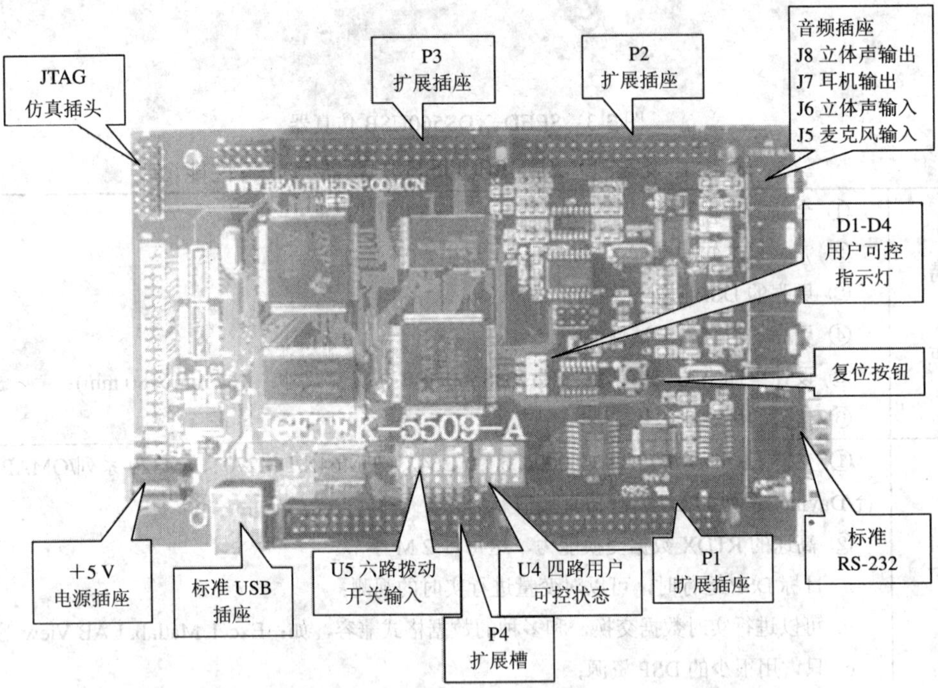

图 3-4　ICETEK-VC5509-A 评估板接口说明实物图

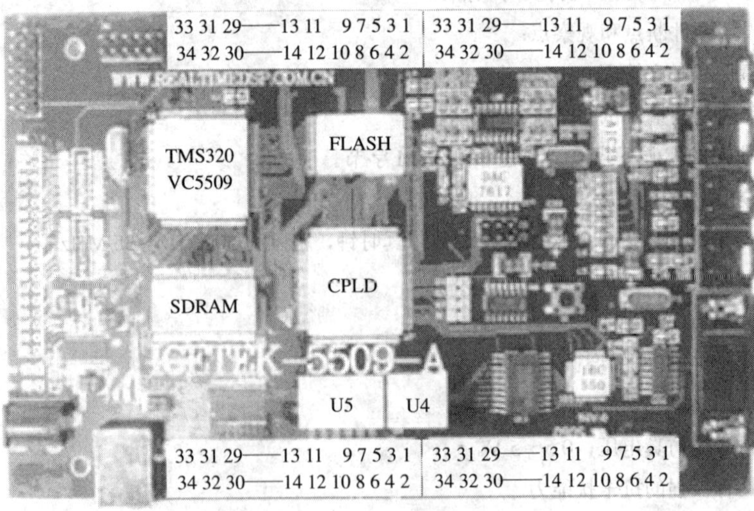

图 3-5　ICETEK-VC5509-A 器件布局图

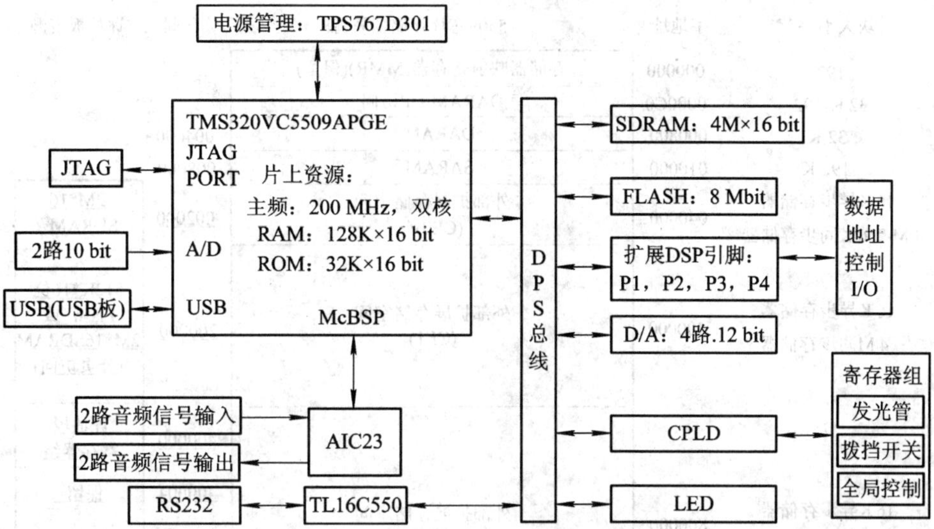

图 3-6　ICETEK-VC5509-A 评估板原理框图

ICETEK-VC5509-A 评估板技术指标如下。

- 主处理芯片：TMS320VC5509A，运行速度为 200 MIPS；
- 低功耗设计，比上一代 C54XX 器件功耗低 30%左右；
- 处理速度更快，双核结构，晶振 200 MHz，处理速度 400 MIPS；
- 软件程序兼容 C54XX DSP；
- 片内存储空间 128 K × 16 bit；
- 大容量 SDRAM 设计：4 M × 16bit；
- 2 路 10 bit 片上 A/D 接口；
- 4 路的 DAC7616/7 转换，100 k/S，12 bit；
- UART 串行接口，符合 RS232 标准；
- 8M bit 扩展 FLASH，存储大量固化程序和数据；
- 设计有用户可以自定义的开关和测试指示灯；
- 3U 标准的 DSP 扩展总线，包括数据、地址、I/O、控制；
- 4 组标准扩展连接器，为用户进行二次开发提供条件；
- 具有与 IEEE1149.1 相兼容的逻辑扫描电路，该电路仅用于测试和仿真；
- +5 V 电源输入，内部 3.3 V、1.6 V 电源管理；
- 高保真语音接口设计，双路语音采集，每路 48 k/S；
- USB 2.0 接口设计；
- 4 层板设计工艺，稳定可靠；
- 具有自启动功能设计，可以实现脱机工作；
- 可以选配多种应用接口板，包括图像板，网络板等。

TMS320VC5509 和 ICETEK-VC5509-A 评估板的存储器映射如图 3-7 所示。

图 3-7　TMS320VC5509 和 ICETEK-VC5509-A 评估板的存储器映射图

图 3-7 中的标注说明如下：

① 每一个内存块的首地址。

② DARAM：片内资源，双存取 RAM，分为 8 个 8 K 的块，每个 8 K 的块每周期可以访问两次。

③ SARAM：片内资源，单存取 RAM，分为 24 个 8 K 的块，每个 8 K 的块每周期只能访问一次。

④ 外部扩展的存储空间由 CE[3:0]分为 4 个部分，每部分都可以支持同步或异步存储器类型。

⑤ 被减去的 256 K 包含 DARAM/HPI 访问 32 K、32 K 的 DARAM 存储器、192 K 的 SARAM 存储器。

⑥ ROM：每个块每次访问占用 2 个时钟周期，共有 2 个 32 K 的块。

⑦ 此处扩展的存储器共有 4M 字节，但是片选信号 CE0 直接连在存储器上，因此 CE0

空间被完全占用，不能再外扩其他设备。

⑧ 这部分空间设置为 FLASH 和 SDRAM 的复用空间。另外，TMS320VC5509PGE 只能最多外扩 16 K 异步存储器(FLASH 是异步存储器的一种)，因此，要访问全部 512 K 字节地址需要按照分页方式访问。

⑨ 此部分保留给评估板，不能用来外扩其他设备。

⑩ 当使用 CE2 空间外扩设备时，必须保证设备放在 A[13:10] = 2 以上的地址中，A[13:10] = 2 以下的地址被评估板使用。

2. SEED TMS320VC5509 DSK

TMS320VC5509 DSP 初学者开发套件如图 3-8、图 3-9 所示，其特点和性能如表 3-2 所示。

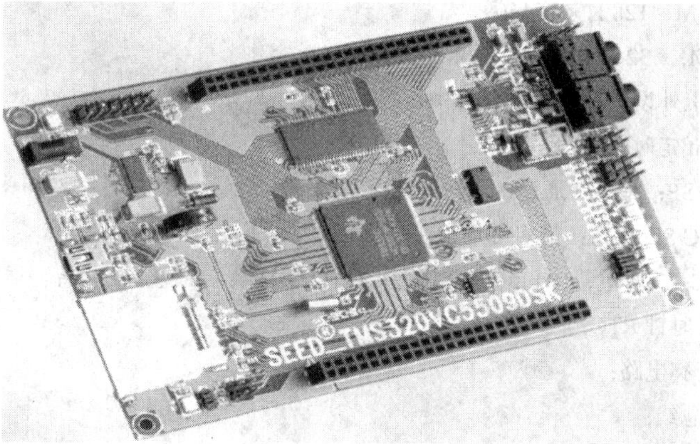

图 3-8　TMS320VC5509 DSP 初学者开发套件实物图

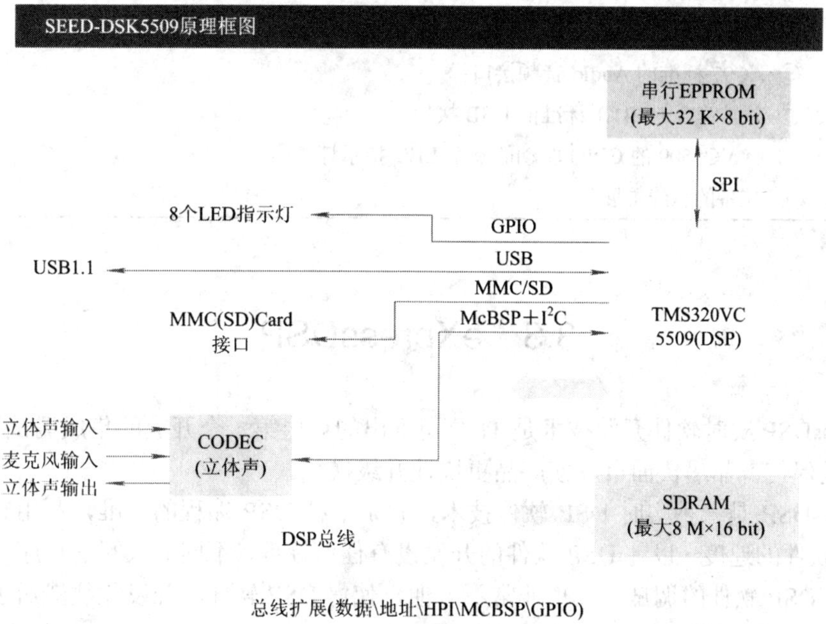

图 3-9　TMS320VC5509 DSP 初学者开发套件原理框图

表 3-2　TMS320VC5509 DSP 初学者开发套件特点与性能

特点	① 产品软硬件配套齐全，资源开放； ② 基本上为 VC5509 的片上所有的外设都提供了外部接口，例如：USB、MMC/SD 存储器卡、实时时钟 RTC、I^2C 串行 EEPROM、GPIO 驱动 8 个 LED 指示灯等； ③ 还外扩了大容量(4 M × 16 bit，最大可为 8 M×16 bit)SDRAM 及便于音频处理的立体声输入/输出(音频 Codec)； ④ 另外考虑扩展其他的应用电路，还将 VC5509 的总线引至 2 个 50 芯、100 mil 双排插针上，方便用户扩展自己的电路，是初学 DSP 者的良好平台
性能	① 采用 TMS320VC5509 DSP； ② 片上存储器： SRAM：128 K × 16 bit； ROM：32 K×16 bit； ③ 片上外设： 20 bit 定时器：2 路； McBSP：最多 3 通道； MMC/SD 接口：最多 2 通道； ADC：2 通道、10 bit 分辨率、21.5 kHz 采样率，0～3.3 V 量程； 实时时钟 RTC； 看门狗电路； I^2C 总线； ⑤ 外扩 SDRAM，最大容量为 8 M × 16 bit，基本配置为 4 M×16 bit； ⑥ SPI 接口的串行 EEPROM，最大容量为 32 K×8 bit，基本配置为 16 K×8 bit； ⑦ 外扩 MMC/SD 多媒体卡与 SD 数据卡接口； ⑧ AC97 标准的 Audio 音频接口； ⑨ 外扩符合 USB1.1 标准的 USB 接口； ⑩ 有 VC5509 的 GPIO 驱动的 8 个 LED 指示灯； ⑪ 完备的总线扩展

3.3　eXpressDSP

eXpressDSP 实时软件开发技术是 TI 公司推出的业内第一个开放的集成调试环境。该技术的目的是促使产品尽快面市，使产品更快地升级换代。

eXpressDSP 是一种实时 DSP 软件技术，它是一种 DSP 编程的标准，利用它可以加快开发 DSP 软件的速度。以往 DSP 软件的开发没有任何标准，不同的人写的程序一般无法连接在一起，DSP 软件的调试工具也非常不方便，使得 DSP 软件的开发往往滞后于硬件的开发。表 3-3 给出了采用该技术前后的软件开发情况对比。

表 3-3　采用 eXpressDSP 前后实时软件开发情况的对比

采用 eXpressDSP 前	采用 eXpressDSP 后
每个人编写的程序由于风格不同因而很难有利用价值	软件有了标准模块，因而具有了继承性
软件是由自己编写的	软件是由自己集成的
编一些单调的程序算法	对一些标准软件进行调度和集成

eXpressDSP 集成了 CCS(Code Composer Studio)开发平台，DSP BIOS 实时软件平台，DSP 算法标准和第三方支持四部分。利用该技术，可以使软件调试，软件进程管理，软件的互通及算法的获得，都变得容易。采用了该技术之后，开发效率比原有开发效率至少提高一倍(尤其指大型程序)。DSP 软件也有了很好的标准，模块化好，使得用户可以对原有软件重利用，或购买第三方的标准算法。软件工程师可以更有精力做一些富有创造力的工作。

简而言之，CCS 是 eXpressDSP 的基础，DSP BIOS 是 eXpressDSP 的基本平台；DSP 算法标准可以保证程序能够方便的同其他利用 eXpressDSP 技术的程序连接在一起，同时也保证程序的延续性。

3.4　CCS 集成开发环境

1999 年 TI 公司推出了 Code Composer Studio 开发工具，简称 CCS，这是一种功能强大的全面集成的开发环境(IDE)。CCS IDE 提供强健、成熟的核心功能与简便易用的配置和图形可视化工具，使系统设计更快。CCS 集代码生成工具和代码调试工具于一体，具有应用开发过程每一步骤所需要的众多功能。并且 CCS 具有开放式的架构，使 TI 和第三方能通过无缝插入附加专用工具扩展 IDE 功能。目前 CCS 已经历多个版本，本书介绍的是目前使用广泛的 V2.21 版本。

3.4.1　CCS 集成开发环境的特征与设置

CCS 包含源代码编辑工具、代码调试工具、可执行代码生成工具和实时分析工具，支持设计和开发的整个流程。

CCS 具有可扩展的结构。其开放式插件技术不仅支持第三方 Active X 插件，还可以通过安装相应的驱动程序支持各种仿真器。此外，CCS 提供的通用扩展语言(General Extend Language，GEL)工具允许用户编写自己的菜单，使变量配置参数的修改变得更加方便、直观。

更为重要的是，CCS 在基本代码生成工具的基础上，添加了调试和实时分析的功能。这使开发设计人员能够在不中断程序运行的情况下，检验算法正确与否，实现对硬件的实时跟踪调试，极大地提高开发效率。CCS 支持如图 3-10 所示的开发周期的所有阶段。

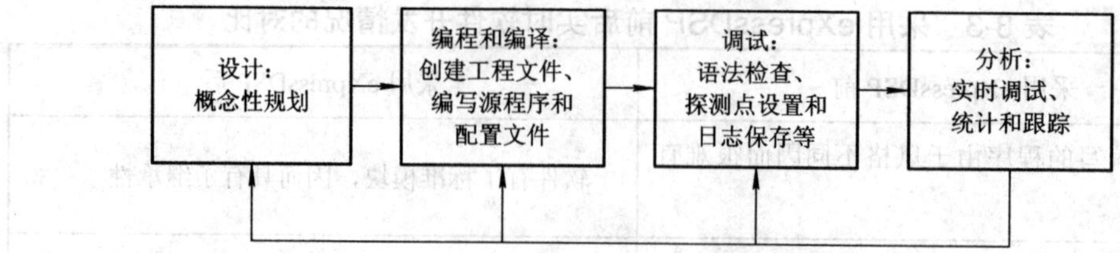

图 3-10　DSP 软件开发周期的所有阶段

1. CCS 的主要组件

● 集成开发环境 Code Composer，由可视化代码编辑器、调试器、项目管理器和性能分析工具等组成；

● 代码生成工具；

● 软件仿真器 Simulator；

● 实时的基础软件 DSP BIOS；

● 实时数据交换工具 RTDX；

● 实时分析和数据可视化工具。

代码生成工具奠定了 CCS 所提供的开发环境的基础。图 3-11 是一个典型的软件开发流程图，图中阴影部分表示通常的 C 语言开发途径，其他部分是为了强化开发过程而设置的附加功能。

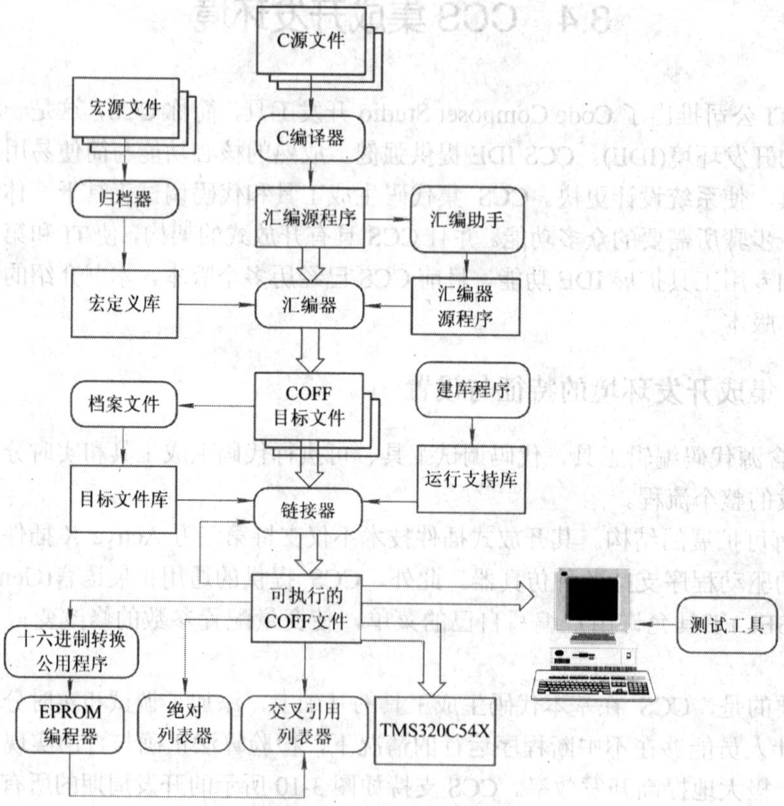

图 3-11　软件开发流程图

图 3-11 中给出了开发流程中常用的工具。这些工具具体描述如下：

● C 编译器(C compiler)：产生汇编语言源代码。其细节参见 TMS320C55X 最优化 C 编译器用户指南。

● 汇编器(assembler)：把汇编语言源文件翻译成机器语言目标文件，机器语言格式为公用目标格式(COFF)。其细节参见 TMS320C55X 汇编语言工具用户指南。

● 链接器(linker)：把多个目标文件组合成单个可执行目标模块。它一边创建可执行模块，一边完成重定位以及决定外部参考。链接器的输入是可重定位的目标文件和目标库文件。有关链接器的细节参见 TMS320C55X 最优化 C 编译器用户指南和汇编语言工具用户指南。

● 归档器(archiver)：可将一组文件收集到一个归档文件中。也可通过删除、替换、提取或添加文件来调整库。其细节参见 TMS320C55X 汇编语言工具用户指南。

● 助记符到代数汇编语言转换公用程序(mnimonic_to_algebric assembly translator utility)：可把含有助记符指令的汇编语言源文件转换成含有代数指令的汇编语言源文件。其细节参见 TMS320C55X 汇编语言工具用户指南。

● 建库程序(library_build utility)：可以满足客户及开发者要求的“运行支持库”。其细节参见 TMS320C55X 最优化 C 编译器用户指南。

● 运行支持库(run_time_support libraries)：包括 C 编译器所支持的 ANSI 标准运行支持函数、编译器公用程序函数、浮点运算函数和 C 编译器支持的 I/O 函数。其细节参见 TMS320C55X 最优化 C 编译器用户指南。

● 十六进制转换公用程序(hex conversion utility)：它把 COFF 目标文件转换成 TI-Tagged、ASCII-hex、Intel、Motorola-S、或 Tektronix 等目标格式，并可以把转换好的文件下载到 EPROM 编程器中。其细节参见 TMS320C55X 汇编语言工具用户指南。

● 交叉引用列表器(cross_reference lister)：它用目标文件产生参照列表文件，可显示符号及其定义，以及符号所在的源文件。其细节参见 TMS320C55X 汇编语言工具用户指南。

● 绝对列表器(absolute lister)：它输入目标文件，输出 .abs 文件，通过汇编 .abs 文件可产生含有绝对地址的列表文件。如果没有绝对列表器，这些操作将需要冗长乏味的手工操作才能完成。

2. CCS 的主要特征

● 开发环境可将所有工具紧密集成到单个简便易用的应用中；

● 实时分析工具在不影响处理器性能的情况下可实现监控程序交互作用；

● 支持 TI 的高性能 C64X DSP 与低功率 C55X DSP；

● 业界领先的 C 编译程序；

● 可扩展的实时核心(DSP BIOS 核心)；

● 基于优化调试的编译器(Profile-Based Compiler)(C6000 DSP)用于优化代码长度与性能；

● 可视化的链接器(Visual Linker)，用于在内存中以图形化的方式安排程序代码与数据；

● 数据显示用于以多种图形格式显示信号；

● 开放式的插入式结构使你能够集成专用的第三方工具；

- 利用仿真器对 TI DSP 进行基于 JTAG 扫描的实时仿真；
- 可轻松管理大型的多用户、多站点以及多处理器的项目；
- 快速模拟器可提供深度视图，能迅速而准确地解决问题；
- 分析套件利用新的工具提高性能并简化繁琐的判断工作；
- 增强的流水线分析工具可提供详细的流水线视图。

3.4.2 CCS 软件的安装与设置

CCS 是一个开放的环境，通过设置不同的驱动可完成对不同环境的支持，下面以 TMS320C55XXDSP 开发系统(ICETEK-VC5509-A-USB-EDU 教学实验系统)为例来介绍 CCS 软件的安装、设置、启动及退出。

1．安装 CCS 软件

本书假定用户将 CCS 安装在默认目录 C:\TI 中，同时也建议用户按照默认安装目录安装。具体步骤如下：

(1) 在硬盘上建立一个临时目录，如：C:\install。

(2) 将含有 CCS 安装程序的光盘插入计算机光盘驱动器。

(3) 用鼠标右键单击文件 CCS5000.exe，选择“用 WinRAR 打开”，在打开的窗口中选择将所有文件解压缩到第(1)步建立的临时文件夹中，然后关闭 WinRAR 窗口。

(4) 打开第(1)步建立的临时文件夹，双击其中的“Setup.exe”，进入安装程序。

(5) 选择“Code Composer Studio”，按照安装提示进行安装，并重新启动计算机。

(6) 安装完毕，桌面上出现两个新的图标，如图 3-12 所示。它们分别对应 CCS 应用程序和 CCS 配置程序。

(7) 清空在第(1)步建立的临时文件夹。

图 3-12　CCS 安装后桌面的图标

如果 CCS 是在硬件目标板上运行，则还需要安装 DSP 通用仿真器，包含两部分内容：

(1) 安装仿真器的 Windows 驱动程序；

(2) 安装仿真器在 CCS 环境中的驱动程序。

2．设置 CCS 软件

在安装完 CCS 之后，运行 CCS 软件之前，首先需要运行 CCS 设置程序，根据用户所拥有的软、硬件资源对 CCS 进行适当的配置。

启动 Setup CCS 2('C5000)应用程序，单击 Close 按钮关闭 Import Configuration 对话框，将显示 CCS 设置窗口。

1) 设置 CCS 为软件仿真方式

CCS 可以工作在纯软件仿真环境中，就是由软件在 PC 机内存中构造一个虚拟的 DSP 环境，可以调试、运行程序。但一般软件无法构造 DSP 中的外设，所以软件仿真通常用于调试纯软件的算法和进行效率分析等。在使用软件仿真方式工作时，无需连接板卡和仿真器等硬件。

设置 CCS 工作在软件仿真环境的步骤如下。

(1) 启动 Setup CCS 2 ('C5000)应用程序，进入 CCS 设置窗口，如图 3-13 所示。

(2) 在该窗口中按图 3-13 中的标号顺序进行设置。

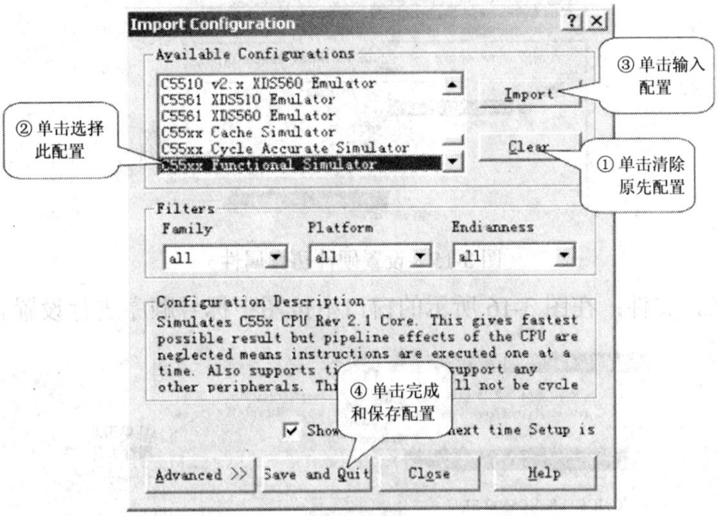

图 3-13　设置 CCS 为软件仿真(Simulator)方式

接着在后面出现的窗口中选择“否(N)”。

此时 CCS 已经被设置成软件仿真(Simulator)方式(软件仿真 TMS320VC5509 器件的方式)。如果一直使用这一方式就不需要重新进行以上设置操作了。

2) 设置 CCS 为硬件仿真方式

设置 CCS 通过 ICETEK-5100USB 仿真器连接 ICETEK-VC5509-A 硬件环境进行软件调试和开发，具体步骤如下。

(1) 启动 Setup CCS 2('C5000)应用程序，进入 CCS 设置窗口，如图 3-14 所示。

(2) 在该窗口中按图 3-14 中的标号顺序进行设置。

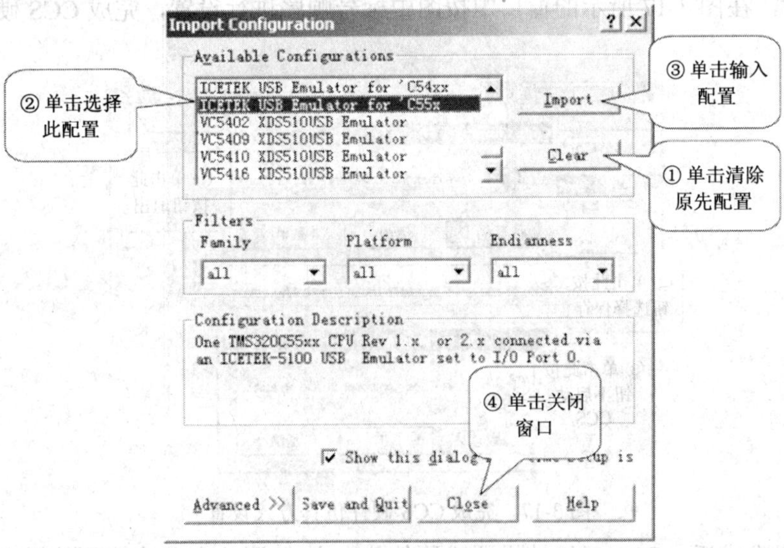

图 3-14　设置 CCS 为硬件仿真(Emulator)方式

(3) 设置硬件仿真属性：在图 3-15 所示的窗口中按图中标号顺序进行设置。

图 3-15　设置硬件仿真属性

(4) 设置 GEL 文件：在图 3-16 所示的窗口中按图中标号顺序进行设置。

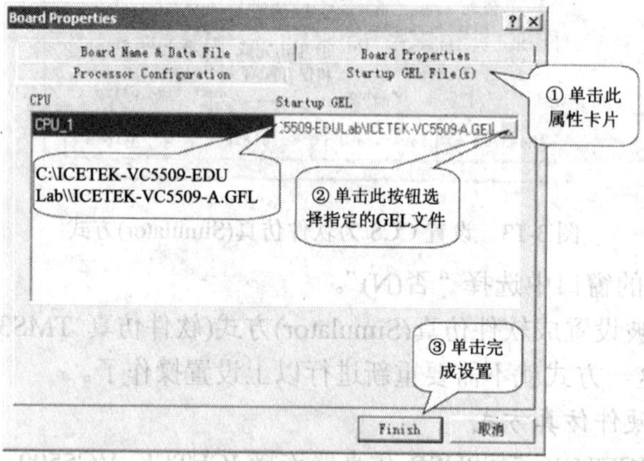

图 3-16　设置 GEL 文件

GEL 文件用于初始化 DSP。GEL 在 CCS 下有一个菜单，可以根据 DSP 的对象不同，设置不同的初始化程序。

(5) 最后，在图 3-17 所示的窗口中按图中标号顺序进行设置，完成 CCS 硬件仿真方式设置。

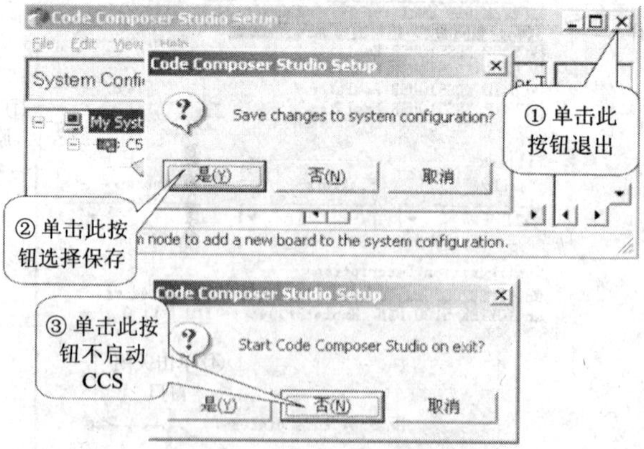

图 3-17　完成 CCS 硬件仿真方式设置

以上设置完成后，CCS 已经被设置成硬件仿真方式(用仿真器连接硬件板卡的方式)，并且指定通过 ICETEK-5100USB 仿真器连接 ICETEK-VC5509-A 评估板。如果需要一直使用这一方式就不需要重新进行以上设置操作了。

3. 启动 CCS

1) *启动软件仿真方式*

双击桌面上图标 CCS 2('C5000)应用程序，可直接启动 CCS 的软件仿真方式。

2) *启动硬件仿真方式*

(1) 首先将实验箱(或开发板)电源开关关闭，连接外接电源线。

(2) 检查 ICETEK-5100USB 仿真器的黑色 JTAG 插头是否正确连接到 ICETEK-VC5509-A 板的 J1 插头上。注：仿真器的插头中有一个孔插入了封针，与 J1 插头上的缺针位置应重合，保证不会插错。

(3) 检查是否已经用电源连接线连接了 ICETEK-VC5509-A 板上的 POW1 插座和实验箱底板上+5 V 电源插座。

(4) 检查其他连线是否符合实验要求，检查实验箱上三个拨动开关位置是否符合实验要求。

(5) 打开实验箱上的电源开关(位于实验箱底板左上角)，注意开关边上红色指示灯被点亮。ICETEK-VC5509-A 板上指示灯 D5 和 D6 点亮。如果打开了 ICETEK-CTR 的电源开关，ICETEK-CTR 板上指示灯 L1、L2 和 L3 点亮。如果打开了信号源电源开关，相应开关边的指示灯点亮。

(6) 用实验箱附带的 USB 信号线连接 ICETEK-5100USB 仿真器和 PC 机后面的 USB 插座，注意 ICETEK-5100USB 仿真器上指示灯 Power 和 Run 灯点亮。

(7) 双击桌面上仿真器初始化图标：  。如果出现如图 3-18 所示的提示窗口，表示初始化成功，按一下空格键进入下一步操作；如果窗口中没有出现“按任意键继续…”，请关闭窗口，关闭实验箱电源，再将 USB 电缆从仿真器上拔出，返回第(2)步重试；如果窗口中出现“The adapter returned an error.”，并提示“按任意键继续…”，表示初始化失败，请关闭窗口重试两三次，如果仍然不能初始化则关闭实验箱电源，再将 USB 电缆从仿真器上拔出，返回第(2)步重试。

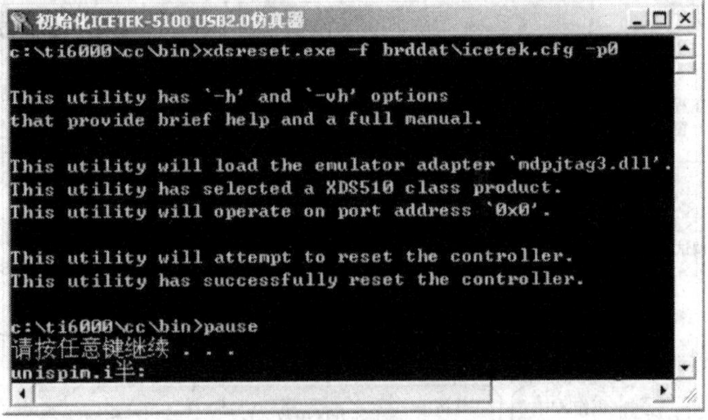

图 3-18　仿真器初始化界面

(8) 双击桌面上图标 CCS 2('C5000)应用程序，启动 CCS2.21。

(9) 如果进入 CCS 后出现错误提示，先选“Abort”，然后用“初始化 ICETEK-5100 USB2.0

仿真器”初始化仿真器，如提示出错，可多做几次，如仍然出错，拔掉仿真器上 USB 接头(白色方形)，按一下 ICETEK-VC5509-A 板上的 S1 复位按钮，连接 USB 接头，再做“初始化 ICETEK-5100USB2.0 仿真器”。

(10) 如果遇到反复不能连接、复位仿真器，进入 CCS 报错的话，请打开 Windows 的“任务管理器”，在“进程”卡片上的“映像名称”栏中查找是否有“cc_app.exe”，若有，将它结束再试。

4. 退出 CCS

选择 File 菜单中 Exit 选项即可退出 CCS。

3.4.3　CCS 集成开发环境的使用

在 CCS 中，Simulator(软件仿真器)与 Emulator(硬件仿真器)使用的是相同的集成开发环境，在对应用系统进行硬件调试前，设计者可使用 Simulator 在没有目标板的情况下模拟 DSP 程序的运行。如果系统中同时安装了 Simulator 和 Emulator 的驱动程序，则运行 CCS 时将启动并行调试管理器(Parallel Debug Manager)的运行。

在 CCS 集成开发环境中，除 Edit 窗口外，其余所有窗口和所有的工具栏都是可定位(Allow Docking)的，也就是说可将这些窗口和工具栏拖至屏幕的任何位置(包括移至主窗体之外)。

在 CCS 中，所有的窗口都支持内容相关菜单功能。在窗口内单击鼠标右键即可弹出内容相关菜单，菜单中包含有与该窗口相关的选项和命令。

图 3-19 为包含多个窗口的 CCS 视窗界面。

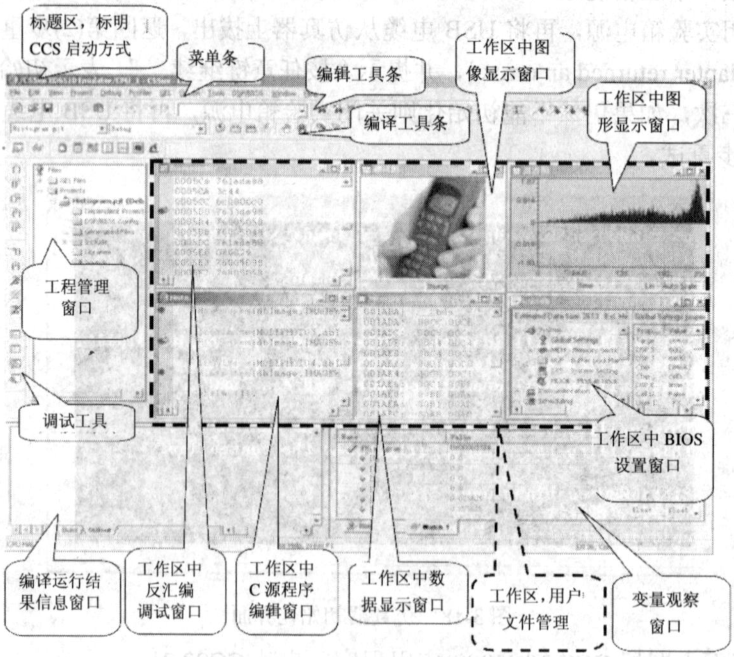

图 3-19　CCS 视窗界面

下面介绍 CCS 集成开发环境的菜单和工具栏，并且通过后续的两个任务来说明 CCS 的使用方法。

1. 菜单

在 CCS 集成开发环境中，共有 12 项菜单，下面将对其中较为重要的菜单功能加以介绍。

1) File 菜单

File 菜单提供的是与文件操作有关的命令。除 Open/Close/Save/Print/Exit 等常用的命令外，File 菜单还列出了以下几种文件操作命令，如表 3-4 所示。

表 3-4　File 菜 单

菜单命令		功　能
NEW	Source Files	新建一个源文件(.c，.asm，.h，.cmd，.gel，.map，.inc 等)
	DSP/BIOS configuration	新建一个 DSP/BIOS 配置文件
	Visual Linker Recipe	打开一个 Visual Linker Recipe 向导
Load Program		将 COFF(.out)文件中的数据和符号加载到目标板(实际目标板或 Simulator)
Reload Program		重新加载 COFF 文件，如果程序未作更改则只加载程序代码而不加载符号表
Data	Load	将 PC 文件中的数据加载到目标板，可以指定存放的地址和数据长度，数据文件可以是 COFF 文件格式，也可以是 CCS 支持的数据格式
	Save	将目标板存储器数据存储到一个 PC 数据文件中
Workspace	Load Workspace	装入工作空间
	Save Workspace	保存当前的工作环境，即工作空间，如父窗、子窗、断点、探测点、文件输入/输出、当前的工程等
	Save Workspace As	用另外一个不同的名字保存工作空间
File I/O		CCS 允许在 PC 文件和目标 DSP 之间传送数据。File I/O 功能应与 Probe Point 配合使用。Probe Point 将告诉调试器在何时从 PC 文件中输入或输出数据。 File I/O 功能并不支持实时数据交换，实时数据交换应使用 RTDX

2) Edit 菜单

Edit 菜单提供的是与编辑有关的命令。除 Undo/Redo/Cut/Copy/Paste/Delete 等常用的命令外，Edit 菜单还列出了以下几种编辑操作命令，如表 3-5 所示。

表 3-5　Edit 菜 单

菜单命令		功　　能
Find in Files		在多个文本文件中查找特定的字符串或表达式
Go To		快速跳转到源文件中某一指定行或书签处
Memory	Edit	编辑某一存储单元
	Copy	将某一存储块(表明其实地址和长度)数据复制到另一存储块
	Fill	将某一存储块填入某一固定值
	Patch Asm	在不修改源文件的情况下修改目标 DSP 的执行代码
Register		编辑指定的寄存器，包括 CPU 寄存器和外设寄存器。由于 Simulator 不支持外设寄存器，因此不能在 Simulator 下监视和管理外设寄存器内容
Variable		修改某一变量值。如果目标 DSP 由多个页面构成，则可使用@prog、@data 和@io 分别指定页面是程序区、数据区和 I/O 空间，例如：*0x1000@prog=0
Command Line		可以方便地输入表达式或执行 GEL 函数
Column Editing		选择某一矩形区域内的文本进行列编辑(剪切、复制及粘贴等)
Bookmarks		在源文件中定义一个或多个书签便于快速定位。书签保存在 CCS 的工作区(Workspace)内以便随时被查找到

3) View 菜单

在 View 菜单中，可以选择是否显示 Standard 工具栏、GEL 工具栏、Project 工具栏、Debug 工具栏、Editor 工具栏和状态栏(Status bar)，此外 View 菜单中还包括如表 3-6 所示的显示命令。

表 3-6　View 菜 单

菜 单 命 令		功　　能
Dis-Assembly		当将程序加载入目标板后，CCS 将自动打开一个反汇编窗口。反汇编窗口根据程序存储器的内容显示反汇编指令和调试所需的符号信息
Memory		显示指定存储器的内容
CPU Registers	CPU Register	显示 DSP 的寄存器内容
	Peripheral Regs	显示外设寄存器内容。Simulator 不支持此功能
Graph	Time/Frequency (时间/频率图形)	在时域或频域显示信号波形。频域分析时将对数据进行 FFT 变换，时域分析时数据无需进行预处理。显示缓冲的大小由 Display Data Size 定义
	Constellation (星座图形)	使用星座显示信号波形。输入信号被分解为 X、Y 两个变量，采用笛卡尔坐标显示波形。显示缓冲的大小由 Constellation Points 定义
	Eye Diagram (眼图)	使用眼图来量化信号失真度。在指定的显示范围内，输入信号被连续叠加并显示为眼睛的形状
	Image (图像)	使用 Image 图来测试图像处理算法。图像数据基于 RGB 和 YUV 数据流显示

续表

菜 单 命 令	功　能
Watch Window	用来检查和编辑变量或 C 表达式，可以以不同格式显示变量值，还可显示数组、结构或指针等包含多个元素的变量
Project	CCS 启动后将自动打开工程视图。在工程视图中，文件按其性质分为源文件、头文件、库文件及命令文件
Mixed Source/Asm	同时显示 C 代码及相关的反汇编代码(位于 C 代码下方)

在 View 菜单中，Graph 是一个很有用的功能，它可以逼真地显示信号波形。在 Graph 窗口中使用了两个缓冲器：获取缓冲和显示缓冲。获取缓冲驻留在实际或仿真的目标板上，它保存有你感兴趣的数据。当图形更新时，获取缓冲从实际或仿真的目标板读取数据并更新显示缓冲。显示缓冲则驻留在主机存储器中，它记录了历史数据。波形图则是根据显示缓冲的数据绘制的。当输入所需的参数并确认后，Graph 窗口从获取缓冲中接收指定长度(由 Acquisition Buffer Size 定义)和指定起始地址(由 Start Address 定义)的 DSP 数据。

4) Project 菜单

CCS 使用工程来管理设计文档。CCS 不允许直接对汇编或 C 源文件 Build 生成 DSP 应用程序，只有在建立工程文件的情况下，Project 工具栏上的 Build 按钮才会生效。工程文件被存盘为 .pjt 文件。在 Project 菜单中包括一些常见的命令如 New/Open/Close 等，此外还包括如表 3-7 所示的菜单命令。

表 3-7　Project 菜 单

菜单命令	功　能
Add Files to Projects	CCS 根据文件的扩展名将文件添加到工程的相应子目录中。工程中支持 C 源文件(*.c*)、汇编源文件(*.a*，*.s*)、库文件(*.o*,.lib)、头文件(*.h)和链接命令文件(*.cmd)。其中 C 和汇编源文件可被编译和链接，库文件和链接命令文件只能被链接，CCS 会自动将头文件添加到工程中
Compile File	对 C 或汇编源文件进行编辑
Build	重新编译和链接。对于那些没有修改的源文件，CCS 将不重新编译
Rebuild All	对工程中所有文件重新编译并链接生成输出文件
Stop Build	停止正在 Build 的过程
Show Dependencies Scan All Dependencies	为了判别哪些文件应重新编译，CCS 在 Build 一个程序时会生成一棵关系树(Dependency Tree)以判别工程中各文件的依赖关系。使用这两个菜单命令则可以观察工程的关系树
Build Options	用来设定编译器、汇编器和链接器的参数
Recent Project Files	加载最近打开的工程文件

5) Debug 菜单

Debug 菜单提供的是与调试操作有关的命令。具体命令及功能如表 3-8 所示。

表 3-8　Debug 菜 单

菜 单 命 令	功　能
Breakpoints	断点。程序在执行到断点时将停止运行
Step Into	单步运行。如果运行到调用函数处将调入函数单步运行
Step Over	执行一条 C 指令或汇编指令。与 Step Into 不同的是，为保护处理器流水线，该指令后的若干条延迟分支或调用将同时被执行
Step Out	如果程序运行在一个子程序中，执行 Step Out 将使程序执行完该子程序后回到调用该函数的地方
Run	从当前程序计数器(PC)执行程序，碰到断点时程序暂停执行
Halt	中止程序运行
Animate	运行程序。碰到断点时程序暂停运行，更新未与任何 Probe Point 相关联的窗口程序继续运行
Run Free	忽略所有断点(包括 Probe Point 和 Profile Point)，从当前 PC 处开始执行程序。此命令在 Simulator 下无效
Run to Cursor	执行到此光标处，光标所在行必须为有效代码行
Multiple Operation	设置单步执行的次数
Reset DSP	复位 DSP，初始化所有寄存器到其上电状态并中止程序运行
Restart	将 PC 值恢复到程序的入口。此命令并不开始程序的执行
Go Main	在程序的 main 符号处设置一个临时断点。此命令在调试 C 程序时起作用

6) Profiler 菜单

剖切(Profiling)是 CCS 的一个重要功能。它可提供程序代码特定区域的执行统计，从而使开发设计人员能检查程序的性能，对源程序进行优化设置。使用剖切功能可以观察 DSP 算法占用了多少 CPU 时间，还可以用它来剖切处理器的其他事件，如分支数、子程序调用次数及中断发生次数等。该菜单如表 3-9 所示。

表 3-9　Profiler 菜 单

菜 单 命 令	功　能
Start New Session	开始一个新的代码段分析，打开代码分析统计观察窗口
Enable Clock	为了获得指令周期及其他事件的统计数据，必须使能代码分析时钟。代码分析时钟作为一个变量(CLK)通过 Clock 窗口被访问。CLK 变量可在 Watch 窗口观察，并可在 Edit/Variable 对话框内修改其值。CLK 还可在用户定义的 GEL 函数中使用。指令周期的计算方式与使用的 DSP 驱动程序有关。对使用 JTAG 扫描路径进行通信的驱动程序，指令周期通过处理器的片内分析功能进行计算，其他的驱动程序则可能使用其他类型的定时器。Simulator 使用模拟的 DSP 片内分析接口来统计分析数据。当时钟使能时，CCS 调试器将占用必要的资源实现指令周期的计数。加载程序并开始一个新的代码段分析后，代码分析时钟自动使能

续表

菜 单 命 令	功　能
View Clock	打开 Clock 窗口，显示 CLK 变量的值。双击 Clock 窗口的内容可直接将 CLK 变量复位
Clock Setup	设置时钟。在 Clock Setup 对话框中(如图 3-20 所示)，Instruction Cycle Time 域用于输入执行一条指令的时间，其作用是在显示统计数据时将指令周期数转换为时间或频率。在 Count 域选择分析的事件。对某些驱动程序而言，CPU Cycles 可能是唯一的选项。对于使用片内分析功能的驱动程序而言，可以分析其他事件，如中断次数、子程序或中断返回次数、分支数及子程序调试次数等。可使用 Reset Option 参数决定如何计数。如选择 Manual 选项，则 CLK 变量将不断累加指令周期数；如选择 Auto 选项，则在每次 DSP 运行前将自动将 CLK 置为 0，因此 CLK 变量显示的是上一次运行以来的指令周期数

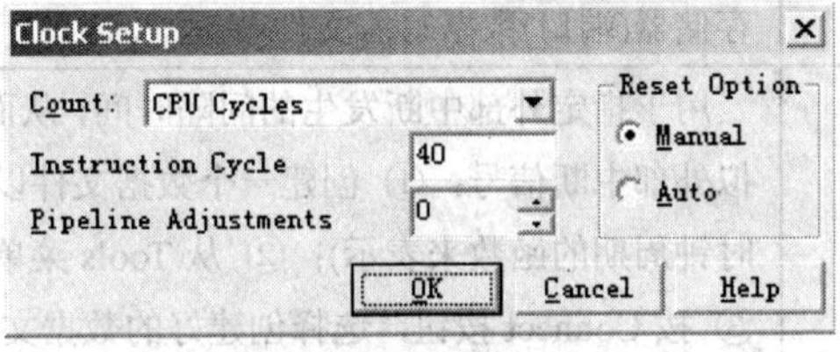

图 3-20　设置时钟

7) Option 菜单

Option 菜单提供的是与 CCS 设置选项有关的命令，如颜色、字体和键盘等。较为常见的 Option 菜单命令如表 3-10 所示。

表 3-10　Option 菜 单

菜 单 命 令	功　能
Font	设置集成开发环境字体格式及字号大小
Memory Map	用来定义存储器映射，弹出 Memory Map 对话框。存储器映射指明了 CCS 调试器能访问哪段存储器，不能访问哪段存储器。典型情况下，存储器映射与命令文件的存储器定义一致。在对话框中选用 Enable Memory Mapping 以使能存储器映射。第一次运行 CCS 时，存储器映射即呈禁用状态(未选中 Enable Memory Mapping)，也就是说，CCS 调试器可存取目标板上所有可寻址的存储器(RAM)。当使能存储器映射后，CCS 调试器将根据存储器映射设置检查其可以访问的存储器。如果要存取的是未定义数据或保护区数据，则调试器将显示默认值(通常为 0)，而不是存取目标板上数据。也可在 Protected 域输入另外一个值，如 0XDEAD，这样当试图读取一个非法存储地址时将清楚地给予显示
Disassembly Style	设置反汇编窗口显示模式，包括反汇编成助记符或代数符号，直接寻址与间接寻址用十进制、二进制或十六进制显示
Customize	打开用户自定义界面对话窗

8) Tools 菜单

Tools 菜单提供的是常用的工具集，具体功能如表 3-11 所示。

表 3-11　Tools 菜 单

菜 单 命 令	功　能
Data Converter Support	使开发者能快速配置与 DSP 芯片相连的数据转换器
C55XX McBSP	使开发者能观察和编辑多通道缓冲串行口(McBSP)的内容
C55XX Emulator Analysis	使开发者能设置、监视事件和硬件断点的发生
C55XX Simulator Analysis	使开发者能设置和监视事件的发生
Command Window	在 CCS 调试器中键入所需的命令，键入的命令遵循 TI 调试器命令语法格式。例如，在命令窗口键入 HELP 并回车，可得到命令窗口支持的调试命令列表
Prot Connect	将 PC 文件与存储器(端口)地址相连，从而可从文件中读取数据或将存储器(端口)数据写入文件中
Pin Connect	用于指定外部中断发生的间隔时间，从而使用 Simulator 来仿真和模拟外部中断信号：① 创建一个数据文件以指定中断间隔时间(用 CPU 时钟周期的函数来表示)；② 从 Tools 菜单下选择 Pin Connect 命令；③ 按 Connect 按钮，选择创建好的数据文件，将其连接到所需的外部中断引脚；④ 加载并运行程序
Linker Configuration	选择一个工程所用的链接器
RTDX	实时数据交换功能，使开发者在不影响程序执行的情况下分析 DSP 程序的执行情况
C55XX Peripherals registers	能够观察和修改 C55X 外设寄存器：DMA，Idle，McBSP，EMIF，Timers

2. 工具栏

CCS 集成开发环境提供了六种工具栏，分别为 Standard Toolbar、GEL Toolbar、Project Toolbar、Debug Toolbar、Edit Toolbar、Plug-in Toolbars。这六种工具栏可在 View 菜单下选择是否显示。

1) 标准工具栏

标准工具栏(Standard Toolbar)如图 3-21 所示，它包括以下常用工具：

- New：新建一个文档；
- Open：打开一个已存在的文档；
- Save：保存一个文档；
- Cut：剪切；
- Copy：拷贝；
- Paste：粘贴；

图 3-21　Standard 工具栏

- Undo：取消上一次编辑操作；
- Undo History：显示并能取消历史的编辑操作；
- Redo：恢复上一次编辑操作，与 Undo 操作相对应；
- Redo History：显示并能恢复历史的编辑操作；
- Find Next：查找下一个；
- Find Previous：查找上一个；
- Search Word：查找指定的文本；
- Find in Files：在多个文件中查找；
- Print：打印；
- Help：获取特定对象的帮助。

2) GEL 工具栏

GEL 工具栏提供了执行 GEL 函数的一种快捷方法，如图 3-22 所示。在工具栏的左侧文本输入框中键入 GEL 函数名，再单击右侧的执行按钮即可执行相应的函数。如果不使用 GEL 工具栏，也可以使用 Edit 菜单下的 Edit Command Line 命令来执行 GEL 函数。

图 3-22　GEL 工具栏

3) Project 工具栏

Project 工具栏提供了与工程和断点设置有关的命令，如图 3-23 所示。

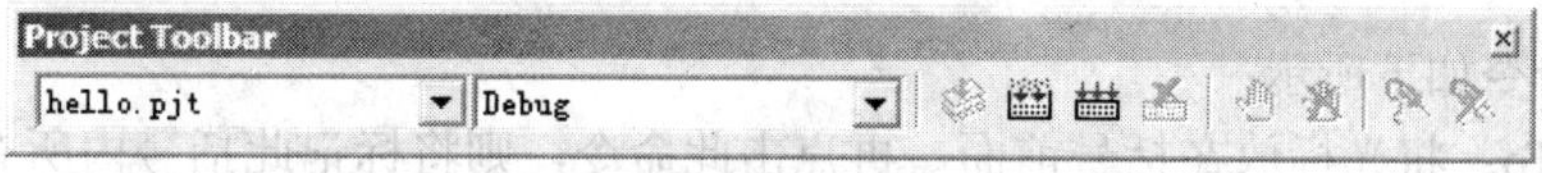

图 3-23　Project 工具栏

Project 工具栏提供了以下命令：

- Compile File：编译文件；
- Incremental Build：对所有修改过的文件重新编译，再链接生成可执行程序；
- Build All：全部重新编译链接生成可执行程序；
- Stop Build：停止 Build 操作；
- Toggle Breakpoint：设置断点；
- Remove All Breakpoints：移除所有的断点；
- Toggle Probe Point：设置指针断点；
- Remove All Probe Point：移除所有的指针断点；

4) Debug 工具栏

Debug 工具栏分为 5 个独立的工具栏，常用的有以下 3 个，如图 3-24 所示。

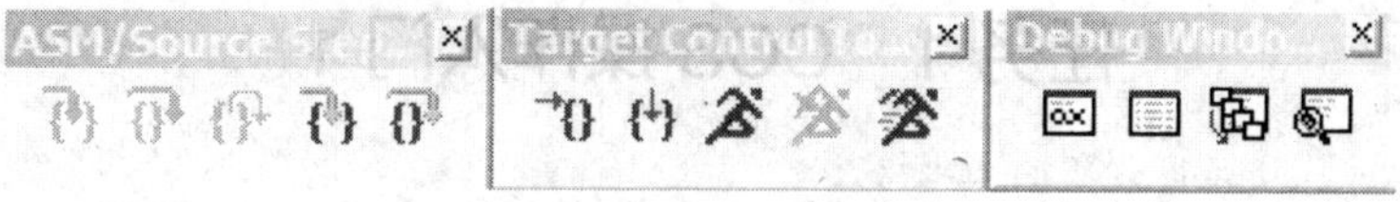

图 3-24　Debug 工具栏

常用的调试命令如下所示：

- Single Step：与 Debug 菜单中的 Step Into 命令相同，单步执行；

- Step Over ：与 Debug 菜单中的 Step Over 命令相同，执行一条 C 语言指令；
- Step Out ：与 Debug 菜单中的 Step Out 命令相同；
- Assembly Single Step ：汇编语言级别的单步执行；
- Assembly Step Over ：执行一条汇编指令；
- Run to Cursor ：运行到光标处；
- Run ：运行程序；
- Halt ：终止程序运行；
- Animate ：与 Debug 菜单中的 Animate 命令相同；
- Register Windows ：观察或编辑 CPU 寄存器或外设寄存器值；
- View Memory ：查看存储器指定地址的值；
- View Stack ：查看堆栈的值；
- View Disassembly ：查看反汇编窗口。

5) Edit 工具栏

Edit 工具栏提供了一些常用的编辑命令及书签命令，如图 3-25 所示。

图 3-25　Edit 工具栏

常用的命令如下所示：

- Mark To：将光标放在括号前面，再点击此命令，则将标记此括号内所有文本；
- Mark Next：查找下一个括号对，并标记其中的文本；
- Find Match：将光标放在括号前面，再点击此命令，则光标将跳至与之配对的括号处；
- Find Next Open：将光标跳至下一个括号处(左括号)；
- Outdent Marked Text：将所选择文本向左移一个 TAB 宽度；
- Indent Marked Text：将所选择文本向右移一个 TAB 宽度；
- Edit：Toggle Bookmark：设置一个标签；
- Edit：Next Bookmark：查找下一个标签；
- Edit：Previous Bookmark：查找上一个标签；
- Edit Bookmarks：打开标签对话框。

6) Plug-in 工具栏

Plug-in 工具栏包括 Watch Window 和 DSP/BIOS 两个窗口。

任务 1　CCS 操作入门 1

一、任务目的

(1) 掌握 CCS 2.21 的安装和配置步骤。

(2) 了解 DSP 开发系统和计算机与目标系统的连接方法。

(3) 了解 CCS 2.21 软件的操作环境和基本功能，了解 TMS320C55X 软件开发过程。

① 学习创建工程和管理工程的方法；

② 了解基本的编译和调试功能；

③ 学习使用观察窗口；

④ 了解图形功能的使用。

二、所需设备

(1) PC 兼容机一台，操作系统为 Windows 2000(或 Windows NT、Windows 98、Windows XP，以下假定操作系统为 Windows 2000)。Windows 操作系统的内核如果是 NT 的应该安装相应的补丁程序(如：Windows 2000 为 Service Pack3，Windows XP 为 Service Pack1)。

(2) ICETEK-VC5509-A-USB-EDU 试验箱一台。如无试验箱则配备 ICETEK-USB 或 ICETEK-PP 仿真器和 ICETEK-VC5509-A 或 ICETEK-VC5509-C 评估板，外加+5 V 电源一只。

(3) USB 连接电缆一条(如使用 PP 型仿真器换用并口电缆一条)。

三、相关原理

(1) 开发 TMS320C55X 应用系统一般需要以下几个调试工具来完成：

① 软件集成开发环境(CCS 2.21)：完成系统的软件开发，进行软件和硬件仿真调试。它也是硬件调试的辅助手段。

② 开发系统(ICETEK 5100-USB 或 ICETEK 5100-PP)：实现硬件仿真调试时与硬件系统的通信，控制和读取硬件系统的状态和数据。

③ 评估模块(ICETEK VC5509-A 或 ICETEK VC5509-C 等)：提供软件运行和调试的平台和用户系统开发的参照。

(2) CCS 2.21 主要完成系统的软件开发和调试。它提供一整套的程序编制、维护、编译、调试环境，能将汇编语言和 C 语言程序编译连接生成 COFF(公共目标文件)格式的可执行文件，并能将程序下载到目标 DSP 上运行调试。

(3) 用户系统的软件部分可以由 CCS 建立的工程文件进行管理。工程一般包含以下几种文件：

① 源程序文件：C 语言或汇编语言文件(*.c 或*.asm)；

② 头文件(*.h)；

③ 命令文件(*.cmd)；

④ 库文件(*.lib，*.obj)。

四、任务步骤

(1) 任务准备。连接实验设备。

(2) 设置 CCS 2.21 运行方式。设置该软件在软件仿真(Functional Simulator)方式下运行。

(3) 启动 CCS 2.21。选择菜单 Debug→Reset CPU。

(4) 创建工程。

① 创建新的工程文件。如图 3-26 所示，在主视窗中选择菜单“Project”的“New…”项。

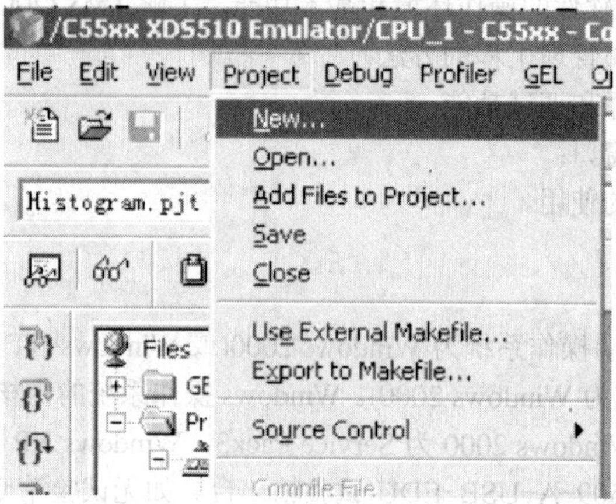

图 3-26　新建工程图 1

弹出图 3-27 所示的窗口，按图中编号顺序操作，建立 volume.pjt 工程文件。

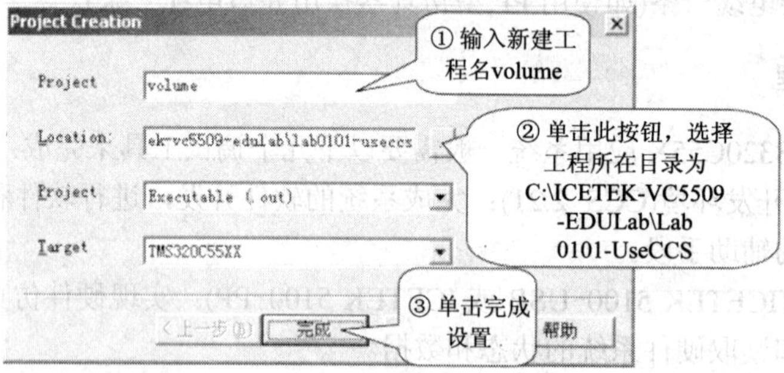

图 3-27　新建工程图 2

展开主窗口左侧工程管理窗口中“Projects”下新建立的“volume.pjt”，其中各项均为空。

② 在工程文件中添加程序文件。选择菜单“Project”的“Add Files to Project...”项；在“Add Files to Project”对话框中选择文件目录为 C:\ICETEK-VC5509-EDULab\Lab0101-UseCCS(根据程序的安装情况，文件夹位置可能不同)，改变文件类型为“C Source Files (*.c;*.ccc)”，选择显示出来的文件“volum.c”。重复上述各步骤，添加 volume.cmd 文件到 volume 工程中；添加 C:\ti\C5500\cgtools\lib\rts55.lib 文件到工程中。

③ 编译链接工程。选择菜单“Project”的“Rebuild Al”项，或单击工具条中的按钮。注意编译过程中 CCS 主窗口下部的“Build”提示窗中显示编译信息，最后将给出错误和警告的统计数。

(5) 编辑修改工程中的文件。

① 查看工程文件。展开 CCS 主窗口左侧工程管理窗中的工程各分支，可以看到“volume.pjt”工程中包含“volume.h”、“rts55.lib”、“volume.c”和“volume.cmd”文件，其中第一个“volume.h”为程序在编译时根据程序中的“include”语句自动加入的。

② 查看源文件。双击工程管理窗中的“volume.c”文件，可以查看程序内容。可以看到，用标准 C 语言编制的程序，大致分成几个功能块：

● 头文件。描述标准库程序的调用规则和用户自定义数据、函数头、数据类型等。具体包含哪一个头文件，需要根据程序中使用了哪些函数或数据而定。比如：如果程序中使用了 printf 函数，它是个标准 C 提供的输入/输出库函数，选中“printf”关键字，按 Shift+F1 会启动关于此关键字的帮助，在帮助信息中可发现其头函数为 stdio.h，那么在此部分程序中需要增加一条语句：#include “stdio.h”。

● 工作变量定义：定义全局变量。

● 子程序调用规则。这部分描述用户编制的子程序的调用规则，也可以写到用户自己编制的 .h 文件中去。

● 主程序，即 main()函数。它可分为两部分：变量定义和初始化部分、主循环部分。主循环部分完成程序的主要功能。

● 用户自定义函数。

本项目的程序是用来完成音频信号采集、处理输出的功能的。程序的主循环中调用自定义的函数 read_signals 来获得音频数据并存入输入缓存 inp_buffer 数组；再调用自定义函数 write_buffer 来处理音频数据并存入输出缓存；output_signals 将输出缓冲区的数据送输出设备；最后调用标准 C 的显示信息的函数 printf 显示进度提示信息。整个系统可以完成将输入的音频数据扩大 volume 倍后再输出的功能。

read_signals 子程序中首先应有从外接 A/D 设备获得音频数据的程序设计，但此例中未采用实际 A/D 设备，就未写相应控制程序，此例打算用读文件的方式获得数据，模拟代替实际的 A/D 输入信号数据；write_buffer 子程序中首先将输入缓冲区的数据进行放大处理，即乘以系数 volume，然后放入输出缓冲区；output_signals 函数完成将处理后的设备输出的功能，由于此例未具体操作硬件输出设备，因此函数中未写具体操作语句。

双击工程管理窗中的“volume.h”文件，打开此文件显示，可以看到其中有主程序中要用到的一些宏定义如“BUF_SIZE”等。

volume.cmd 文件定义程序所放置的位置，此例中它描述了 ICETEK-VC5509-A 评估板的存储器资源，指定了程序和数据在内存中的位置。比如：它首先将 ICETEK-VC5509-A 评估板的可用存储器分为五个部分，每个区给定起始地址和长度(区域地址空间不允许重叠)；然后指定经编译器编译后产生的各模块放到哪个区。这些区域需要根据评估板硬件的具体情况来确定。该类型文件的详细情况本书将在下一章中详细讲述。

Volume.c 程序如下所示：

```
//------------------------------相关头文件------------------------------------//
#include "volume.h"

//------------------------------工作变量定义----------------------------------//
int inp_buffer[BUF_SIZE];          // 输入缓冲区
int out_buffer[BUF_SIZE];          // 输出缓冲区
                                   // BUF_SIZE 的定义见 volume.h
int *input;
int *output;
```

```
int volume = 2;

struct PARMS str =
{
        2934，9432，213，9432，&str
};

//------------------------------调用子程序规则--------------------------------//
int read_signals(int *input);
int write_buffer(int *input，int *output， int count);
int output_signals(int *output);

//-------------------------------------主程序-------------------------------------//
main()
{
        int num = BUF_SIZE;
        int i;
// ======初始化======
        i=0;
        input=inp_buffer;
        output=out_buffer;
// ======无限循环======
       while ( TRUE )
          {
               read_signals(input);          // 加软件断点和探针
               write_buffer(input，output，num);
               output_signals(output);
               i++; printf("Number: %d\n"，i);
          }
}

//--------------------------------子程序--------------------------------------//
// 读取输入信号
int read_signals(int *input)
{
// 在此读取采集数据信号放到输入缓冲区 input[]
   return(TRUE);
```

```
}

// 将数据进行处理后搬移到输出缓冲区
int write_buffer(int *input, int *output, int count)
{
        int i;

        for ( i=0;i<count;i++ )
            output[i]=input[i]*volume;          // 将输入数据放大 volume 倍放到输出缓冲区
        return(TRUE);
}

// 输出处理后的信号
int output_signals(int *output)
{
// 在此将输出缓冲区 out_buffer 中的数据发送到输出设备
        return(TRUE);
}
```

③ 编辑修改源文件及编译程序。打开“volume.c”，找到“main()”主函数，将语句“input=inp_buffer;”最后的分号去掉，这样程序中就出现了一个语法错误；重新编译连接工程，可以发现编译信息窗口出现发现错误的提示；双击红色错误提示，CCS 自动转到程序中出错的地方；将语句修改正确(将语句末尾的分号加上)；重新编译。注意，重新编译时修改过的文件被 CCS 自动保存。

④ 修改工程文件的设置。在图 3-28 所示的窗口中，按照图中编号顺序设置工程文件。重新编译后，程序中的用户堆栈的尺寸被设置成 1024 个字。

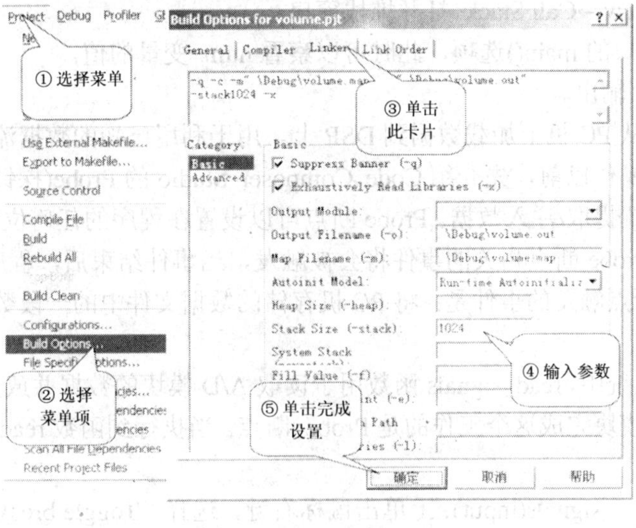

图 3-28　设置工程文件

(6) 基本调试功能。

① 下载程序：执行 File→Load Program，在随后打开的对话框中选择刚刚建立的\Debug\volume.out 文件。

② 设置软件调试断点：在项目浏览窗口中，双击 volume.c，激活这个文件，移动光标到有“加软件断点”的注释行上，单击鼠标右键选择 Toggle Breakpoint 或按 F9 键设置断点(另外，双击此行左边的灰色控制条也可以设置或删除断点标记)。

③ 利用断点调试程序：选择 Debug→Run 或按 F5 键运行程序，程序会自动停在有“加软件断点”的注释行上。

a. 按 F10 键执行到 write_buffer()函数。

b. 再按 F8 键，程序将转到 write_buffer 函数中运行。

c. 此时，为了返回主函数，按 Shift+F7 键完成 write_buffer 函数的执行。

d. 再次执行到 write_buffer 一行，按 F10 键执行程序，对比与 F8 键执行的不同。

提示：在执行 C 语言的程序时，为了快速地运行到主函数调试自己的代码，可以使用 Debug→Go main 命令，上述实验中使用的是较为繁琐的一种方法。

(7) 使用观察窗口。

① 执行 View→Watch Window 打开观察窗口。

② 在 volume.c 中，用鼠标双击一个变量(比如 num)，再单击鼠标右键，选择“Quick Watch”，CCS 将打开 Quick Watch 窗口并显示选中的变量。

③ 在 volume.c 中，选中变量 num，单击鼠标右键，选择“Add to Watch Window”，CCS 将把变量添加到观察窗口并显示选中的变量值。

④ 在观察窗口中双击变量，则可以在这个窗口中改变变量的值。

⑤ 把 str 变量加到观察窗口中，点击变量左边的“+”，观察窗口可以展开结构变量，并且显示结构变量的每个元素的值。

⑥ 把 str 变量加到观察窗口中，执行程序进入 write_buffer 函数，此时 num 变量超出了作用范围，可以利用 Call Stack 窗口查看在其他函数中的变量。

a. 选择菜单 View→Call Stack 打开堆栈窗口。

b. 双击堆栈窗口的 main()选项，此时可以察看 num 变量的值。

(8) 文件输入、输出。

下面介绍如何从 PC 机上加载数据到 DSP 上。用于利用已知的数据流测试算法。

在完成下面的操作以前，先介绍 Code Composer Studio 的 Probe(探针)断点，这种断点允许用户在指定位置提取/注入数据。Probe 断点可以设置在程序的任何位置，当程序运行到 Probe 断点时，与 Probe 断点相关的事件将会被触发，当事件结束后，程序会继续执行。在这一节里，Probe 断点触发的事件是：将 PC 机存储的数据文件中的一段数据加载到 DSP 的缓冲区中。

① 在真实的系统中，read_signals 函数用于读取 A/D 模块的数据并放到 DSP 缓冲区中。在这里，代替 A/D 模块完成这个工作的是 Probe 断点。当执行到函数 read_signals 时，Probe 断点完成这个工作。

a. 在程序行 read_signals(input); 上单击鼠标右键，选择“Toggle breakpoint”，设置软件断点。

b. 再在同一行上单击鼠标右键，选择“Toggle Probe Point”，设置 Probe 断点。

② 在如图 3-29 所示的窗口中，按照图上编号顺序进行操作。

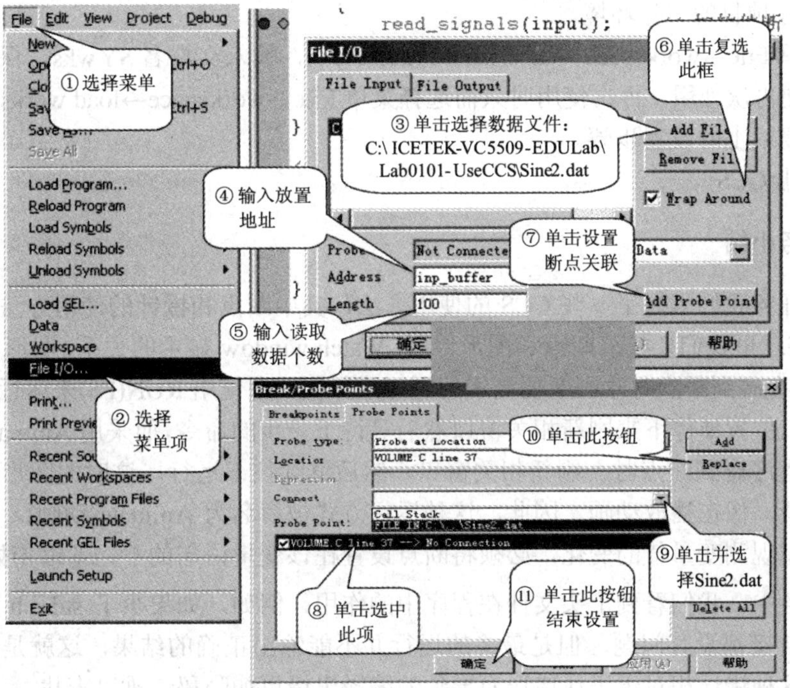

图 3-29　设置 Probe 断点

此时，已经配置好了 Probe 断点和与之关联的事件。进一步的结果在下面实验中显示。

(9) 图形功能简介。

下面我们使用 CCS 的图形功能检验上一节的结果。首先在图 3-30 中所示的窗口中，按照图上编号顺序进行操作。

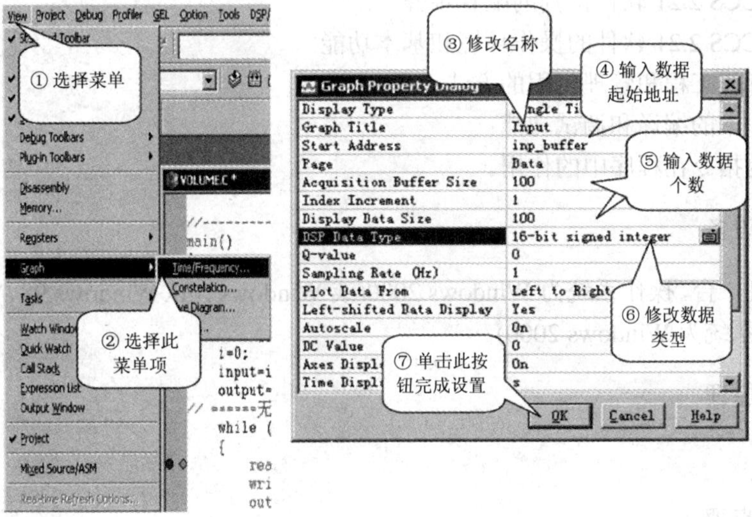

图 3-30　设置图形显示界面

在弹出的图形窗口中单击鼠标右键，选择“Clear Display”。按 F12 键运行程序，观察 Input 窗口的内容。

(10) 保存项目的工作环境。

选择菜单 File→workspace→save workspace As…，输入文件名 SY.wks，保存项目的工作环境，方便再次使用，再次使用时只需选择菜单 File→workspace→load workspace 就可以了，无需重复以上的设置步骤。

(11) 退出 CCS。

五、任务小结

通过本任务我们掌握了一些 CCS 的使用方法，其中断点和探针的使用方法是我们要掌握的重点。在这里我们要搞清断点和图形界面、Watch window 显示的关系，图形界面、Watch window 只有在碰到断点时才刷新要显示的图形或数据。在使用 RUN(F5)来运行程序时，程序运行到断点位置便停下来刷新相关窗口然后等待下一步的命令，而采用 Animate(F12)来运行程序时，程序碰到断点时，刷新相关窗口，然后继续往下运行，这时的图形界面就像是在不停的刷新，像在播放动画，因此，这种运行方式被命名为 Animate(动画)。在这里要注意的是如果想观测变量值的变化，必须将断点设置在该变量语句的下一条语句处。

在本任务中，我们看到了头文件在程序中的作用，例如，如果少了 stdio.h 文件，程序虽然编译、链接都没有问题，但是最终的运行并不能输出正确的结果，这就是所谓的运行时的错误，这种错误相对于语法错误而导致的编译出错更加隐秘，难以查找。

任务 2　CCS 操作入门 2

一、任务目的

(1) 掌握 CCS 2.21 软件仿真的配置步骤。

(2) 了解 CCS 2.21 软件的操作环境和基本功能。

① 学习打开工程和管理工程的方法；

② 掌握基本的编译和调试功能；

③ 了解伪指令在程序中的作用。

二、所需设备

PC 兼容机一台，操作系统为 Windows 2000(或 Windows NT、Windows 98、Windows XP，以下假定操作系统为 Windows 2000)。

三、相关原理

同任务 1。

四、任务步骤

(1) 任务准备。

(2) 设置 CCS 2.21 运行方式。设置该软件在软件仿真(Simulator)方式下运行。

(3) 启动 CCS 2.21。选择菜单 Debug→Reset CPU。CCS 软件仿真界面如图 3-31 所示。

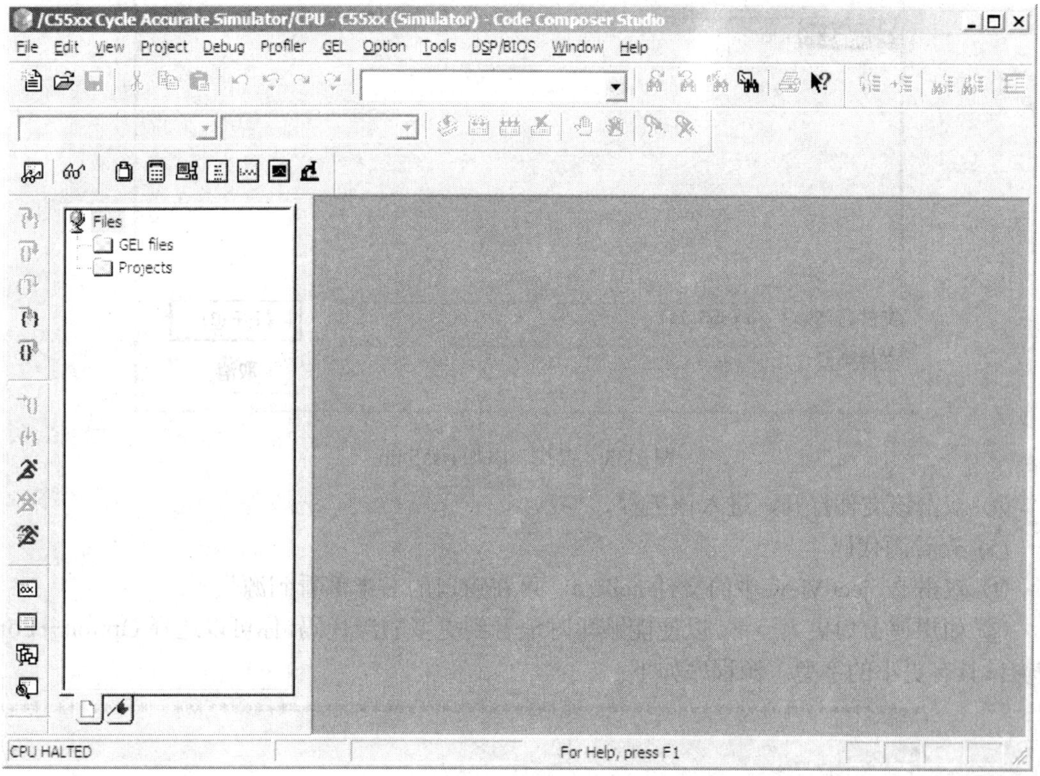

图 3-31　CCS 软件仿真界面

(4) 打开工程文件。

该工程文件采用标准库函数来显示一条“hello world”消息。

① 将 C:\ti\ tutorial\sim55xx\中的 hello1 文件夹拷贝到 c:\ti\myprojects 目录下。

② 选择菜单项 Project→Open，打开 C:\ti\myprojects\ hello1\ hello.pjt。CCS 会弹出如图 3.32 所示的提示窗口。

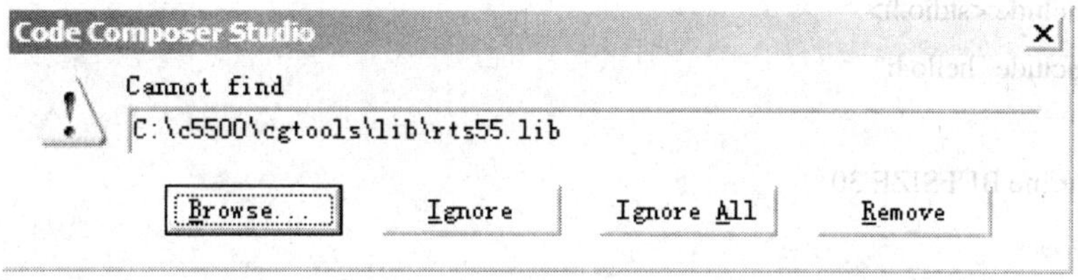

图 3-32　CCS 提示找不到相关库文件界面

③ CCS 提示找不到所需的 rts55.lib，该库文件用于支持 CCS 的 C 语言调试环境。点击 Browse 按钮，在 C:\ti\c5500\cgtools\lib 目录下找到该文件，如图 3-33 所示。

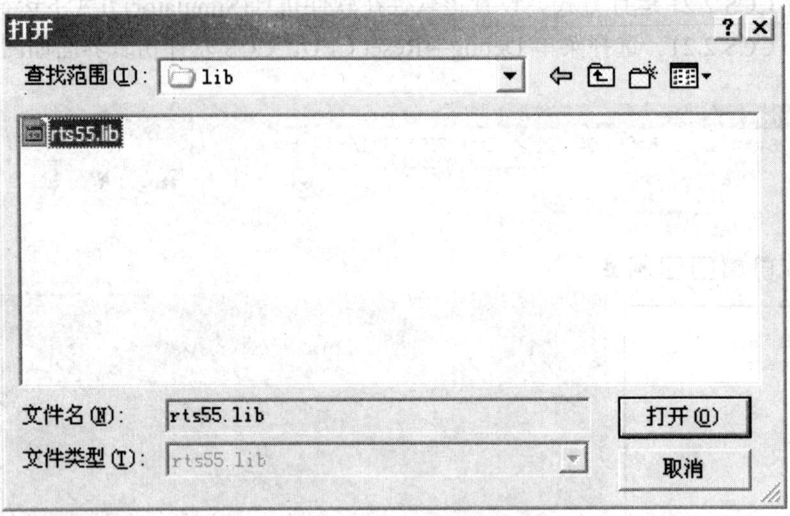

图 3-33　查找、添加 rts55.lib

④ 双击该文件打开，进入该工程。

(5) 查看源代码。

① 双击 Project View 中的文件 hello.c，可在窗口的右半部看到源代码。

② 如想使窗口更大一些，以便能够即时地看到更多的源代码，你可以选择 Option→Font 使窗口具有更小的字型。源程序如下：

```
/*****************************************************************************/
/*                                                                           */
/*   H E L L O . C                                                           */
/*                                                                           */
/*   Basic C standard I/O from main.                                         */
/*                                                                           */
/*                                                                           */
/*****************************************************************************/

#include <stdio.h>
#include "hello.h"

#define BUFSIZE 30

struct PARMS str =
{
     2934,
     9432,
     213,
```

```
        9432，
        &str
    };


    /* *    ======== main ======== */
    void main()
    {
    #ifdef FILEIO
        int         i;
        char        scanStr[BUFSIZE];
        char        fileStr[BUFSIZE];
        size_t      readSize;
        FILE        *fptr;
    #endif

        /* write a string to stdout */
        puts("hello world!\n");

    #ifdef FILEIO
        /* clear char arrays */
        for (i = 0; i < BUFSIZE; i++) {
            scanStr[i] = 0          /* 故意设置的语法错误*/
            fileStr[i] = 0;
        }

        /* read a string from stdin */
        scanf("%s"，  scanStr);

        /* open a file on the host and write char array */
        fptr = fopen("file.txt"，  "w");
        fprintf(fptr，  "%s"，  scanStr);
        fclose(fptr);

        /* open a file on the host and read char array */
        fptr = fopen("file.txt"，  "r");
        fseek(fptr，  0L，  SEEK_SET);
        readSize = fread(fileStr，  sizeof(char)，  BUFSIZE，  fptr);
        printf("Read a %d byte char array: %s \n"，  readSize，  fileStr);
```

```
        fclose(fptr);
    #endif
    }
```

当没有定义 FILEIO 时，采用标准 puts()函数显示一条“hello world”消息，它只是一个简单程序。当定义了 FILEIO 后，该程序给出一个输入提示，并将输入字符串存放到一个文件中，然后从文件中读出该字符串，并把它输出到标准输出设备上。

(6) 编译和运行程序。CCS 会自动将你所作的改变保存到工程设置中。在完成上节之后，如果你退出了 CCS，则通过重新启动 CCS 和点击 Project→Open，即可返回到刚才停止工作处。

要编译和运行程序，要按照以下步骤进行操作：

① 选择 Project→Rebuild All ，CCS 重新编译、汇编和链接工程中的所有文件，有关此过程的信息显示在窗口底部的信息框中。

② 选择 File→Load Program，选择刚重新编译过的程序 hello.out(它应该在 C:\ti\myprojects\hello1\Debug 文件夹中，除非你把 CCS 安装在别的地方)并点击 Open。CCS 把程序加载到目标系统 DSP 上，并打开 Disassembly 窗口，该窗口显示反汇编指令。(注意，CCS 还会自动打开窗口底部一个标有 Stdout 的区域，该区域用以显示程序送往 Stdout 的输出。)

③ 点击 Disassembly 窗口中一条汇编指令(点击指令，而不是点击指令的地址或空白区域)。按 F1 键。CCS 将搜索有关那条指令的帮助信息。这是一种获得关于不熟悉的汇编指令的帮助信息的好方法。

④ 点击工具栏按钮或选择 Debug→Run。

注意：工具栏有些部分可能被 Build 窗口隐藏起来，这取决于屏幕尺寸和设置。为了看到整个工具栏，请在 Build 窗口中点击右键并取消 Allow Docking 选择。

当运行程序时，可在如图 3-34 所示的 Stdout 窗口中看到“hello world”消息。

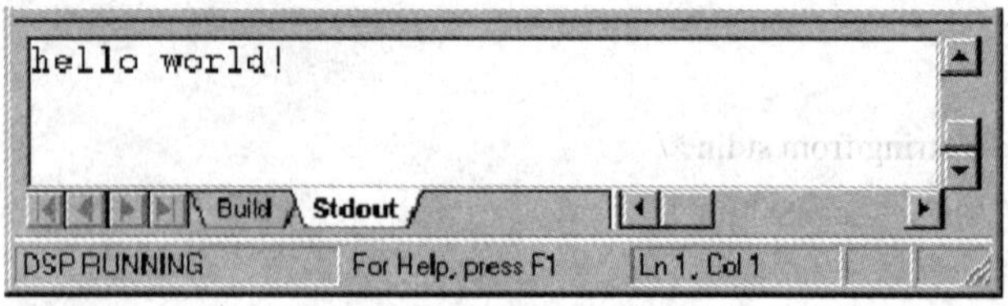

图 3-34　Stdout 窗口

(7) 修改程序选项和纠正语法错误。在前一节中，由于没有定义 FILEIO，预处理器命令(#ifdef 和#endif)之间的程序没有运行。在本节中，使用 CCS 设置一个预处理器选项，并找出和纠正语法错误。

① 选择 Project→Build Options。

② 从如图 3-35 所示的 Build Option 窗口的 Compiler 栏的 Category 列表中选择 Preprocessor。在 Define Symbols 框中键入 FILEIO 并按 Tab 键。

注意：现在窗口顶部的编译命令包含“-d”选项，当你重新编译该程序时，程序中#ifdef FILEIO 语句后的源代码就包含在内了。

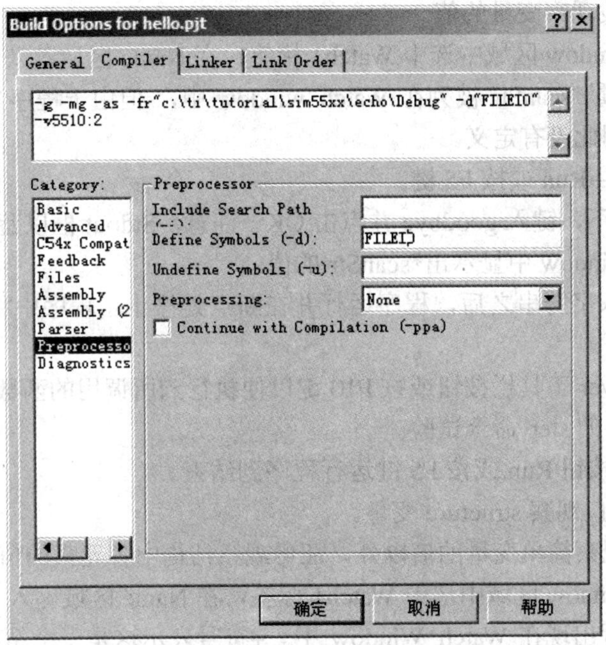

图 3-35　Build Option 窗口

③ 点击“确定”保存新的选项设置。

④ 点击 Rebuild All 工具栏按钮或选择 Project→Rebuild All。无论何时，只要工程选项改变，就必须重新编译所有文件。

⑤ 出现一条说明程序含有编译错误的消息。在 Build tab 区域移动滚动条，就可看到一条语法出错信息。

⑥ 双击描述语法错误位置的红色文字。注意到 hello.c 源文件是打开的，光标会落在该行上：fileStr[i] = 0。

⑦ 修改语法错误(缺少分号)。注意，紧挨着编辑窗口题目栏的文件名旁出现一个星号(*)，表明源代码已被修改过。当文件被保存时，星号随之消失。

⑧ 选择 File→Save 或按 Ctrl + S 可将所作的改变存入 hello.c。

⑨ 点击 Incremental Build 工具栏按钮或选择 Project→Build，CCS 重新编译已被更新的文件。

(8) 使用断点和观察窗口。当开发和测试程序时，常常需要在程序执行过程中检查变量的值。在本节中，可用断点和观察窗口来观察这些值。程序执行到断点后，还可以使用单步执行命令。

① 选择 File→Reload Program。

② 双击 Project View 中的文件 hello.c。可以加大窗口，以便能看到更多的源代码。

③ 把光标放到该行上：fprintf(fptr，“%S”，scanStr);。

④ 点击工具栏相应按钮或按 F9 键，该行显示为高亮紫红色(可通过 Option→Color 改变颜色)。

⑤ 选择 View→Watch Window。CCS 窗口的右下角会出现一个独立区域，在程序运行

时，该区域将显示被观察变量的值。

⑥ 在 Watch Window 区域中选中 Watch1 标签，在 Name 区域键入表达式*scanStr。

⑦ 注意局部变量*scanStr 被列在 Watch window 中，但由于程序当前并未执行到该变量的 main()函数，因此没有定义。

⑧ 选择 Debug→Run 或按 F5 键。

⑨ 在相应提示下，键入 goodbye 并点击 OK。注意，Stdout 框以蓝色显示输入的文字。还应注意，Watch Window 中显示出*scanStr 的值。

在键入一个输入字符串之后，程序运行并在断点处停止。程序中将要执行的下一行以黄色加亮。

⑩ 点击 Step Over 工具栏按钮或按 F10 键以便执行到所调用的函数 fprintf()之后。

⑪ 用 CCS 提供的 step 命令试验。

⑫ 点击工具栏按钮 Run 或按 F5 键运行程序到结束。

(9) 使用观察窗口观察 structure 变量。

观察窗口除了观察简单变量的值以外，还可观察结构中各元素的值。

① 在 watch Window 区域中选中 Watch1 标签，在 Name 区域键入 str 作为表达式。显示着+str={…}的一行出现在 Watch Window 中。+符号表示这是一个结构。类型为 PARMS 的结构被声明为全局变量，并在 hello.c 中初始化。结构类型在 hello.h 中定义。

② 点击符号+。CCS 展开这一行，列出该结构的所有元素以及它们的值。

③ 双击结构中的任意元素就可打开该元素的 Edit Variable 窗口。

④ 改变变量的值并点击 OK。注意 Watch Window 中的值改变了，而且其颜色也相应变化，表明该值已经人工修改了。

⑤ 在 Watch Window 中选择 str 变量并点击右键，从弹出表中选择 Remove Current Expression。在 Watch Window 中重复上述步骤。

⑥ 在 Watch Window 中点击右键，从弹出表中选择 Hide 可以隐藏观察窗口。

⑦ 选择 Debug→Breakpoints。在 Breakpoints tab 中点击 Delete All，然后点击 OK，全部断点都被清除。

(10) 退出 CCS。

五、任务小结

在本任务中，我们掌握了如何在软件仿真的状态下，进行 CCS 的相关操作。我们看到了伪指令在本程序中的作用，在软件调试的过程中，特别是大型软件，使用伪指令的益处显而易见。我们用他可以轻松地让我们想编译、链接的部分程序运行，起到一个软件开关的作用。例如本程序中如果没有定义 FILEIO，则相应的文件输入/输出就不会被编译。

为了进一步探究 CCS，可作如下尝试：

在 Build Option 窗口中，检查与编译器、汇编器和链接器有关的域，注意这些域中值的变化是怎样影响所显示的命令行的，可在 CCS 中参见在线帮助了解各种命令行开关。

设置某些断点。选择 Debug→Breakpoints，注意在 Breakpoints 输入框中可以设置条件断点，只有当表达式的值为真时，程序才会在断点处暂停，也可以设置各种硬件断点。

3.5　本 章 小 结

本章介绍了 DSP 开发的硬件、软件平台，详细介绍了 CCS 的相关知识、主要特点，并且通过两个简单的任务介绍在 CCS 中创建、调试和测试应用程序的基本步骤，为在 CCS 中深入开发 DSP 软件奠定基础。

为了掌握关于使用 CCS 的更多技巧，可参见有关 CCS 的在线帮助或 CCS 用户指南(Code Composer User's Guide，spru296.pdf)。

习题与思考题

1. 简述 DSP 软件开发的流程。
2. 简述 eXpressDSP 的组成部分及其作用。
3. 简述 Run 和 Animate 两种运行方式的区别。
4. 简述伪指令在程序调试中的作用。

第 4 章 DSP 软件开发

在第 3 章中，简单介绍了 DSP 软件开发的一般流程以及 TI 公司的 eXpressDSP，从中我们可以看到，DSP 软件的开发与普通软件的开发有很大的不同。本章重点讲述 TI 公司 DSP 的软件开发基础、软件开发方法以及软件的架构。

4.1 程序定位方式的比较

一般来说程序是由代码和数据组成的。要运行的程序其代码和数据必须存放在 CPU 能够寻址的存储空间里，而代码和数据是以代码块和数据块的形式存放的。代码块和数据块是程序的最小单元，一个代码块或数据块在存储空间中连续、顺序存放，不同的代码块或数据块，可以存放于不同的存储空间中。

如何确定这些代码块或数据块在存储空间的地址，就是我们通常说的程序的定位。程序的定位有以下三种。

1. 编译时定位

编程时由 ORG 语句确定代码块和数据块的绝对地址，编译器以此地址为首地址，连续、顺序地存放该代码块或数据块，也就是说我们在编程的时候已经知道程序存放的大概位置。

MCU 系统常采用这种方式。这种定位方式属于绝对定位，其优点是简单、容易上手；缺点是程序员必须熟悉硬件资源，模块化编程差且不支持工程化管理。

2. 链接时定位

编程时以“SECTIONS”伪指令区分不同的代码块或数据块。编译器每遇到一个“SECTIONS”伪指令，从 0 地址重新开始一个代码块或数据块。链接器将同名的“SECTIONS”合并，并按 .cmd 文件中的“SECTIONS”命令进行实际的定位。程序员在编写程序的时候并不知道程序最终的具体地址。具体的“SECTIONS”伪指令将在本章的后面部分加以介绍。

DSP 系统常采用这种方式。这种定位方式属于相对定位，其缺点是复杂灵活、上手较难；优点是程序员不必熟悉硬件资源，模块化编程强且支持工程化管理。

3. 加载时定位

编程、编译和链接时均未对程序进行绝对定位。程序运行前，由操作系统对程序进行重新定位，并加载到存储空间中。例如，在 Windows 操作系统下运行一个应用软件，运行前我们并不知道应用软件将会被加载到内存的什么位置。

PC 机系统常采用这种方式。这种定位方式也属于相对定位，其缺点是必须要有操作系统支持；优点是模块化编程强且支持工程化管理。

由上我们可以看出，DSP 软件的定位方式介于 MCU 与 GPP 之间。下面我们来介绍“SECTIONS”伪指令的具体情况以及相关的知识。

4.2 公共目标文件格式

4.2.1 段(sections)

汇编器和链接器建立的目标文件，是一个可以在 TMS320C55X 器件上执行的文件。这些目标文件的格式称为公共目标文件格式，即 COFF(Common Object File Format)。由于 COFF 在编写汇编语言程序时采用代码和数据块的形式，会使模块化编程和管理变得更加方便。这些代码和数据段称为“段”。因为当编写一个汇编语言程序时，它可按照代码段和数据段来考虑问题。汇编器和链接器都有一些命令建立并管理各种各样的段。

段(sections)是 COFF 文件中最重要的概念。每个目标文件都被分成若干个段。一个段就是最终在存储器映像中占据连续空间的一个数据或代码块。在编制汇编语言源程序时，程序按段组织，每行汇编语句都从属一个段，且由段汇编伪指令标明该段的属性。目标文件中的每一个段是相互独立的。在编程时，段没有绝对定位，每个段都认为是从“0”地址开始的一块连续的存储空间，所以软件开发人员只需要将不同的代码块和数据块放到不同的段中，而无需关心这些段究竟定位于系统何处。采用段的优点是便于程序的模块化编程，便于工程化管理，可将软件开发人员和硬件开发人员基本上分离开。

一般地，COFF 目标文件都包含 3 个缺省的段：

.text 段：通常包含可执行代码；

.data 段：通常包含已初始化数据；

.bss 段：通常为未初始化变量保留存储空间。

另外，汇编器与链接器允许程序员建立和链接自定义的段，这些段的用法与上述 3 个缺省段的用法相类似。所有的段可以分为两大类，即已初始化段和未初始化段。

4.2.2 汇编器对段的处理

汇编器对段的处理是通过段伪指令区分出各个段，且将段名相同的语句汇编在一起。每个程序都可以由几个段结合在一起形成。

汇编器有 5 个伪指令支持该功能，分别是：

.bss (未初始化段)

.usect (未初始化段)

.text (已初始化段)

.data (已初始化段)

.sect (已初始化段)

如果汇编语言程序中一个段伪指令都没有用，那么汇编器把程序中的内容都汇编到 .text 段。

1. 未初始化段

未初始化段(Uninitialized Sections)由 .bss 和 .usect 伪指令建立。未初始化段就是 TMS320C55X 在目标存储器中的保留空间，以供程序运行过程中的变量作为临时存储空间使用。在目标文件中，这些段中没有确切的内容，通常将他们定位到 RAM 区。未初始化段分为默认的和命名的两种，分别由 .bss 和 .usect 产生，其句法如下：

```
        .bss      符号，字数
符号    .usect    "段名"，字数
```

其中：符号——对应于保留的存储空间第一个字的变量名称，这个符号可让其它段引用，也可以用 .global 命令定义为全局符号；

字数——表示在 .bss 段或标有名字的段中保留多少个存储单元；

段名——程序员为自定义未初始化段起的名字。

每调用 .bss 伪指令一次，汇编器在相应的段保留更多的空间；每调用 .usect 伪指令一次，汇编器在指定的命名段保留更多的空间。

2. 已初始化段

已初始化段(Initialized Sections)由 .text、.data 和 .sect 伪指令建立，包含可执行代码或初始化数据。这些段中的内容都在目标文件中，当加载程序时再放到 TMS320C55X 的存储器中。每个初始化段都是可以重新定位的，并且可以引用其他段中所定义的符号。链接器在链接时自动处理段间的相互吸引。

三种伪指令的句法如下：

```
.text     [段起点]
.data     [段起点]
.sect     "段名"[，段起点]
```

其中，段起点是任选项。如果选用，它就是为段程序计数器(SPC)定义的一个起始值，SPC 值只能定义一次，而且必须在第一次遇到这个段时定义。如果省略，则 SPC 从 0 开始。

当汇编器遇到 .text、.data 或 .sect 命令时，将停止对当前段的汇编(相当于一条结束当前段汇编的命令)，然后将紧接着的程序代码或数据，汇编到指定的段中，直到再遇到另一条 .text、.data 或 .sect 命令为止。

当汇编器遇到 .bss 或 .usect 命令时，并不结束当前段的汇编，只是暂时从当前段脱离出来，并开始对新的段进行汇编。.bss 和 .usect 命令可以出现在一个已初始化段的任何位置上，而不会对它的内容发生影响。

段的构成要经过一个反复过程。例如，当汇编器第一次遇到 .data 命令时，这个 .data 段是空的，接着将紧跟其后的语句汇编到 .data 段，直到汇编器遇到一条 .text 或 .sect 命令。如果汇编器再遇到一条 .data 命令，他就将紧跟这条命令的语句汇编后加到已经存在的 .data 段中。这样就建立了单一的 .data 段，段内数据都是连续地安排到存储器中的。

3. 自定义段

自定义段与缺省的 .text、.data 和 .bss 段一样使用，但与缺省段分开汇编，也可将初始化的数据汇编到与 .data 段不同的存储器中，或者将未初始化的变量汇编到与 .bss 段不同的存储器中。产生命名段的伪指令为：

符号　.usect　“段名”，字数

.sect　“段名”[，段起点]

4. 子段

子段(Subsections)是大段中的小段。链接器可以像处理段一样处理子段。采用子段可以使存储器图更加紧密。子段的命名句法为：

基段名：子段名

子段也有两种，用 .sect 命令建立的是已初始化段，用 .usect 命令建立的是未初始化段。

5. 段程序计数器(SPC)

汇编器为每个段安排一个独立的程序计数器，即段程序计数器(SPC)。SPC 表示一个程序代码段或数据段内的当前地址。开始时，汇编器将每个 SPC 置 0，当汇编器将程序代码或数据加到一个段内时，相应的 SPC 增加。如果汇编器再次遇到相同段名的段，继续汇编至相应的段，且相应的 SPC 在先前的基础上继续增加。

4.2.3　链接器对段的处理

链接器在处理段的时候，有如下两个主要任务：

(1) 将由汇编器产生的 COFF 格式的 OBJ 文件作为输入块；当有多个文件进行链接时，将相应的段结合在一起，产生一个可执行的 COFF 输出模块。

(2) 将输出段分配到存储器的指定地址，定义到实际的存储空间中。

有两条链接命令支持上述任务：

● MEMORY 命令——定义目标系统的存储器配置图，包括对存储器各部分命名，以及规定它们的起始地址和长度；

● SECTIONS 命令——告诉链接器如何将输入段组合成输出段，以及将输出段放在存储器中的什么位置。子段可用来更精细地编排段。可用链接器的 SECTIONS 命令指定子段。若没有明显的子段，则子段将和具有相同基段名称的其他段结合在一起。

链接器通过 .cmd 文件来获取上述的这些信息。

并不是总需要使用这些链接器命令的。若不使用它们，则链接器将使用目标处理器默认的分配方法。如果使用链接器命令，就必须在链接器命令文件中进行说明。

链接器还将检查各输出段是否重叠、是否超界，避免了人工检查边界带来的隐患。

图 4-1 表示了链接器对段的处理。

在图 4-1 中，file1.obj 和 file22.obj 已经被汇编，作为链接器的输入，都包含有缺省的 .text、.data、.bss 段。可执行的输出模式表示已合并的段。链接器先将两个文件的 .text 合并成一个，再合并 .data 和 .bss 段，将自定义的段放在最后。图 4-1 中的存储器图说明了如何将段放入存储器，在缺省的情况下，链接器从地址 080h 开始依次放入。

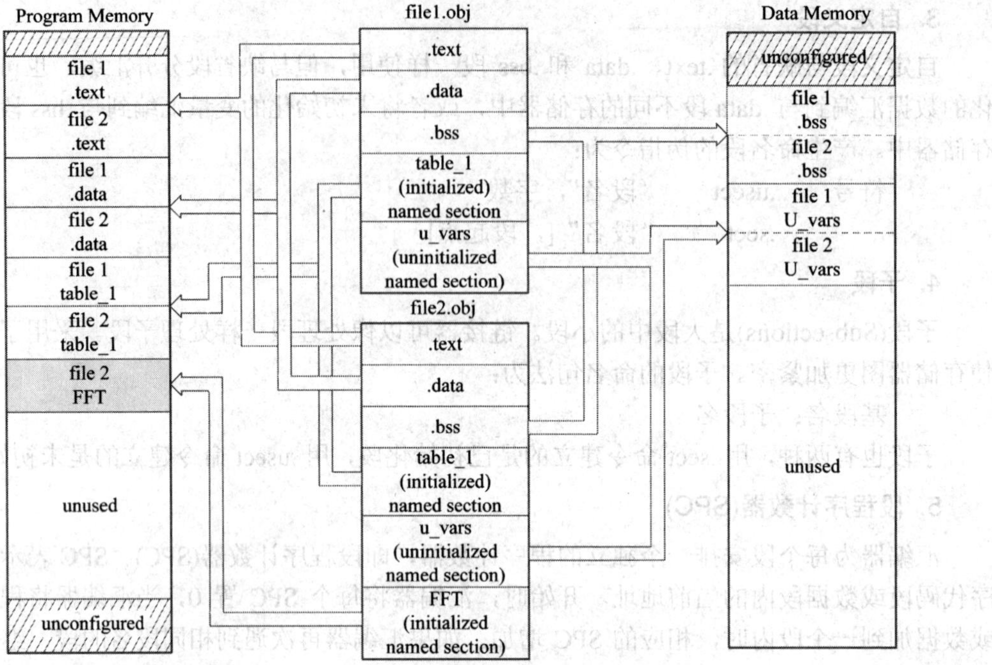

图 4-1　链接器对段的处理

4.2.4　重新定位

1. 链接时重新定位

汇编器处理每个段都从地址 0 开始，而所有需要重新定位的符号(标号)在段内都是相对于地址 0 的。事实上，所有段都不可能从存储器中地址 0 单元开始，因此链接器必须通过以下方法对各个段进行重新定位：

(1) 将各个段定位到存储器图中，每个段都从一个恰当的地址开始；

(2) 将符号的数值调整到相对于新的段地址的数值；

(3) 调整对重新定位后符号的引用。

汇编器在需要引用重新定位的符号处都留了一个重定位入口。链接器在对符号重定位时，利用这些入口修正对符号的引用值。

2. 运行时重新定位

有时，希望将代码装入存储器的一个地方，而运行在另一个地方。例如，一些关键的执行代码必须装在系统的 ROM 中，但希望在较快的 RAM 中运行。链接器提供一个处理该问题的简单方法，利用 SECTIONS 伪指令选项可让链接器定位两次。第一次使用装入关键字设置装入地址，再用运行关键字设置它的运行地址。装入地址确定段的原始数据或代码装入的地方，而任何对段的引用(例如其中的标号)则参考它的运行地址。在应用中必须将该段从装入地址复制到运行地址，这并不能简单地自动运行，因为指定的运行地址是分开的。

若仅为段提供了一个定位(装入或运行)，则该段将只定位一次，并且装入和运行地址相同；若提供两个地址，则段将被自动地定位，就好像是两个同样大小的不同段一样。

未初始化的段不能装入，所以它仅有的有意义的地址为运行地址。链接器只定位未初始化段一次。若为它指定运行和装入地址，则链接器将发出警告并忽略装入地址。

4.2.5　程序装入

链接器产生可执行的 COFF 目标文件。可执行的目标模块与链接器输入的目标文件具有相同的 COFF 格式，但在可执行的目标文件中，对段进行结合并在目标存储器中进行重新定位。为了运行程序，在可执行模块中的数据必须传输或装入目标系统存储器。有几种方法可以用来装入程序，取决于执行环境。下面说明两种常用的情况。

(1) 硬件仿真器和 CCS 集成开发环境，具有内部的装入器，调用装入器的 LOAD 命令即可装入可执行程序。

(2) 将代码固化在片外存储器中，采用 Hex 转换工具(Hex conversion utility)，例如 Hex500 将可执行的 COFF 目标模块(.out 文件)转换成几种其他目标格式文件，然后将转换后的文件用编程器将代码写入 EPROM/Flash。

4.2.6　.cmd 文件

.cmd 文件是用来分配 ROM 和 RAM 的，告诉链接程序怎样计算地址和分配空间。它包括三个部分：

1. 输入/输出定义

- obj 文件：链接器要链接的目标文件；
- lib 文件：链接器要链接的库文件；
- map 文件：链接器生成的交叉索引文件，.map 文件中能看到各“段”实际定位的情况，所以强烈建议链接产生此文件，便于对系统整个存储空间的实际使用情况有清晰的理解；
- out 文件：链接器生成的可执行代码；
- 链接器选项：这一部分现在基本上在 CCS 集成调试环境中的编译选项中设置，所以在 .cmd 文件中不再需要。

2. MEMORY 命令

该命令用来描述系统实际的硬件资源。

3. SECTIONS 命令

该命令用来描述“段”如何定位。

.cmd 文件是存储空间的分配文件，也就是要指明目标板上实际的物理存储空间是如何分配给 DSP 系统使用的，也就是程序要放在哪里，数据要放在哪里，堆栈放在哪里，中间向量表要放在哪里。

实际物理空间的分配一般与 MP/MC、OVLY、DROM 的设定或设置有关，同时也与选用的 DSP 有关。比如同是 54 或 55 系列的，但是不同的 DSP 型号(比如 5402、5410、5416、5502、5509 等)内部的 SARAM 和 DARAM 的大小是不同的，反过来这也确定你能使用的外部扩展空间的地址范围。

MEMORY 指令分配哪些是程序区的地址范围，哪里是中断向量的入口，哪些是数据空间的地址范围。

SECTIONS 指令具体分配 .text 段放在哪里，.data 和 .bss 放在哪里。自己指定的 .usect 和 .sect 段对应在什么地方，等等。

这样链接器就知道把各段不一定连续的代码汇成 .out 文件，才能 load 到 DSP 上去运行。所以在用 CCS 自带的 tutorial 例子时必须修改相应的 .cmd 文件，使之与目标板上的物理空间能够对应，这样实际代码才能 load 到 DSP 系统的存储空间中，程序才能运行起来。

下面是任务 2 的 .cmd 文件清单：

```
/*  ======== hello.cmd ========*/
MEMORY {
   DATA(RWI):  origin = 0x6000,        len = 0x4000
   PROG:       origin = 0x200,         len = 0x5e00
   VECT:       origin = 0xd000,        len = 0x100
}
/*注：DATA 后面的括号中为可选项，规定存储器的属性：R，可对存储器进行读操作；W，可
对存储器执行写操作；X 命名的存储器可能含有可执行的代码；I，可以对存储器进行初始化。
origm：起始地址，可写成 org 或 o；length：长度，可写成 len 或 l。*/
SECTIONS
{
     .vectors:  {} > VECT
     .trcinit:  {} > PROG
     .gblinit:  {} > PROG
      frt:      {} > PROG
     .text:     {} > PROG
     .cinit:    {} > PROG
     .pinit:    {} > PROG
     .sysinit:  {} > PROG
     .bss:      {} > DATA
     .far:      {} > DATA
     .const:    {} > DATA
     .switch:   {} > DATA
     .sysmem:   {} > DATA
     .cio:      {} > DATA
     .MEM$obj:  {} > DATA
     .sysheap:  {} > DATA
     .sysstack: {} > DATA
     .stack:    {} > DATA
}
```

该 .cmd 文件中的 MEMORY 部分定义了程序存储空间、数据存储空间、中断向量的入口地址，其中程序存储空间是从地址 0x200 开始，大小为 0x5e00。SECTIONS 部分中说明将 .text 段存放在程序空间中，将 .bss 段放在数据空间中等。

4.3　DSP 汇编程序简介

4.3.1　寻址模式及指令系统

TMS320C55X 的助记符指令是由操作码和操作数两部分组成的。在汇编前，操作码和操作数都是用助记符表示的，例如：

LD　#　0FFH，A

该条指令的执行结果是将立即数 0FFH 传送至累加器 A。

TMS320C55X 和 C54X 类似，都提供 7 种基本的数据寻址方式：

(1) 立即数寻址：指令中嵌有一个固定的立即数。

(2) 绝对地址寻址：指令中有一个固定的地址，指令按照此地址进行数据寻址。

(3) 累加器寻址：将累加器内的当前值作为地址去访问程序存储器中的该单元。

(4) 直接寻址：指令中的 7 bit 是一个数据页内的偏移地址，而所在的数据页由数据页指针 DP 或 SP 决定。该偏移加上 DP 和 SP 的值决定了在数据存储器中的实际地址。

(5) 间接寻址：按照辅助寄存器中的地址访问存储器。

(6) 存储器映射寄存器寻址：修改存储器映射寄存器中的值，而不影响当前 DP 或 SP 的值，以存储器映射寄存器中的修改值去寻址。

(7) 堆栈寻址：把数据压入和弹出系统堆栈，按照后进先出原则进行。

TMS320C54X 和 C55X 可以使用两套指令系统：助记符方式和代数表达式方式。其可分成四种基本类型：

- 算术指令；
- 逻辑指令；
- 程序控制指令；
- 装入和存储指令。

在附录里介绍了 C54X 的指令概要。

4.3.2　C55X 汇编语言指令系统的特点

由于 C55X 指令集对 C54X 的兼容性，限于本书篇幅，这里就不再将 C55X 指令一一列出，仅在本小节后列出 C54X 的部分指令。C55X 和 C54X 指令集最大的区别在于 C55X 结构中比 C54X 增加的并行硬件，如双 MAC、双 ALU 以及相应增加的总线等。反映在指令集里，就是增加了并行指令，即在一个机器周期里可以并行完成的指令。

1. 并行特性

C55X 并行指令的种类有：

(1) 单个指令里的内在并行。有些指令可以并行地完成两个操作，在助记符里用两个冒号(：：)将两个操作分开来表示。例如：

MPY AR3，CDP，AR0

　　::MPY AR4，*CDP，AC1

该条指令表示用辅助寄存器 AR3 寻址得到的值，和用 CDP 寻址得到的值相乘，结果存入 AR0。同时，用辅助寄存器 AR4 寻址得到的值，和用 CDP 寻址得到的值相乘，结果存入 AC1。

(2) 用户定义两个指令并行。由用户或 C 编译器决定的并行，用 ‖ 将两个指令分开来表示。例如：

```
MPYM   AR1-，CDP，AC1
‖ XOR AR2，T1
```

第一个指令在 D 单元里运行；第二个指令在 A 单元的 ALU 里运行。

(3) 隐含的并行和用户定义的并行组合在一起。例如：

```
MPYM T3=*AR3+，AC1，AC2
‖ MOV#5，  ARl
```

第一个指令里已经包含了并行性；第二个并行指令是由用户定义的。

2. 并行的规则

如果以下的所有规则都得到遵守的话，就只允许两个指令并行。

(1) 规则 1：如果增加的指令长度不超过 6 byte，两个指令可以并行。

(2) 规则 2：两个指令可以并行需满足：

① 如果两个指令中的一个具有并行使能位。这种由硬件支持的并行，称为并行使能机制。

② 如果两个指令都像规则 8 所指定的，在间接寻址模式下访问一个存储器。硬件支持的这种类型的并行性，称为软件双机制。

(3) 规则 3：如果存储器总线、跨单元总线以及常数总线相互不妨碍，两个指令可以并行。

(4) 规则 4：对 A 单元、D 单元以及 P 单元之间的并行性没有限制。

(5) 规则 5：处理器允许以下子单元之间的任何并行性：

① P 单元装入通道；

② P 单元存储通道；

③ P 单元控制操作。

(6) 规则 6：处理器允许以下子单元之间的任何并行性：

① D 单元装入通道；

② D 单元存储通道；

③ D 单元交换操作；

④ D 单元的 ALU、移位器、DMAC 操作，被看成是一个操作；

⑤ D 单元移位和存储通道。

(7) 规则 7：除 X、Y、C 以及 SP 地址产生单元的操作，处理器允许以下子单元之间的任何并行性：

① A 单元装入通道；

② A 单元存储通道；

③ A 单元交换操作；

④ A 单元的 ALU 操作。

(8) 规则 8：数据地址产生单元(DAGEN)包含 4 个操作：

① DAGEN X 和 DAGEN Y 是最常用的操作，允许产生以下的寻址模式：

- 单个数据存储器寻址 Smem，db1(Lmem)
- 间接双数据存储器寻址(Xmem，Ymem)
- 系数数据存储器寻址(Cmem)
- 寄存器位寻址(Baddr)

② DAGEN X 和 DAGEN Y 也在指令 mar(　)里作指针修改；

③ DAGEN C 是一个专门的操作，用于系数数据存储器寻址；

④ DAGEN SP 是一个专门的操作，用于数据及系统的堆栈寻址。

(9) 规则 9：如果在一个指令里使用了以下寻址修改，则该指令不能与其他指令并行：

① *ARn(k16)；

② *+ARn(k16)；

③ *CDP(k16)；

④ *+CDP(k16)；

⑤ *absl6(#k16)；

⑥ *(#k23)；

⑦ *port(#k16)。

(10) 规则 10：如果两个并行的指令的目的资源冲突，则高地址的指令(第二个指令)更新目的资源。

4.4　DSP C 语言程序基础

4.4.1　DSP 软件的设计方式

通常 DSP 芯片软件设计有以下三种方式。

1．完全用 C 语言开发

TI 公司提供了用于 C 语言开发的 CCS 平台。该平台包括了优化 ANSI C 编译器，从而可以在 C 源程序级进行开发调试方式。这种方式大大提高了软件的开发速度和可读性，方便了软件的修改和移植。但是，在某些情况下，C 代码的效率还是无法与手工编写的汇编代码的效率相比，如 FFT 编程。这是因为即使最佳的 C 编译器，也无法在所有的情况下都能够最合理地利用 DSP 芯片所提供的各种资源。此外，用 C 语言实现 DSP 芯片的某些硬件控制也不如汇编程序方便，有些甚至无法用 C 语言实现。

2．完全用汇编语言开发

TI 公司提供了用于汇编语言开发的针对 TMS320C55X 的汇编语言，用户可以用它进行软件开发。此种方式可以更为合理地充分利用 DSP 芯片提供的硬件资源，其代码效率高，程序执行速度快，但是用 DSP 芯片的汇编语言编写程序是比较繁杂的。一般来说，不同公司的芯片汇编语言是不同的，即使是同一公司的芯片，由于芯片类型的不同(如定点和浮点)，芯片的升级换代，其汇编语言也不同。因此，用汇编语言开发基于某种 DSP 芯片的产品周期较长，并且软件的修改和升级较困难，这些都是因为汇编语言的可读性和可移植性较差所致。

3. 用 C 语言和汇编语言混合编程开发

为了充分利用 DSP 芯片的资源，更好地发挥 C 语言和汇编语言进行软件开发的各自的优点，可以将两者有机结合起来，兼顾两者的优点，避免其弊端。因此，在很多情况下，采用混合编程方法能更好地达到设计要求，完成设计功能。但是，采用 C 语言和汇编语言混合编程必须遵循一些有关的规则，否则会遇到一些意想不到的问题，给开发设计带来许多麻烦。

因此，在 DSP 软件的开发中我们应该以 C 语言为主，并且在需要的情况下适当采用汇编语言的混合编程的开发方法。

4.4.2 C 语言软件开发过程

在第 3 章中，我们了解了软件开发过程涉及编译器(compiler)，汇编器(assembler)，连接器(linker)，归档器(archiver)，建库器(library-build utility)，运行支持库(run time support library)，HEX 转换器(hex conversion utility)，交叉引用列表器(cross reference lister)，绝对列表器(absolute lister)等。其大都设置既可通过命令，也可通过 CCS 的 project\build options 设置。

图 4-2 显示了从 .c 文件到最终 .hex 文件简化的软件 build 流程。

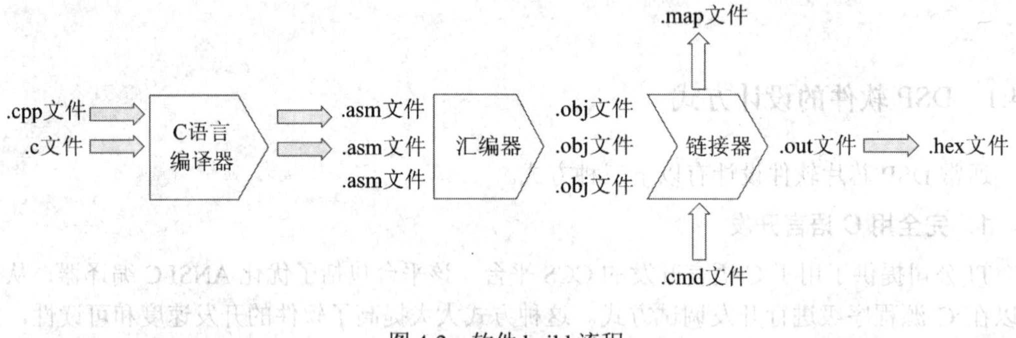

图 4-2 软件 build 流程

如前所述，在这过程中，目标文件地址是浮动的，能被重定位，链接器用 .cmd 文件对链接目标，进行重定位，列出目标文件、库文件和链接器选项，用 MEMORY 命令描述目标系统存储空间配置，用 SECTIONS 命令描述“段”如何定位。Hex 转换程序也使用.cmd 文件，配置转换选项。

4.4.3　C 语言运行环境

1. 存储模型

虽然，C 语言是一种相对高效的高级语言，并且 TI 提供的 C 编译器还结合硬件特点支持三级优化功能，但生成的汇编代码效率仍可能会不尽人意。因此，用户对 C 编译器究竟是如何进行存储分配的，应有一定的了解。

C55X 将存储器处理为程序存储器和数据存储器两个线性块。程序存储器包含可执行代码；数据存储器主要包含外部变量、静态变量和系统堆栈。编译器的任务是产生可重定位的代码，允许链接器将代码和数据定位进合适的存储空间。

使用者可以使用系统定义的段也可以自己定义所需要的段。

1) 系统定义

- .cinit：存放 C 程序中的变量初值和常量；
- .const：存放 C 程序中的字符常量、浮点常量和用 const 声明的常量；
- .switch：存放 C 程序中 switch 语句的跳针表；
- .text：存放 C 程序的代码；
- .bss：为 C 程序中的全局和静态变量保留存储空间；
- .far：为 C 程序中用 far 声明的全局和静态变量保留空间；
- .stack：为 C 程序系统堆栈保留存储空间，用于保存返回地址、函数间的参数传递、存储局部变量和保存中间结果；
- .sysmem：用于 C 程序中 malloc、calloc 和 realloc 函数动态分配存储空间。

2) 用户定义

- #pragma CODE_SECTION (symbol, "section name")；
- #pragma DATA_SECTION (symbol, "section name")。

其中 .stack 不同于 DSP 汇编指令定义的堆栈。DSP 汇编程序中要将堆栈指针 SP 指向一块 RAM，用于保存中断、调用时的返回地址，存放 PUSH 指令的压栈内容。

.stack 定义的系统堆栈实现的功能是保护函数的返回地址，分配局部变量，在调用函数时用于传递参数，保护临时结果。

.stack 定义的段大小(堆栈大小)可用链接器选项 STACK SIZE 设定，链接器还产生一个全局符号_ _STACK_SIZE，并赋给它等于堆栈长度的值，以字为单位，缺省值为 1K。

2. 寄存器使用规则

在 C 环境中，定义了严格的寄存器规则。寄存器规则明确了编译器如何使用寄存器以及在函数调用过程中如何保护寄存器。调用函数时，被调用函数负责保护某些寄存器，这些寄存器不必由调用者来保护。如果调用者需要使用没有保护的寄存器，则调用者在调用函数前必须予以保护。下面具体说明寄存器规则：

(1) 辅助寄存器 AR1、AR6、AR7 由被调用函数保护，即可以在函数执行过程中修改，但在函数返回时必须恢复。AR0、AR2、AR3、AR4、AR5 可以自由使用，即在函数执行过程中可以修改，而且不必恢复。

(2) 堆栈指针 SP 在函数调用时必须予以保护，但其是自动保护的，即在返回时，压入椎栈的内容都将被全部弹出。

(3) ARP 在函数进入和返回时，必须为 0，即当前辅助寄存器为 AR0。函数执行时可以是其他值。

(4) 在缺省的情况下，编译器总是认为 OVM 为 0。因此，若在汇编程序中将 OVM 置为 1，则在返回 C 环境时，必须将其恢复为 0。

(5) 其他状态位和寄存器在子程序中可以任意使用，不必恢复。

3. 函数调用规则

C 编译器规定了一组严格的函数调用规则。除了特殊的运行支持函数外，任何调用 C 函数或被 C 函数所调用的函数都必须遵循这些规则，否则就会破坏 C 环境，造成不可预测的结果。

1) 参数传递

函数间的参数传递通过寄存器和系统堆栈进行。

函数调用前，将参数以逆序压入运行堆栈，即最右边的参数最先入栈，然后自右向左将参数依次入栈。但是，对于 TMS320C54X，在函数调用时，第一个参数放入累加器 A 中进行传递。若参数是长整型和浮点数时，则低位字先压栈，高位字后压栈。若参数中有结构形式，则调用函数给结构分配空间，其地址通过累加器 A 传递给被调用函数。

2) 结果返回

函数调用结束后，将返回值置于累加器 A 中。整数和指针在累加器 A 的低 16 位中返回；浮点数和长整型数在累加器 A 的 32 位中返回。

3) 函数调用时需注意的一些问题

调用函数与被调用函数必须对各自的寄存器进行保护，从被调用函数返回前，被调用函数必须归还所有已占用的堆栈空间。

4. C 语言和汇编语言的混合编程

C 语言和汇编语言的混合编程有以下几种方法。

独立编写汇编程序和 C 程序，分开编译或汇编，形成各自的目标代码模块，再用链接器将 C 模块和汇编模块链接起来。这种方法灵活性较大，但用户必须自己维护各汇编模块的入口和出口代码，自己计算传递的参数在堆栈中的偏移量，工作量较大，但能做到对程序的绝对控制。

在 C 程序中直接内嵌汇编语句。用此种方法可以在 C 程序中实现 C 语言无法实现的一些硬件控制功能，如修改中断控制寄存器，中断标志寄存器等。

将 C 程序编译生成相应的汇编程序，手工修改和优化 C 编译器生成的汇编代码。采用此种方法时，可以控制 C 编译器，使之产生具有交叉列表的 C 程序和与之对应的汇编程序，而程序员可以对其中的汇编语句进行修改。优化之后，对汇编程序进行汇编，产生目标文件。根据编者经验，只要程序员对 C 和汇编均很熟悉，这种混合汇编方法的效率可以做的很高。但是，由交叉列表产生的 C 程序对应的汇编程序往往读起来颇为费劲，因此对一般程序员不提倡使用这种方法。

下面就前面三种方法逐一介绍。

1) 独立的 C 模块和汇编模块接口

独立的 C 模块和汇编模块接口是一种常用的 C 和汇编语言接口方法。采用此种方法在编写 C 程序和汇编程序时，必须遵循有关的调用规则和寄存器规则。如果遵循了这些规则，那么 C 和汇编语言之间的接口是非常方便的。C 程序可以直接引用汇编程序中定义的变量和子程序，汇编程序也可以引用 C 程序中定义的变量和子程序。

在编写独立的汇编程序时，必须注意以下几点：

(1) 不论是用 C 语言编写的函数还是用汇编语言编写的函数，都必须遵循寄存器使用规则。

(2) 必须保护函数要用到的几个特定寄存器。

(3) 中断程序必须保护所有用到的寄存器。

(4) 从汇编程序调用 C 函数时，第一个参数(最左边)必须放入累加器 A 中，剩下的参数按自右向左的顺序压入堆栈。

(5) 调用 C 函数时，注意 C 函数只保护了几个特定的寄存器，而其他是可以自由使用的。

(6) 长整型和浮点数在存储器中存放的顺序是低位字在高地址，高位字在低地址。

(7) 如果函数有返回值，返回值存放在累加器 A 中。

(8) 汇编语言模块不能改变由 C 模块产生的 .cinit 段，如果改变其内容将会引起不可预测的后果。

(9) 编译器在所有标识符(函数名、变量名等)前加下划线“_”。

(10) 任何在汇编程序中定义的对象或函数，如果需要在 C 程序中访问或调用，则必须用汇编指令 .global 定义。

(11) 编辑模式 CPL 指示采用何种指针寻址，如果 CPL=1，则采用堆栈指针 SP 寻址；如果 CPL=0，则选择页指针 DP 进行寻址。

下面给出具体例子。

C 程序：

```
Extern int asmfunc ( );              /*声明外部的汇编子程序*/
/*注意函数名前不要加下划线*/
int gvar;                            /*定义全局变量*/
main( )
{
int I=3;
I=asmfunc(i);                        /*进行函数调用*/
}
```

汇编程序：

```
_asmfunc:                            ; 函数名前一定要有下划线
ADD *(-gvar),A                       ; I 的值在累加器 A 中
STL A，*(-gvar)                      ; 返回结果在累加器 A 中
RETD                                 ; 子程序返回
```

2) 从C程序中访问汇编程序变量

从C程序中访问汇编程序中定义的变量或常数时，根据变量和常数定义的位置和方法的不同，可分为三种情况。

(1) 访问在.bbs段中定义的变量，方法如下：

① 采用.bss命令定义变量；

② 用.global将变量说明为外部变量；

③ 在汇编语言名前加下划线“_”；

④ 在C程序中将变量说明为外部变量，然后就可以象访问普通变量一样访问它。

(2) 访问未在.bbs段定义的变量，如当C程序访问在汇编程序中定义的常数表时，则方法更复杂一些。此时，定义一个指向该变量的指针，然后在C程序中间访问它。在汇编程序中定义此常数表时，最好定义一个单独的段。然后，定义一个指向该表起始地址的全局标号，可以在链接时将它分配至任意可用的存储器空间。如果要在C程序中访问它，则必须在C程序中以extern方式予以声明，并且变量名前不必加下划线“_”。这样就可以像访问其他普通变量一样进行访问。

(3) 对于那些在汇编中以.set和.global定义的全局常数，也可以在C程序中访问，不过要用到一些特殊的方法。一般说来，在C程序中和汇编程序中定义的变量，其符号表包含的是变量的地址。而对于汇编程序中定义的常数，符号表包含的是常数值。编译器并不能区分哪些符号表包含的是变量的地址，哪些是变量的值。因此，如果要在C程序中访问汇编程序中的常数，则不能直接用常数的符号名，而应在常数符号名前加一个地址操作符&，以示与变量的区别，这样才能得到常数值。

3) C程序中直接嵌入汇编语句

在C程序中直接嵌入汇编语句是一种直接的C和汇编的接口方法。此种方法可以在C程序中实现C语言无法实现的一些硬件控制功能，如修改中断控制寄存器、中断标志寄存器等。

嵌入汇编语句的方法比较简单，只需在汇编语句的两边加上双引号和括号，并且在括号前加上asm标识符即可。即：

```
asm("汇编语句");
```

注意：括号中引号内的汇编语句和语法通常的汇编编程的语法一样。不要破坏C环境，因为C编译器并不检查和分析嵌入的汇编语句。插入跳转语句和标号会产生不可预测的结果。不要让汇编语句改变C程序中变量的值，不要在汇编语句中加入汇编器选项而改变汇编环境。

修改编译器的输出可以控制C编译器，从而产生具有交叉列表的汇编程序。而程序员可以对其中的汇编语句进行修改，之后再对汇编程序进行汇编，产生最终的目标文件。注意，修改汇编语句时切勿破坏C环境。

采用这种方法一方面可以在C程序中实现用C语言难以实现的一些硬件控制功能。另一方面，也可以用这种方法在C程序中的关键部分用汇编语句代替C语句以优化程序。采用这种方法的一个缺点是它比较容易破坏C环境，因为C编译器在编译嵌入了汇编语句的C程序时并不检查或分析所嵌入的汇编语句。

4) 何时使用混合编程技术

(1) 当程序中需要操作与硬件密切相关的设备，而用 C 语言较难实现时。比如：在中断程序设计时需要设置中断向量表，向量表中空间有限用 C 语言语句有困难，且需向量表要在内存中精确定位，这时可将设置中断向量表的部分用汇编语言代替。

(2) 当需要绕开 C 编译器的规定，进行特殊操作时。比如：C 语言规定，程序不能访问程序代码区，而系统功能需要进行类似访问时可采用限制较小的汇编语言程序设计。

(3) 当需要提高模块的效率(包括空间上和时间上两方面的)，而 C 语言程序无法达到要求时。

5) 使用混合编程时的注意事项

(1) 在汇编程序中使用其他 C 语言模块中定义的变量或函数名称时，需要在引用的名称前加下划线。如：C 中定义的变量为 x，在汇编中引用时要用_x。

(2) 汇编语言写的子程序需要符合 C 语言的调用规则，尤其是在默认的辅助寄存器使用上和栈的使用上要求兼容。

(3) 在汇编语言模块中，需要编程者自己消除流水线冲突。

(4) 在使用内嵌汇编技术时，需要考虑以下内容：

① 要非常小心地处理，以免破坏 C 语言操作环境。编译器在遇到内嵌汇编语句时，不会对其中的汇编语句进行分析处理。

② 避免从内嵌汇编语句跳转到 C 语言模块中，那将极容易造成寄存器使用上的混乱，从而产生难以预料的结果。

③ 不要在内嵌汇编语句中改变 C 语言模块中变量的值，但可以安全地读取它们的值。

④ 在汇编程序中不要使用内嵌汇编。

5. 中断服务程序

在编写中断服务程序时要注意以下问题。

(1) 汇编语言编写的中断服务程序必须对所有用到寄存器进行保护，以免破坏 C 运行环境。

(2) C 编写的中断服务程序应用 interrupt 关键字声明。(本书将在第 5 章中介绍 DSP 中断的内容)

6. 系统初始化

在运行 C 程序前，必须建立 C 运行环境，此任务由 C 引导程序_c_int00 完成。

_c_int00 包含在库函数中，build 时自动将其链接到可执行程序中，程序的入口地址必须设为_c_int00 起始地址。在前面的任务之中，程序 load 以后，我们发现程序的指针指向_c_int00 位置。

_c_int00 的源程序存放在由 rts.src 分离出来的 boot.asm 中，用户可根据需要修改，如：

- 设置堆栈指针。
- 初始化全局变量：将.cinit 段中数据拷贝到 .bss 段中。
- 调用 C 程序的主函数 main()。

对于 TI 公司不同系列的 DSP，其 C 编译器对 C 运行环境的处理略有不同，具体参考各自的 C 编译器用户指南。

4.5　TI DSP 软件开发平台

4.5.1　传统软件开发方法

在大多数的情况下，我们采用传统的软件开发方法。传统的软件开发方法按照以下的方法进行：

(1) 用汇编语言或 C 语言混合编程，从零开始。

(2)　编写硬件资源头文件。

①　DSP 片内寄存器资源头文件。

- 描述片内寄存器地址；
- 描述片内寄存器控制/状态位域。

② 板上资源头文件。

- 描述片外外设寄存器地址；
- 描述片外外设寄存器控制/状态位域。

(3) 编写应用专用的外设驱动程序。

① 片内/片外外设初始化程序；

② 片内/片外外设操作程序。

(4) 编写应用专用的算法。

(5) 编写主控程序顺序、循环执行。

传统的软件开发方法的程序结构如图 4-3 所示，主函数为一死循环，循环内顺序执行各程序模块，如任务 1。

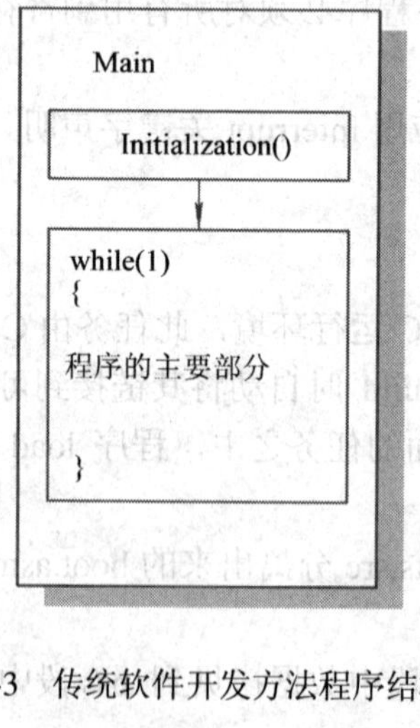

图 4-3　传统软件开发方法程序结构图

当然如果程序用到中断(TMS320VC5509 的中断本书将在下章讲述)，程序的结构就如图 4-4 所示。

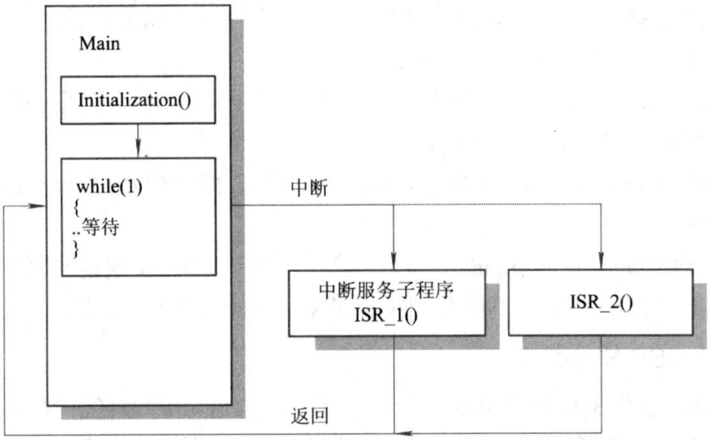

图 4-4　采用中断的传统软件开发方法程序结构图

如图 4-4 所示，程序在初始化之后就进入一个内容为空的死循环之中，等待中断的到来，具体的任务在中断子程序中执行。用这种结构开发的实时软件，我们很难跟踪它要发生的事件。

在这里要注意的是这两种结构与普通的 C 语言程序之间的区别，普通的 C 语言程序结构如图 4-5 所示，程序顺序地执行各个部分，直到结束，如第 3 章的任务 2，因此任务 2 的程序并不能真正用于实际的 DSP 系统，只是可以用来教学而已。

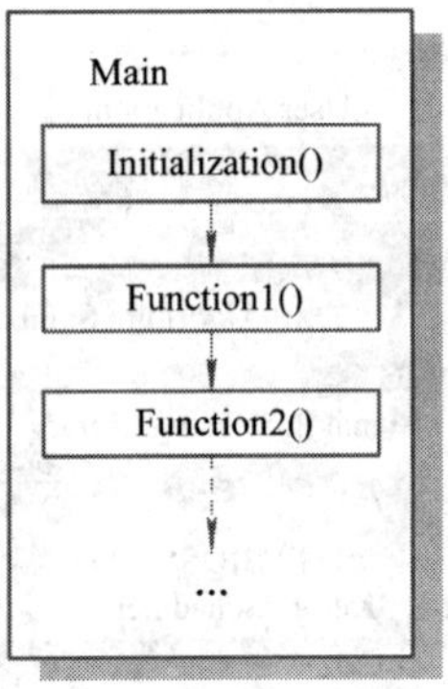

图 4-5　普通的 C 语言程序结构图

4.5.2　TI 倡导的 DSP 软件架构

1. TI 提供的基础软件

用传统的方法，我们编写程序要从零开始。实际上 TMS320 系列 DSP 的软件开发无需从零开始，TI 已经为我们提供了一系列基础软件，这些基础软件包括：

● CSL 库：Chip Support Library 芯片支持库，已为我们定义了 DSP 片内外设的资源，以及对片内外设的基本操作。

● DDK：Driver Development Kit 设备驱动程序开发包，设计标准的设备驱动程序模型，方便开发新的设备驱动程序。

● DSPLIB/IMGLIB：Signal Processing Library 信号处理库，提供通用的、已充分优化

的数学运算、矩阵运算、FFT、滤波、卷积、相关等信号处理函数，及压缩、分析、滤波和格式转换等图像/视频处理函数。

● DSP/BIOS：嵌入式实时、多任务操作系统，用于对实时、多任务进行管理和调度，以及为实时分析提供相关的信息。

● Reference Frameworks：程序参考架构，是一个C程序初始框架，通过其可以迅速创建特定的应用程序。

● XDAIS：DSP Algorithm Standard，DSP算法标准，XDAIS规定一系列算法编程规则，只要遵循这些规则开发的算法，不同公司提供的算法也可以相互调用。

2. TI倡导的DSP软件架构

TI倡导的DSP软件架构如图4-6所示，以DSP/BIOS实时多任务操作系统为核心，由CSL实现片上外设的配置和控制，通过DDK提供一组标准的设备驱动程序模型(Driver)，实现标准的外设数据流操作，外设数据流则由信号处理算法进行处理。信号处理算法由两部分组成，一部分是TI免费提供的基础的信号处理库(Signal Processing Library)，另一部分为专用的算法，可由用户自己编写，或从TI众多的第三方购买。为了使这些算法通用，TI专门定义了一套算法标准(TMS320 DSP Algorithm Standard)，以此标准编写的算法程序，可以实现相互调用。在此基础上TI还专门针对不同的应用系统，设计了一套软件参考架构(Reference Framework)，作为框架程序，方便用户在此基础上快速创建自己的应用程序(User Application)。

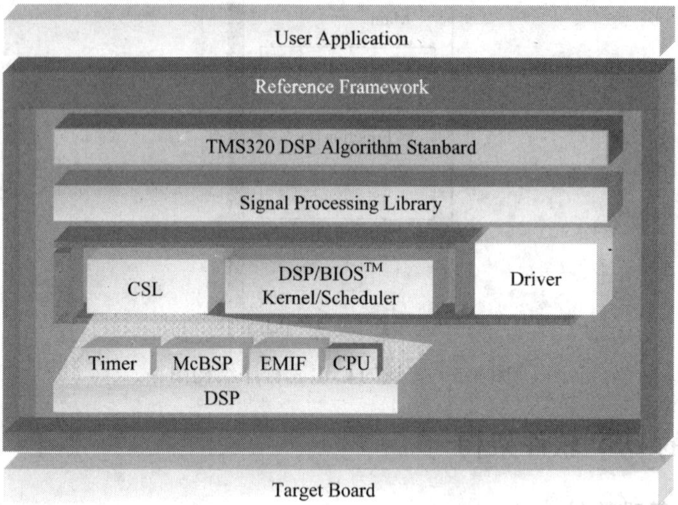

图4-6　TI倡导的DSP软件架构

TI提供的基础软件架构，为创建设备驱动程序和应用程序提供了基本的代码，帮助用户加速产品原型开发，缩短开发周期，加快产品上市的速度。

那么采用了这种架构后的软件结构发生了根本性的改变。这种方法为硬件中断和用户应用软件之间提供了一个层面。调度程序按照用户定义的设置对不同的实时发生的硬件事件程序进行优化调用。这种方式提高了系统的实时性，也为日益复杂的片内资源和外设管理提供了方便。图4-7所示为采用了实时多任务操作系统的软件结构。

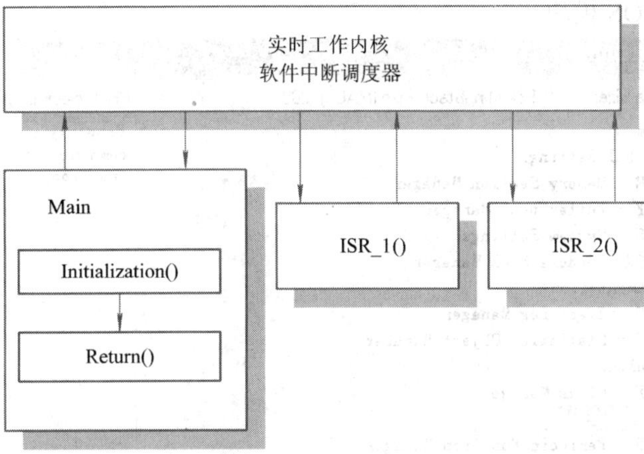

图 4-7　采用实时多任务操作系统的软件结构

3. DSP/BIOS

CCS 是一个完整的 DSP 集成开发环境，所有的 TI DSP 都可以使用该软件进行开发。在 CCS 中，不仅集成了常规的开发工具，如源程序编辑器、代码生成工具(编译、链接器)以及调试环境外，还提供了 DSP/BIOS 开发工具。

DSP/BIOS 是 CCS 提供的一套工具，它是一个简易的嵌入式操作系统，主要是为需要实时调度、同步，实时主机—目标系统通信和实时监测的应用而设计的。DSP/BIOS 集成在 CCS 中，不需要额外的费用，但不提供源码，它是 TI 公司倡导的 eXpressDSP 技术的重要组成部分。

1) DSP/BIOS 功能

(1) 抢先型实时、多任务操作系统内核。

- 基于优先级的、抢先型实时调度程序；
- 支持多线程管理与调度；
- 支持 4 种线程类型：HWI、SWI、TSK、IDL；
- 支持 3 种作业间的通信方式：Mailboxes、Semaphores、Queues；
- 支持周期函数，方便实现固定时间间隔的数据采集，简化多速率系统的设计；
- 提供存储器管理，实现动态存储器分配。

(2) 实时分析模块。

- 分析信息实时获取、传输和显示，为早期的系统级排错提供帮助；
- DSP/BIOS 模块中内含分析信息的实时获取功能；
- 分析信息的实时传输由 RTDX(Real-Time Data Exchange)技术实现；
- 完成目标 DSP 与主机之间的实时通信，C6000 RTDX 的带宽为 20 Kbyte；
- RTDX 是在 idle 作业期间完成的，所以对程序执行速度的影响最小；
- 主机可以显示：事件记录、线程执行顺序、执行次数的最大值或平均值和总的 CPU 负载等信息。

2) DSP/BIOS 的使用

(1) 为了方便使用，TI 提供一个可视化的配置工具界面，如图 4-8 所示，用于配置实际系统中所需的 DSP/BIOS 模块。

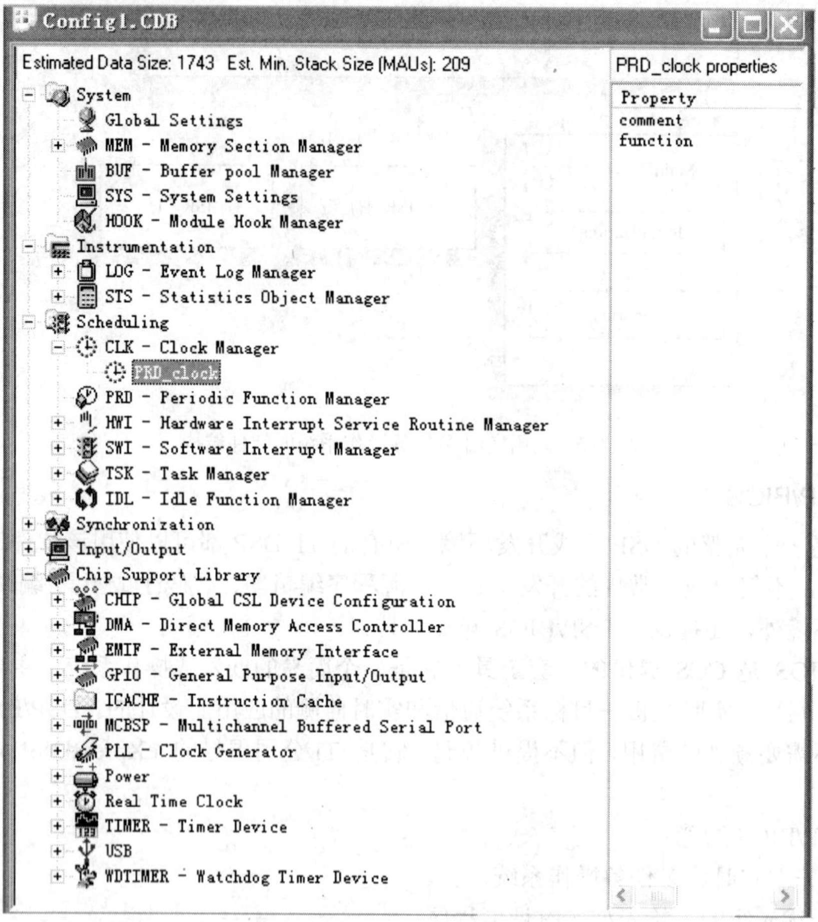

图 4-8　DSP/BIOS 配置工具界面

(2) DSP/BIOS 是可裁剪的，只有被应用程序使用的模块才会被链接到应用程序中。

(3) DSP/BIOS 开销小：

- 代码大小：1 K Words；
- CPU 占用：1 MIPS。

(4) DSP，BIOS 采用标准的 API，所以不同系列 DSP 之间的移植容易。

(5) DSP/BIOS 集成在 CCS 中，无需使用许可费。

3) 基于 DSP/BIOS 的程序开发流程

基于 DSP/BIOS 的程序开发是交互式的可反复的开发模式，开发者可以方便地修改线程的优先级和类型，首先生成基本框架，添加算法之前给程序加上一个仿真的运算负荷进行测试，看是否满足时序要求，然后再添加具体的算法实现代码。

使用 DSP/BIOS 开发软件需要注意两点：

(1) 所有与硬件相关的操作都需要借助 DSP/BIOS 本身提供的函数完成，开发者要避免直接控制硬件资源，如定时器、DMA 控制器、串口、中断等；

(2) 基于 DSP/BIOS 的程序运行与传统的程序有所不同，传统编写的 DSP 程序完全控制

DSP，程序依次执行，而基于 DSP/BIOS 的程序，由 DSP/BIOS 程序控制 DSP，用户程序不是顺序执行，而是在 DSP/BIOS 的调度下按任务、中断的优先级等待执行。

基于 DSP/BIOS 的程序开发流程如下：

(1) 利用配置工具设置环境参数并静态建立应用程序要用到的对象。要注意的是，在配置工具下创建对象为静态创建，对象是不可以删除的，利用 xxx_create 可以动态创建对象，并可以用 xxx_delete 删除动态创建的对象(xxx 表示模块名字，如 TSK)。

(2) 保存配置文件。保存配置文件时，配置工具自动生成匹配当前配置的汇编源文件和头文件以及一个链接命令文件。

(3) 为应用程序编写一个框架，可以使用 C、C++、汇编语言或这些语言的混合语言来编程。在 CCS 环境下编译并链接程序，添加 program.cdb 和 programcfg.cmd 到项目工程文件中，其他的文件自动链接进应用程序。如果用户想使用自己的链接命令文件，则需要在自己的命令文件的第一行包含语句“-l programcfg.cmd”。

(4) 使用仿真器(或者使用硬件平台原型)和 DSP/BIOS 分析工具来测试应用程序。

(5) 重复上述步骤直至程序运行正确。

(6) 在实际产品开发过程中，当正式产品硬件开发好后，修改配置文件来支持产品硬件并测试。

4. CSL(Chip Support Library 芯片支持库)

(1) 为什么要设计 CSL？

① DSP 片上外设种类及其应用日趋复杂。

② 提供一组标准的方法用于访问和控制片上外设。

③ 免除用户编写配置和控制片上外设所必需的定义和代码。

(2) 什么是 CSL？

① 用于配置、控制和管理 DSP 片上外设。

② 已为 C6000 和 C5000 系列 DSP 设计了各自的 CSL 库。

③ CSL 库函数大多数是用 C 语言编写的，并已对代码的大小和速度进行了优化。

④ CSL 库是可裁剪的，即只有被使用的 CSL 模块才会包含进应用程序中。

⑤ CSL 库是可扩展的：每个片上外设的 API 相互独立，增加新的 API，对其他片上外设没有影响。

(3) CSL 的特点。

① 提供了片上外设编程的标准协议，其定义了一组标准的 API，包括函数、数据类型、宏。

② 定义一组宏，用于访问和建立寄存器及其域值。

③ 基本的资源管理：对多资源的片上外设进行管理。

④ 已集成到 DSP/BIOS 中：是通过图形用户接口 GUI 对 CSL 进行配置。

⑤ 使片上外设容易使用：缩短开发时间，增加可移植性。

5. DDK(Driver Development Kit 设备驱动程序开发包)

(1) TI 提供 DDK 的目的。DDK 提供标准的设备驱动程序模型，使用户无需从零开始编写设备驱动程序。

(2) 设备驱动程序模型(IOM)。

① 将设备驱动程序分为两个部分。

- 与设备相关的："迷你"驱动程序(mini-driver)；
- 与设备无关的："类"驱动程序(class-driver)。

② "类"驱动程序。

- 设备驱动程序的上层抽象，使其与特定设备无关，为应用程序提供通用的接口；
- 3 大类"类"驱动程序：SIO、PIP 和 GIO；
- SIO：流 I/O 接口，由 SIO 和 DIO 组成，DIO 负责缓冲器管理、信号同步以及底层"迷你"驱动程序接口；
- PIP：管道接口，由 PIP 和 PIO 组成，PIO 负责缓冲器管理、信号同步以及底层"迷你"驱动程序接口；
- GIO：通用 I/O，允许进行块读块写，可以用其新的用户驱动程序。

③ "迷你"驱动程序：设备驱动程序的底层抽象，与特定设备有关，对硬件设备进行实际操作，DDK 规定一组标准的 API，函数体由用户根据实际硬件设备编写。

(3) DDK 在 CSL 基础上对外设 I/O 进行更高层次的抽象。

(4) Tl 免费提供 DDK 的源代码及相关文档(可从 TI 网站上免费下载)。

6. Signal Processing Library(信号处理库)

C5000 系列 DSP 基本的信号处理库：

(1) DSPLIB 提供数学运算、矩阵运算、FFT、滤波、卷积等常用的信号处理函数。

- TMS320C54X DSPLIB 专门为 C54X 系列 DSP 进行优化；
- TMS320C55X DSPLIB 专门为 C55X 系列 DSP 进行优化。

(2) IMGLIB 提供压缩、分析、滤波和格式转换等常用的图像/视频处理函数。

- TMS320C55X IMGLIB 专门为 C55X 系列 DSP 进行优化。

TI 免费提供信号处理函数库的源代码、库及相关文档，可从 TI 网站上免费下载。

7. DSP Algorithm Standard(DSP 算法标准，XDAIS)

(1) 制定 XDAIS 的目的。

① DSP 软件系统日趋复杂，算法由专业公司、专业人员开发。

② 算法提供者和算法使用者分离。

③ 为了使二者协调工作，必须定义一组通用的编程规则和指导方针，以及一组编程接口。

④ 即使算法使用者和提供者相同，但只要符合 XDAIS 算法标准，这些算法就可以用到不同的项目中，使算法具有良好的继承性。

(2) 开发符合标准的算法。TI 提供一组工具用来开发符合标准的算法。

① Component Wizard Control：超级向导，帮助你快速、精确地将你的算法封装为符合 XDAIS 标准的算法。

② QuaiTI：测试工具，用于快速、有效地测试算法是否符合 XDAIS 标准。

③ DOSA：自动优化工具，当算法用于静态环境时，删除算法中不必要的部分。

8. Reference FrameWork(软件参考架构)

(1) TI 提供软件参考架构的目的。

① DSP 系统日趋复杂。

- 包含多个算法，如同时包含音频算法和视频算法；
- 同一个算法可能需要多道运行，如对多个视频流进行处理；
- 不同算法或通道所需的数据或帧率可能不同，如音频帧和视频帧帧率不同；
- 某些 DSP 硬件系统的存储容量有限，如 C54X 系统；
- 软件对象可能需要动态地创建和删除，导致存储器需要进行动态管理；
- 硬件系统可能为由 DSP 和通用处理器构成的双处理器系统。

② TI 精选一些通用的模块，构成软件参考架构。

③ 让使用者将精力集中于系统的特定应用方面。

(2) TI 根据系统的复杂程度已提供 3 个软件参考架构。

① RF1：小型系统，主要用于由 C54X 和 C55X 实现的低端系统；

② RF3：中型系统，主要用于由 C54X 和 C55X 实现的高端系统和 C6X 实现的低端系统；

③ RF5：大型系统，主要用于由 C6X 实现的高端系统。

任务 3 编写一个以 C 语言为基础的 DSP 程序

一、任务目的

(1) 学习用标准 C 语言编制程序；了解常用的 C 语言程序设计方法和组成部分。

(2) 学习编制链接命令文件，并用来控制代码的链接。

(3) 学会建立和改变 map 文件，以及利用它观察 DSP 内存使用情况的方法。

(4) 熟悉使用软件仿真方式调试程序。

二、所需设备

PC 兼容机一台，操作系统为 Windows 2000(或 Windows 98、Windows XP，以下默认为 Windows 2000)，安装 CCS(Code Composer Studio)2.21 软件。

三、相关原理

1. 标准 C 语言程序

CCS 支持使用标准 C 语言开发 DSP 应用程序。当使用标准 C 语言编制程序时，其源程序文件名的后缀应为 .c (如 volume.c)。

CCS 在编译标准 C 语言程序时，首先将其编译成相应汇编语言程序，再进一步编译成目标 DSP 的可执行代码，最后生成的是 COFF 格式的可下载到 DSP 中运行的文件，其文件名后缀为 .out。

由于使用 C 语言编制程序，其中调用的标准 C 的库函数由专门的库提供，在编译链接时编译系统还负责构建 C 运行环境，所以用户工程中需要注明使用 C 的支持库。

另外，由于 TMS320VC5509DSP 的存储器区域较大，程序中如果要使用大于 64 K 的数据空间，需要设置 C 工程使用大模式、连接大模式库。

2．命令文件的作用

命令文件(文件名后缀为 .cmd)为链接程序提供程序和数据在具体 DSP 硬件中的位置分配信息。通过编制命令文件，我们可以将某些特定的数据或程序按照我们的意图放置在 DSP 所管理的内存中。命令文件也为链接程序提供了 DSP 外扩存储器的描述。在程序中使用 cmd 文件描述硬件存储区，可以只说明使用部分，但只要是说明的，必须和硬件匹配，也就是说只要说明的存储区必须是存在的和可用的。

3．内存映射(map)文件的作用

一般地，我们设计、开发的 DSP 程序在调试好后，要固化到系统的 ROM 中。为了更精确地使用 ROM 空间，我们就需要知道程序的大小和位置，通过建立目标程序的 map 文件可以了解 DSP 代码的确切信息。当需要更改程序和数据的大小和位置时，就要适当修改 cmd 文件和源程序，再重新生成 map 文件来观察结果。另外，通过观察 map 文件，可以掌握 DSP 存储器的使用和利用情况，以便进行存储器方面的优化工作。

4．程序设计要求

程序框图如图 4-9 所示。

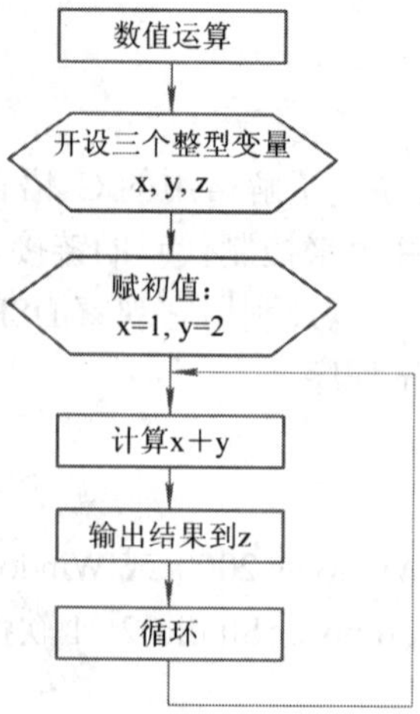

图 4-9　任务 3 程序框图

四、任务步骤

(1) 准备。

设置 CCS 为软件仿真模式。

(2) 建立新的工程文件。

① 双击桌面上图标，启动 CCS 2.21。

② 按照图 4-10 所示的操作顺序进行设置，建立 CProgram.pjt。

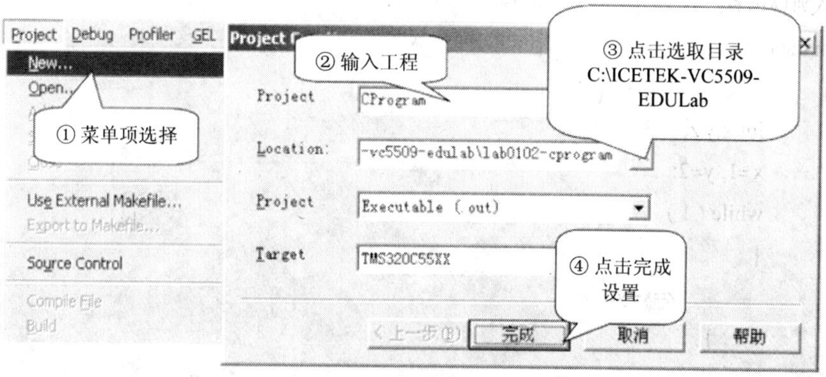

图 4-10　建立 CProgram.pjt

(3) 设置工程文件。

按照图 4-11 所示的操作步骤设置工程文件。

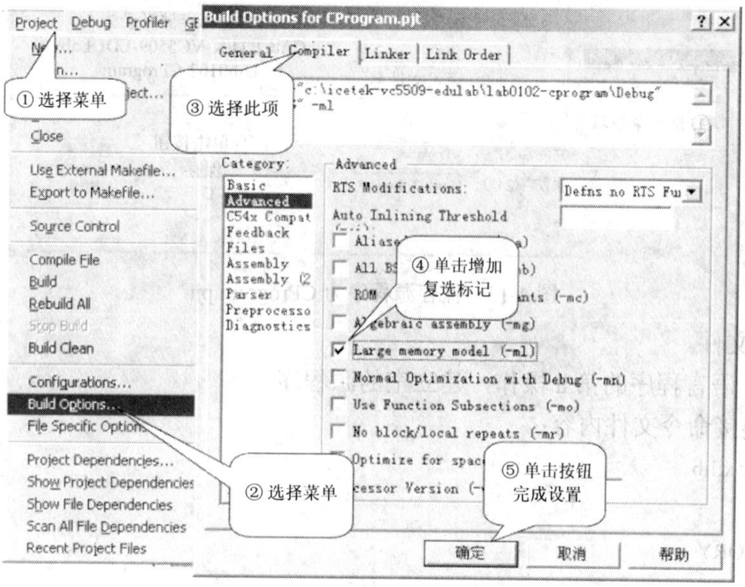

图 4-11　设置工程文件

(4) 编辑输入源程序。

① C 语言程序。

a. 首先新建源程序，如图 4-12 所示。

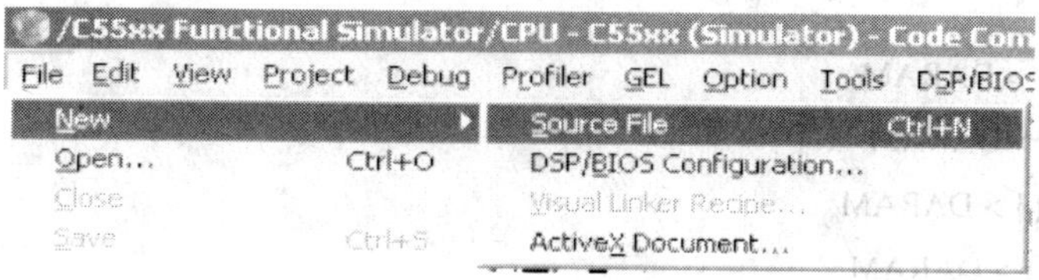

图 4-12　新建源程序

b. 输入源程序：

```
main()
{
    int x,y,z;
    x=1; y=2;
    while ( 1 )
    {
        z=x+y;
    }
}
```

c. 保存源程序为 CProgram.c，如图 4-13 所示。

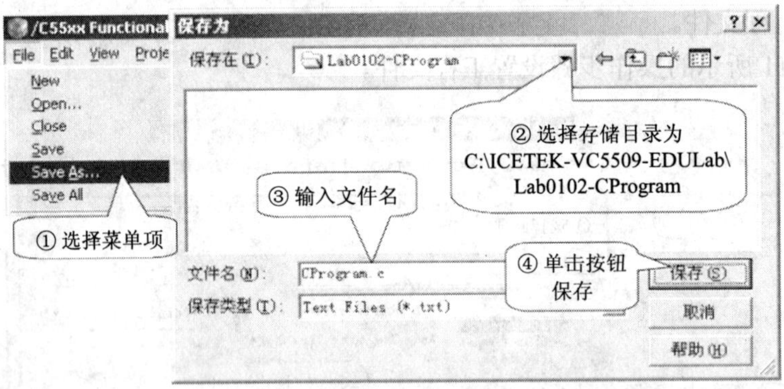

图 4-13　保存源程序为 CProgram.pjt

② .cmd 文件。

a. 如同 C 语言程序的第 a 操作，建立空的源程序。

b. 输入链接命令文件内容：

```
-l rts55x.lib

MEMORY
{
  DARAM: o=0x100, l=0x7f00
  DARAM2: o=0x8000, l=0x8000
}
SECTIONS
{
  .text: {} > DARAM
  .bss: {} > DARAM
  .stack: {} > DARAM
  .cinit: {} > DARAM
}
```

注意：第 1 行中减号后面和第 5、6 行中等号前边字母是小写的“L”。

c. 如同 C 语言程序的第 c 步操作，将文件在项目文件夹下保存为 CProgram.cmd。

在链接命令文件中，将可用内存分为两块：DARAM 和 DARAM2，而在其后指定程序只占用 DARAM 块，DARAM2 留作其他用途(此程序未使用)。另外，第 1 句指定编译器使用库 rts55x.lib，这是一个大模式库。

③ 将上述编译的源程序加入工程 CProgram.pjt。

(5) 编译源文件、下载可执行程序。

① 单击菜单“Project”、“Rebuild All”。

② 执行 File→Load Program，在随后打开的对话框中选择刚刚建立的项目文件夹下的 \debug\CProgram.out 文件。完成后，系统自动打开一个反汇编窗口“Disassembly”，并在其中指示程序的入口地址为“_c_int00”。

(6) 打开观察窗口。开启 CPU 寄存器观察窗口：单击菜单 View→Registers→CPU Registers。

(7) 观察程序运行结果。这时，在“Disassembly”代表程序运行位置的绿色箭头指向程序的入口地址，程序将从此开始执行。

① 选择菜单中 Debug→Go Main，CCS 自动打开 CProgram.c，程序会停在用户主程序入口 main 上，这从反汇编窗口和 CProgram.c 窗口中的指示箭头位置可以看出。

② 在内存观察窗口中观察变量的值：选择“View”菜单中“Memory...”项，在“Memroy Window Options”窗口中的“Address”项中输入&x，单击“OK”完成设置；“Memory”窗口中 x 的当前取值显示在第 1 个地址之后。

③ 将变量 x、y、z 分别加入观察窗口：在源程序中双击变量名，再单击鼠标右键，选择“Add to Watch Window”。这时，这 3 个变量还未作初始化。

④ 单步运行 2 次，在观察窗中观察到变量 x、y 被赋值，变化的值被显示成红色。同时在“Memory”窗口中也能观察到 x 和 y 值的改变。

⑤ 再单步运行，可观察到 z 的值被计算出来。双击观察窗口中变量 x、y 在“Value”栏中的取值并修改成其他取值，单步运行后观察结果。

⑥ 双击观察窗口中变量 x、y 在“Value”栏中的取值，并修改成 0。选择菜单 Debug→Restart，返回程序起点。

⑦ 重新单步运行程序，在 CPU 寄存器窗口中观察各寄存器使用情况，观察哪个寄存器参与了运算。

(8) 内存映像文件。

① 选择菜单 Project→Build Options...，启动“Build Options”工程设置对话框。

② 单击“Linker”属性页，在“Map Filename：项中观察生成的 map 文件名和路径。

③ 单击“取消”退出。

(9) 对照观察 map 文件和 cmd 文件的内容。

① 选择菜单 File→Open...，将找到项目文件夹下\Debug 目录，将文件类型改为“Memory Map Files”，选择 CProgram.map 文件，打开。

② 打开 CProgram.cmd 文件。

③ 程序的入口地址：map 文件中“ENTRY POINT SYMBOL”中说明了程序入口地址(_c_init00)。

④ 内存使用情况：

● map 文件中“MEMORY CONFIGURATION”标明了程序占用 DARAM 的使用情况，共占用 a22H 个存储单元；

● 观察 map 文件中的“SECTION ALLOCATION MAP”段，可以看出 CProgram.obj 的入口地址为 100H，这也是 main 函数的入口地址；

● 用户堆栈段从 320H 开始，程序运行到 main 函数中后，变量 x、y、z 均开设在栈中。

● 可看出程序运行都需要调用 rts55x.lib 中的哪些模块。

(10) 改变内存分配。

将 cmd 文件中的

DARAM: o=0x100, l=0x7f00

改为

DARAM: o=0x200, l=0x7e00

重新编译工程，观察 map 文件中有何变化。

(11) 退出 CCS。

五、任务小结

通过实验可以发现：修改 cmd 文件可以安排程序和数据在 DSP 内存资源中的分配和位置；map 文件中描述了程序和数据所占用的实际尺寸和地址。

C 语言编制的程序，在经过编译器编译后，需要链接若干 C 标准程序辅助运行。以下是运行流程：

(1) 程序入口为_c_int00，执行标准 C 库中的程序，负责初始化 C 环境、申请堆栈、初始化有初始值的变量等。

(2) 程序最终转到用户编制的主函数运行。

(3) 程序在主函数中的无限循环中持续运行。

六、问题与思考

请修改程序完成计算 sin(2.3π) + cos(1.7π)的值(注意头文件的使用)。

任务 4　编写一个以汇编(ASM)语言为基础的 DSP 程序

一、任务目的

(1) 学习用汇编语言编制程序；了解汇编语言程序与 C 语言程序的区别和在设置上的不同。

(2) 了解 TMS320C55X 汇编语言程序结果和一些简单的汇编语句用法。

(3) 学习在 CCS 环境中调试汇编代码。

二、所需设备

PC 兼容机一台，操作系统为 Windows 2000(或 Windows 98、Windows XP，以下默认为 Windows 2000)，安装 CCS(Code Composer Studio)2.21 软件。

三、相关原理

1. 汇编语言程序

汇编语言程序除了程序中必须使用汇编语句之外，其编译选项的设置与 C 语言编制的程序也稍有不同。其区别为：

(1) 汇编语言程序在执行时直接从用户指定入口开始，常见的入口标号为“start”，而 C 语言程序在执行时，先要调用 C 标准库中的初始化程序(入口标号为“_c_init00”)，完成设置之后，才转入用户的主程序 main()运行。

(2) 由于 CCS 的代码链接器默认支持 C 语言，在编制汇编语言程序时，需要设置链接参数，选择非自动初始化，注明汇编程序的入口地址。

2. 程序设计要求

程序框图如图 4-14 所示。

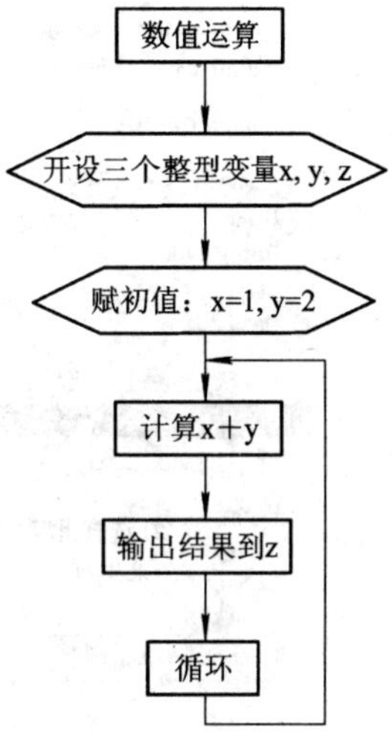

图 4-14　任务 4 程序框图

四、任务步骤

(1) 准备。设置 CCS 为软件仿真模式。

(2) 建立新的工程文件。

① 双击桌面上图标，启动 CCS 2.21。

② 按照图 4-15 所示的操作步骤进行设置，建立 TASM.pjt。

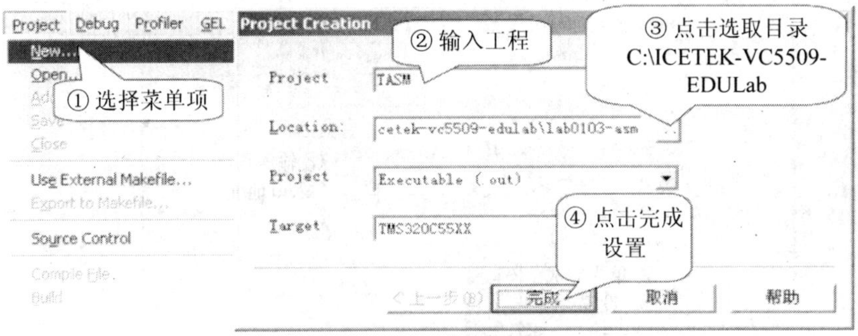

图 4-15　建立 TASM.pjt

(3) 设置工程文件。

按照图 4-16 所示的操作步骤设置工程文件为大内存模式。按照图 4-17 所示操作步骤设置链接器选项。

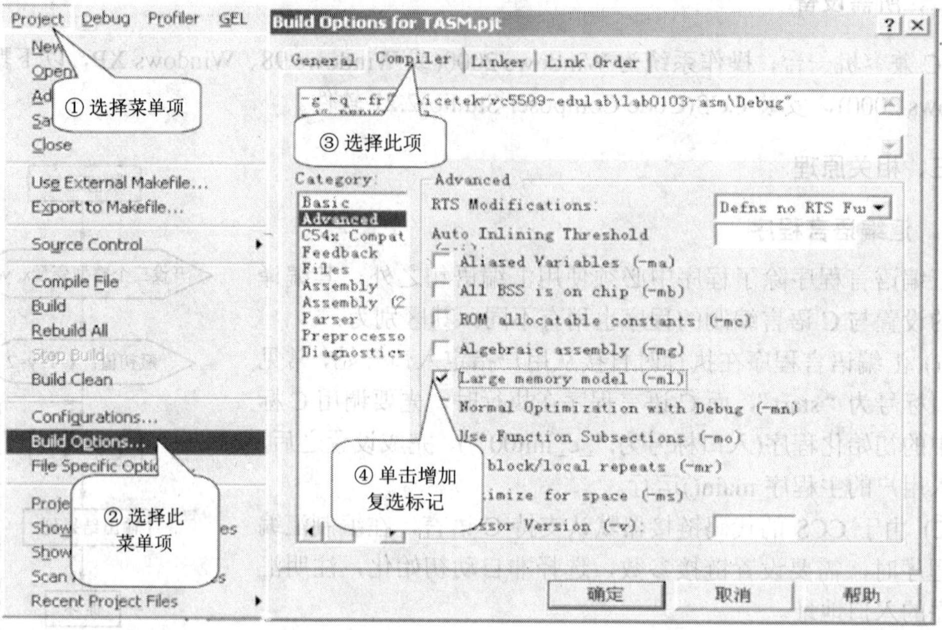

图 4-16　设置工程文件

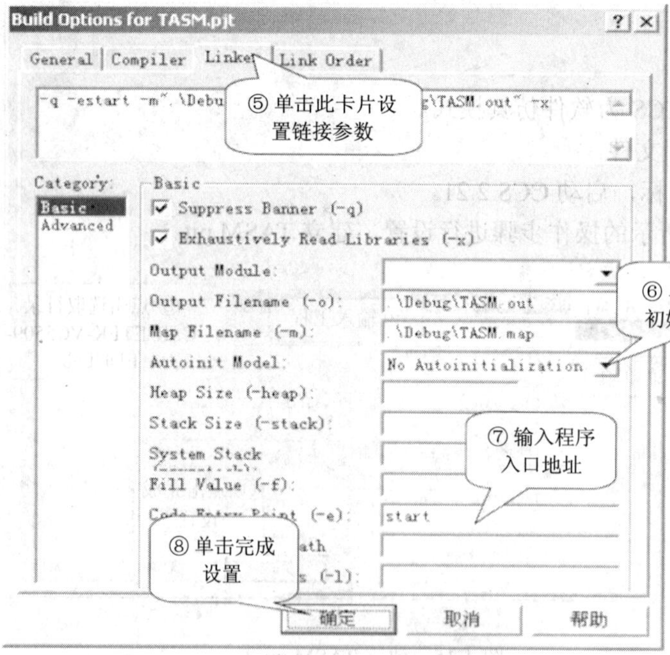

图 4-17　设置链接器选项

(4) 编辑输入源程序。

① 汇编语言程序。

a. 首先新建源程序，如图 4-18 所示。

图 4-18　新建源程序

b. 输入源程序：

```
        .mmregs
        .model call=c55_std
        .model mem=large
        .global x
        .bss x,1,0,0
        .sym x,x, 4, 2, 16
        .global y
        .bss y,1,0,0
        .sym y,y, 4, 2, 16
        .global z
        .bss z,1,0,0
        .sym z,z, 4, 2, 16
        .sect ".text"
        .align 4
        .global start
        .sym start,start, 36, 2, 0
start:
        MOV #2, *(#y)
        MOV #1, *(#x)
L1:
        MOV *(#y), AR1
        ADD *(#x), AR1, AR1
        MOV AR1, *(#z)
        B L1
```

注意：在输入汇编语言源程序时，除了标号以外的程序行必须以一个空格或 Tab 制表字符开始。

c. 保存源程序为 TASM.asm。

② 链接命令文件。

a. 如同汇编语言程序第 a 步操作，建立空的源程序。

b. 输入链接命令文件内容：

```
MEMORY
{
    DARAM: o=0x100, l=0x7f00
    DARAM2: o=0x8000, l=0x8000
}
SECTIONS
{
    .text: {} > DARAM
    .bss: {} > DARAM
    .stack {} > DARAM
}
```

注意：第 3、4 行中等号前边字母是小写的“L”。

c. 将文件存为项目文件夹下 TASM.cmd。

③ 将上述编译的源程序加入工程 TASM.pjt。

(5) 编译源文件、下载可执行程序。

① 选择菜单 Project→Rebuild All。

② 执行 File→Load Program，在随后打开的对话框中选择刚刚建立的\debug\TASM.out 文件。完成后，系统自动打开 TASM.asm 源程序窗口，并在其中指示程序的入口地址为标号“start”后的语句。

(6) 打开观察窗口。

① 选择菜单 View→Disassembly，注意程序运行指针停留的位置。

② 开启 CPU 寄存器观察窗口：单击菜单 View→Registers→CPU Registers，观察 PC 指针取值与当前程序运行地址是否对应。

③ 将变量 x、y、z 分别加入观察窗口：在源程序中双击变量名，再单击鼠标右键，选择“Add to Watch Window”。这时，这 3 个变量还未作初始化。

④ 开启内存观察窗口：选择“View”菜单中“Memory...”项，在“Memroy Window Options”窗口中的“Address”项中输入&x，单击“OK”完成设置。“Memory”窗口中 x 的当前取值显示在第 1 个地址之后。而且 y 和 z 的存储单元跟在其后。

(7) 观察程序运行结果。

① 单步运行 2 次，在观察窗中观察到变量 x、y 被赋值，变化的值被显示成红色，同时在“Memory”窗口中也能观察到 x 和 y 值的改变。

② 单步运行，观察 CPU 寄存器窗口中“XAR1”寄存器存储值的变化。程序利用 XAR1 进行运算。

③ 再单步运行，可观察到 z 的值被计算出来。双击“Memory”窗口中变量 x、y 相应的存储单元，将其修改成其他取值，单步运行后观察结果。

(8) 对照观察 map 文件和 cmd 文件的内容。

① 选择菜单 File→Open...，将找到项目文件夹下\Debug 目录，将文件类型改为“Memory Map Files”，选择 TASM.map 文件，打开。

② 打开 TASM.cmd 文件。

③ 程序的入口地址：map 文件中“ENTRY POINT SYMBOL”中说明了程序入口地址(start)。

④ 内存使用情况：

- map 文件中“MEMORY CONFIGURATION”标明了程序占用 DARAM 的使用情况，共占用 25H 个存储单元。比较一下，这比用 C 编制的程序占用的要小得多。
- 观察 map 文件中的“SECTION ALLOCATION MAP”段，可以看出 TASM.obj 的入口地址为 100H，这也是程序的入口地址。
- 用户定义的变量从 120H 开始，共占用了 3 个单元(Word)。

(9) 退出 CCS。

五、任务小结

汇编语言程序可以从指定位置开始运行，但汇编程序需要完成对运行环境的初始化工作。实验中的程序因为没有堆栈操作，所以没有初始化堆栈指针，这在编制大型应用程序中是必须要增加的功能。

六、问题与思考

请修改程序完成 0f000h+0e000h 的计算。

任务 5　编写一个汇编语言和 C 语言混合的 DSP 程序

一、任务目的

(1) 在了解纯 C 语言程序工程和汇编语言程序工程结构的基础上，学习在 C 工程中加入汇编编程的混合编程方法。

(2) 了解混合编程的注意事项。

(3) 理解混合编程的必要性和在什么情况下要采用混合编程。

二、所需设备

PC 兼容机一台，操作系统为 Windows 2000(或 Windows 98、Windows XP，以下默认为 Windows 2000)，安装 CCS(Code Composer Studio)2.21 软件。

三、相关原理

1．使用 C 语言开发应用程序的优缺点

1) 优点

① 易于开发和维护。由于用 C 语言书写接近自然语言，其可读性强、利于理解，在编制、修改、实现算法方面比用汇编语言开发容易。

② 可移植性强。

③ 不容易发生流水线冲突。编译器能提供完善的解决流水线冲突的结果。

④ 有大量现存的算法可利用。

⑤ 适用于人机界面的开发。

2) 缺点

① 代码量大。

② 程序效率较低。

③ 优化代码存在一定困难。

综上所述，我们一般用 C 语言设计应用程序的总体框架、解决人机接口和对速度效率要求不太高的复杂算法。

2. 使用汇编语言开发应用程序的优缺点

1) 优点

① 更能发挥系统特点。由于汇编语言掌控系统硬件的能力强于 C 语言，设计出来的程序更加贴近硬件特性，往往能将硬件效能发挥到极致。

② 代码精练，效率高。用汇编语言设计的程序，代码短、不容易产生冗余。

③ 代码量小。

2) 缺点

① 可读性差，不利于复杂算法的开发和实现。

② 可移植性差。

③ 容易产生流水线冲突。由于排除冲突需要靠人来辅助完成，这要求编程人员有较为丰富的开发经验和对硬件工作机制的深刻理解。

3. 实验程序解释

实验程序提供了一个使用 C 与汇编程序混合编程的实例，是一个用汇编语言模块优化自己编制的应用程序的实例。

首先用户拿到的是一个纯用 C 语言开发的工程，再根据假设，需要将其中一个模块改造成用汇编语言模块优化的模块。通过实验过程，用户可充分了解混合编程可以采取的步骤和方法。

四、任务步骤

(1) 准备。

① 设置 CCS 为软件仿真模式。

② 启动 CCS。

(2) 运行工程。

① 打开工程：选择菜单 Project→Open...，选择打开工程文件 CASM.pjt。

② 展开工程管理窗口中 CASM 工程，双击 Source 下的 CProgram.c 项，打开 CProgram.c 源程序窗口。可以看到，程序完成了一个简单的运算，它先开设了三个全局变量 x、y、z，然后分别给 x 和 y 赋初值，再在循环中计算 x + y，结果赋值给 z。

③ 编译并下载程序。

a. 按照图 4-19 所示的操作步骤，设置自动加载选项。此设置的功能是每次编译完成后将程序自动下载到 DSP 上。

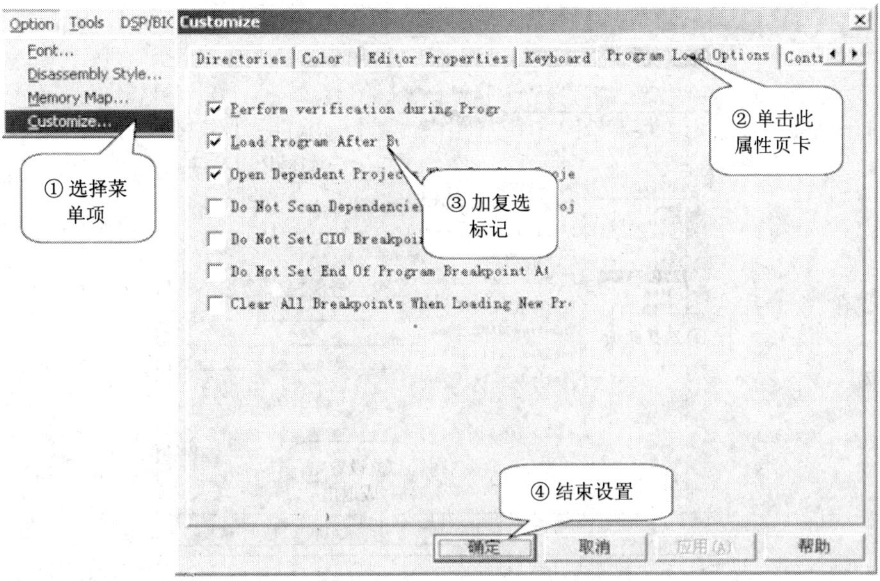

图 4-19 设置自动加载选项

b. 选择菜单 Project→Build All，编译、链接和下载程序。

④ 运行程序，观察结果。在程序中有“在此加软件断点”注释的语句上加软件断点。将变量 z 加入变量观察窗口。运行程序到断点，观察变量 z 的结果值。

(3) 修改程序。

① 修改算法部分为单独的子程序：我们假设在循环中进行的运算是需要用汇编语言程序模块优化的部分。首先将“z=x+y;”语句修改成“z=add(x,y);”，在程序头上，变量定义之前加上一行“int add(int a,int b);”，在程序末尾，添加如下子程序：

```
int add(int a,int b)
{
return(a+b);
}
```

如此，就将算法搬移到一个 C 语言的子程序模块中实现。

修改完成后，可以编译、下载、运行到断点，观察运行结果，判断子程序是否能完全与原程序一样完成算法。

② 将子程序移入 add.c。打开一个新的空的源文件窗口，将 main 函数后的子程序复制到窗口中；注释 main 函数后面的子程序(在子程序前一行加“/*”，在子程序结尾行后加“*/”)；将新窗口中的内容保存为文件 add.c。

③ 将 add.c 加入工程，编译、下载、运行，检查结果，保证运算无误。

④ 选择菜单 Project→Build Options...，出现如图 4-20 所示的窗口，按照图中所示的操作步骤进行设置。

⑤ 重新编译工程。打开 add.asm，在其中的“.line 2”行、“.line 3”行、“.line 4”行头上分别加分号，即注释这 3 个语句。

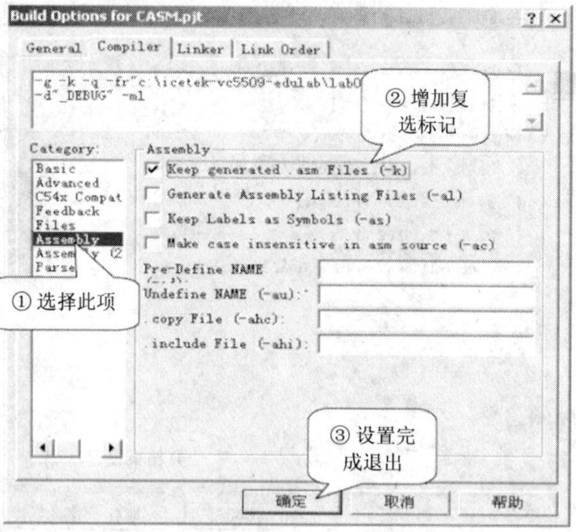

图 4-20　设置自动生成汇编文件

⑥ 将工程中的 add.c 换成 add.asm。在工程管理窗口中用鼠标右键单击 add.c，选择“Remove from Project”，用鼠标右键单击 CASM.pjt，选择“Add Files to Project...”，选择项目文件夹下的 add.asm。

⑦ 重新编译、下载、运行程序并观察结果。由于 add.asm 是 CCS 编译器从 add.c 编译得来的，下面要做的就是手工调整 add.asm 中的汇编代码，从而实现优化处理。

(4) 退出 CCS。

五、任务小结

使用混合程序编程，在可以完全实现原来算法的同时，可以优化关键的算法模块。

任务 6　DSP 数据存取

一、任务目的

(1) 了解 TMS320VC5509A 的内部存储器空间的分配及指令寻址方式。
(2) 了解 ICETEK-VC5509-A 板扩展存储器空间寻址方法及其应用。
(3) 了解 ICETEK-5509-A-EDU 实验箱扩展存储器空间寻址方法及其应用。
(4) 学习用 CCS 修改、填充 DSP 内存单元的方法。
(5) 学习操作 TMS320VC55XX 内存空间的指令。

二、所需设备

计算机，ICETEK-VC5509-A-EDU 实验箱(或 ICETEK 仿真器 + ICETEK-VC5509-A 评估板 + 相关连线及电源)。

三、相关原理

TMS320VC55XX 系列 DSP 基于增强的哈佛结构，可以通过三组并行总线访问多个存储空间。它们分别是：程序地址总线(PAB)、数据读地址总线(DRAB)和数据写地址总线(DWAB)。由于总线工作是独立的，所以可以同时访问程序和数据空间。

四 任务步骤

(1) 准备。

① 连接实验设备，关闭实验箱上扩展模块和信号源电源开关。

② 设置 CCS 2.21 在硬件仿真(Emulator)方式下运行。

③ 启动 CCS 2.21，选择菜单 Debug→Reset CPU。

(2) 打开、编译并下载程序。

① 打开工程文件 Memory.pjt。

② 编译、下载程序。

(3) 程序区的观察和修改。

① 运行到 main 函数入口。选择菜单 Debug→Go Main，当程序运行并停止在 main 函数入口时，展开“Disassembly”反汇编窗口，发现 main 函数入口地址为 0100H，也就是说从此地址开始存放主函数的程序代码。

② 按照图 4-21 所示的操作步骤设置存储器显示。

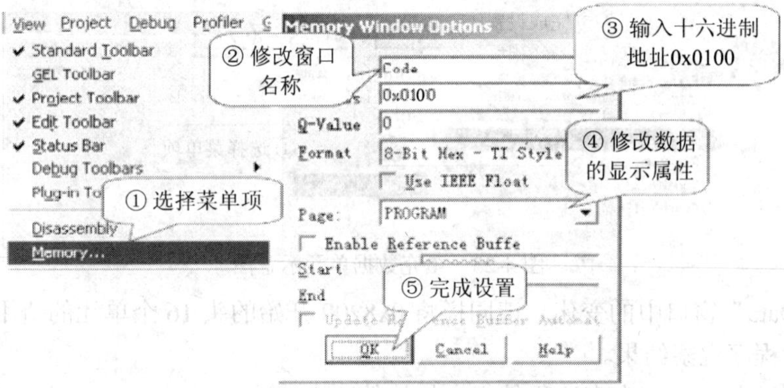

图 4-21　设置存储器显示

③ 修改程序区的存储单元。程序区单元的内容由 CCS 的下载功能填充，但也能用手动方式修改。双击“Code”窗口地址“0x0100:”后的第一个数，显示“Edit Memory”窗口，在“Data”中输入 0x20，单击“Done”按钮，观察“Code”窗口中相应地址的数据被修改，同时在反汇编窗口中的反汇编语句也发生了变化，当前语句被改成了“NOP”。将地址 0x100 上的数据改回 0x4e，程序又恢复成原样。

④ 观察修改数据区。

a. 显示片内数据存储区。

按照图 4-22 所示的操作步骤设置窗口 Data。

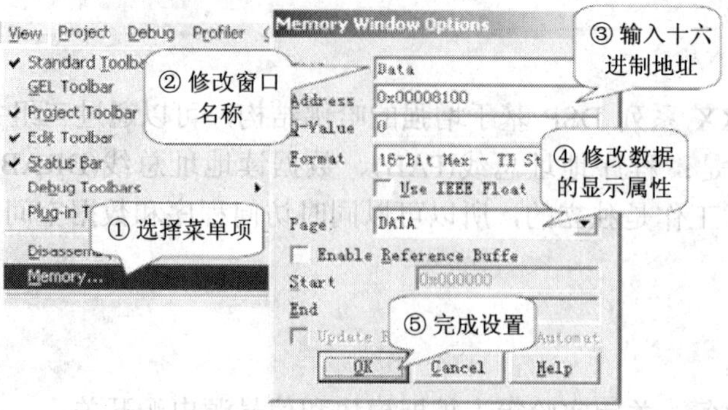

图 4-22　显示片内数据存储区

采用同样的方法设置窗口 Data1，起始地址在 0x8200。

b. 修改数据单元。数据单元可以单个进行修改，只需双击想要改变的数据单元即可，和第③步中修改程序区单元的操作相同。

c. 按照图 4-23 所示的操作步骤填充数据单元。

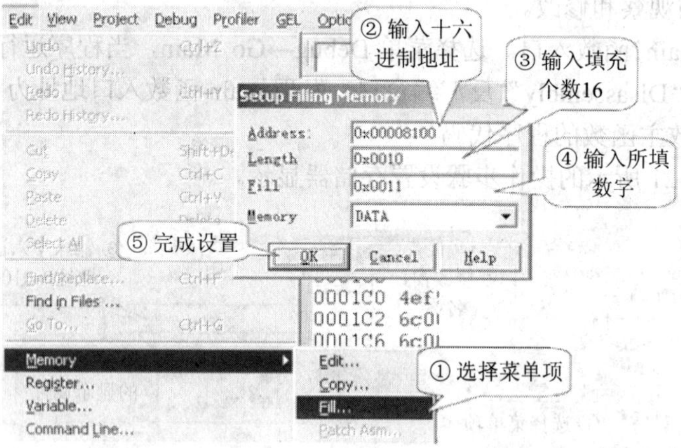

图 4-23　填充数据单元示意图

观察"Data"窗口中的变化。请同样将 0x8200 开始的头 16 个单元的值用 0 填充。

(4) 运行程序观察结果。

① 打开 Memory.c，在有注释的行上加软件断点。

② 按照第(3)步中的方法打开数据区地址为 0x4080 和 0x4100 的观察窗口"Data2"和"Data3"。

③ 按 F5 键运行到各断点，注意观察窗口"Data2"和"Data3"中的变化，体会用程序修改数据区语句的方法。

(5) 退出 CCS。

五、任务小结

实验程序运行之后，位于数据区地址 4080h 开始的 16 个单元的数值被复制到了数据区 4100h 开始的 16 个单元中。

通过改写内存单元的方式，我们可以手工设置 DSP 的一些状态位，从而改变 DSP 工作的状态。

4.6 本 章 小 结

本章介绍了 DSP 软件开发的一些基础知识，并通过 4 个任务来掌握 TI DSP 的软件开发的一般方法。其中 C 语言与汇编语言的混合编程、DSP 程序定位方式的特殊性、几种软件结构的不同及使用的场合是本章的重点，这些对学习和掌握 DSP 软件的开发技术有很大的帮助。

习题与思考题

1. 简述比较几种程序定位方式的优点和缺点。
2. 简述 DSP 的程序是如何定位的，链接器是如何对段进行处理的，.cmd 文件起到了什么作用。
3. 简述几种程序的结构。
4. 简述 C 语言与汇编语言混合编程的方法以及需要注意的事项。

第 5 章　TMS320C55X DSP 的外设

5.1 引　　言

在第 1 章中，我们讲到 DSP 处理器往往需要脱机独立工作，为与外设接口方便，其中往往设置了丰富的周边接口电路。在实际应用中掌握 DSP 片上外设的使用方法非常重要。

图 5-1 为 TMS320C5509 的 CPU、总线、片上存储器以及部分片上外设的示意图。如图所示的 TMS320C5509 有多种片上外设，这给我们的设计和应用带来了很大的方便。

TMS320C5509 的片上外设主要有：时钟产生器(振荡器与锁相环 PLL)、计时器(Timer)、通用的 I/O 口(GPIO)、多通道同步缓冲串口(McBSP)、主机接口(HIP)、直接存储器访问(DMA)控制器、外部存储器接口(EMIF)、内部集成电路(I^2C)模块、多媒体卡(MMC)控制器、USB2.0 接口、模拟/数字转换器(ADC)等。

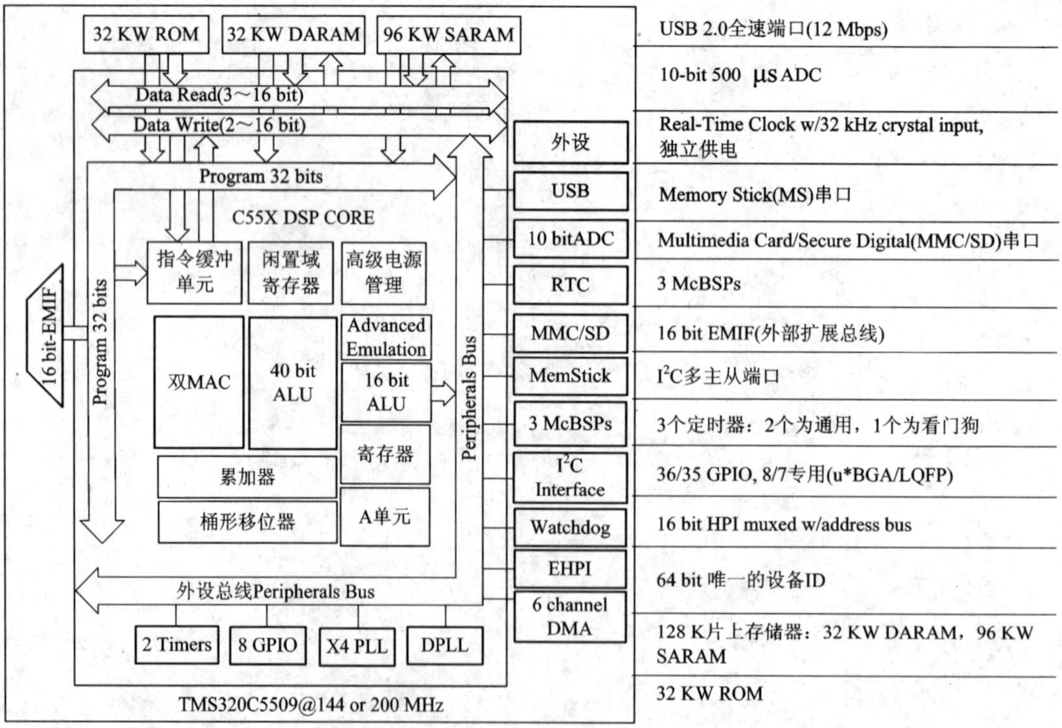

图 5-1　TMS320C5509 的 CPU、总线、片上存储器以及部分片上外设示意图

本书将在本章以及后续章节介绍 TMS320C5509 的片上外设的使用方法。在学习的过程

中，大家可以参考 TI 公司针对不同外设的应用手册。

5.2 通用计时器

5.2.1 通用计时器简介

TMS320C5509 的通用计时器由两个计数器组成，提供了 20 bit 的计数范围：1 个 4 bit 的预定标计数器和 1 个 16 bit 的主计数器。图 5-2 所示是通用计时器的原理框图。

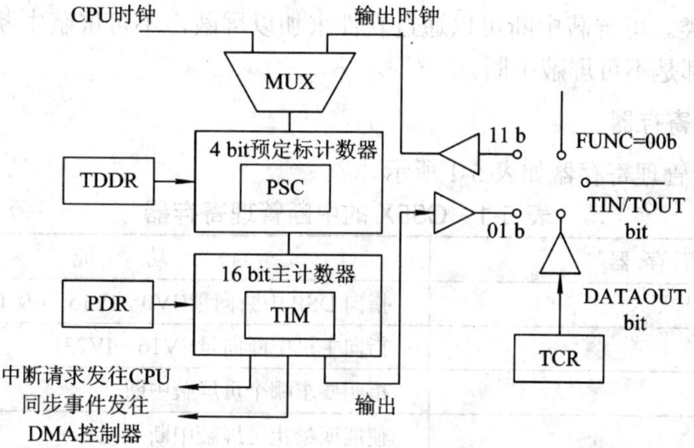

图 5-2　通用计时器原理框图

该计时器有两个计数器(PSC 和 TIM)和两个周期寄存器(TDDR 和 PRD)。TDDR 和 PRD 里面存放计时器的计时值，而计时的任务由 PSC 和 TIM 来完成。

在计数器初始化或计数器重新装入过程中，周期寄存器的内容会被复制到计数寄存器中。计时器控制器(TCR)控制和监视计时器和计时器引脚(TIN/TOUT)的工作状态。根据 TCR 中的 FUNC bit 的值，可以将计时器引脚配置成通用输出(同 TCR 的 DATAOUT bit 相连接)、计时器输出、一个时钟输入或者高阻状态。

预定标计数器由输入时钟驱动，这个输入时钟可以是 CPU 时钟也可以是外部时钟。每个时钟周期，PSC 减 1。当 PSC 减为 0 时，TIM 会自动减 1。当 TIM 减为 0 后一个周期，计时器会向 CPU 发出中断请求，向 DMA 控制器发出一个同步事件(TEVT)，同时送出一个输出信号到计时器引脚。

如果置位 TCR 中的自动装入位(ARB)，则计时器配置成自动装入模式。在这种模式下，每当计时器计数减为 0，预定标和计数器的值都会被重新装入。为了保证在自动装入模式下，计时器的输出引脚能正常工作，计时器的周期[(TDDR + 1) × (PRD + 1)]必须大于等于 4 个时钟周期。

5.2.2 TMS320C55X 中断系统

中断指的是这样一个过程：CPU 正处理某件事情(执行程序)时，外部发生了某一件事件并向 CPU 发信号请求去处理，CPU 暂时中断当前工作，转去处理这一事件(进入中断服务程序)，处理完再回来继续原来的工作。实现这种功能的部件称为中断系统，产生中断的请求源称为中断源。

中断系统使得 DSP 能够处理多个任务。DSP 有许多中断源，可以设置中断控制寄存器来确定响应哪些中断而不理会哪些中断。DSP 在对片上外设操作时很多时候都要用到中断。

C55X 支持 32 个中断服务子程序 ISR。有些 ISR 可以由软件或硬件触发，有些则只能由软件触发。当 CPU 同时接收到多个硬件中断请求时，CPU 会按照预先定义的优先级对它们做出响应和处理。所有的 C55X 中断，无论是软件还是硬件中断，都可分成可屏蔽中断、不可屏蔽中断两类。可屏蔽中断可以通过软件来加以屏蔽，不可屏蔽中断则不能被屏蔽。所有的软件中断都是不可屏蔽中断。

1. 中断管理寄存器

C55X 的中断管理寄存器如表 5-1 所示。

表 5-1　C55X 的中断管理寄存器

寄 存 器	功　能
IVPD	指向 DSP 中断向量(IV0～IV15 以及 IV24～IV31)
IVPH	指向主机中断向量(IV16～IV23)
IFR0，IFRl	指明要求哪个可屏蔽中断
IER0，IERl	使能或禁止可屏蔽中断
DBIER0，DBIERl	配置选择可屏蔽中断为时间重要中断

1) 中断向量指针(IVPD、IVPH)

中断向量均为 16 bit 指向程序空间的中断向量。DSP 中断向量指针(IVPD)指向 256 byte 的程序页，它包括了 DSP 中断向量 IV0～IV15 和 IV24～IV31。这些向量都可以映射到只分配给 DSP 的存储器。

主机中断向量指针(IVPH)指向 256 byte 的程序页，它包括了主机中断向量 IV16～IV23。这些向量都可以映射到 DSP 和主机处理器共享的存储器，因此主机处理器可以定义相关的中断服务子程序。

如果 IVPD 和 IVPH 的值相同，则所有的中断向量会在同一个 256 byte 的程序页里。DSP 硬件复位时，给两个 IVP 都装入 FFFFh。两个 IVP 都不受软件复位指令的影响。

在修改 IVPD 和 IVPH 之前，要确认：

● 可屏蔽中断被全局禁止(INTM=1)。这可以防止 IVP 被修改成指向新向量之前，产生任何可屏蔽中断。

● 每个硬件非屏蔽中断，对于旧的 IVPD 和新的 IVPD 值，都有一个向量和一个中断服务子程序。如果在修改 IVPD 过程中，发生一个硬件非屏蔽中断，就可防止提取非法指令代码。

表 5-2 说明不同中断向量的地址如何产生。CPU 连接一个 16 bit 的中断向量指针和一个编码成 5 bit 的向量数(例如，IV1 是 00001，IV16 是 10000)，再左移 3 bit。

表 5-2　向量与向量地址的形成

向　　量	中　　断	向量地址		
		bit 23～8	bit 7～3	bit 2～0
IV0	复位(RESET)	IVPD	00000	000
IV1	非屏蔽硬件中断 NMI	IVPD	00001	000
IV2～IV15	可屏蔽中断	IVPD	00010～01111	000
IV16～IV23	可屏蔽中断	IVPH	10000～10111	000
IV24	总线错误中断(可屏蔽)BERRINT	IVPD	11000	000
IV25	数据记录中断(可屏蔽)DLOGINT	IVPD	11001	000
IV26	实时操作系统中断(可屏蔽)RTOSINT	IVPD	11010	000
IV27～IV31	通用软中断 INT27～INT31	IVPD	11011～11111	000

2) 中断标志寄存器(IFR0、IFR1)

两个 16 bit 的中断标志寄存器 IFR0 和 IFRl 包含了所有可屏蔽中断的标志位。当一个可屏蔽中断的要求到达 CPU 时，一个 IFR 的相应标志置1，它表示中断还未解决或正等待 CPU 的确认。图 5-3 所示是 C55X IFR0 寄存器的示意图，表 5-3 是 IFR0 各位域的功能说明，IFR1 示意图在图 5-4 中给出，其具体各位域的功能可以参考 TMS320VC5509A 的数据手册。

可以通过读 IFR 来确定未决的中断，写 IFR 来清零未决中断。要清零一个中断请求(且将其 IFR bit 清零)，则写 1 到相应的 IFR bit。例如：

```
; 清零标志 IF 14 和 IF 2
MOV #0100000000000100b，mmap(@IFR0)
```

所有未决的中断，都可通过把 IFR 现有内容写回到 IFR 来清零。硬件中断请求的确认也可清零相应的 IFR bit。一个器件的复位也可清零所有的 IFR bit。

15	14	13	12	11	10	9	8
DMAC5	DMAC4	XINT2/MMCSD2	RINT2	INT3/WDTINT	DSPINT	DMAC1	USB
R/W-0	R/W-0	R/W-0	R/W-0	R/W-0	R/W-0	R/W-0	R/W-0

7	6	5	4	3	2	1	0
XINT1/MMCSD1	RINT1	RINT0	TINT0	INT2	INT0	Reserved	
R/W-0	R/W-0	R/W-0	R/W-0	R/W-0	R/W-0	R/W-00	

说明：R=读；W=写；-n=复位后的值

图 5-3　IFR0 寄存器

表 5-3　IFR0 寄存器各位功能

bit	域	说　明
15	DMAC5	DMA 通道 5 中断标志位/屏蔽位
14	DMAC4	DMA 通道 4 中断标志位/屏蔽位
13	XINT2/MMCSD2	McBSP2 发送中断或者 MMC/SD2 中断
12	RINT2	McBSP2 接收中断
11	INT3/WDTINT	外部中断 3 或看门狗定时器中断
10	DSPINT	HPI 中断
9	DMAC1	DMA 通道 1 中断
8	USB	USB 中断
7	XINT1/MMCSD1	McBSP1 发送中断或者 MMC/SD1 中断
6	RINT1	McBSP1 接收中断
5	RINT0	McBSP0 接收中断
4	TINT0	定时器 0 中断
3	INT2	外部中断 2
2	INT0	外部中断 0
1、0	—	R 保留

15–11	10	9	8
Reserved	RTOS	DLOG	BERR
R/W-00000t	R/W-0	R/W-0	R/W-0

7	6	5	4	3	2	1	0
I^2C	TINT1	DMAC3	DMAC2	INT4/RTC	DMAC0	XINT0	INT1
R/W-0	R/W-0	R/W-0	R/W-0	R/W-0	R/W-0	R/W-0	R/W-0

说明：R=读；W=写；-n=复位后的值
t总是写入0

图 5-4　IFR1 寄存器

3) 中断使能寄存器(IER0、IER1)

要使能一个可屏蔽中断，将其 IER0 或 IER1 里的相应位置 1。要禁止一个可屏蔽中断，则将其 IER0 或 IER1 里相应的使能位置 0。复位时，所有的 IER bit 都清 0，禁止所有的可屏蔽中断。IER0 和 IER1 的各位所对应的中断与 IFR0 和 IFR1 相同，可以参考表 5-3 和图 5-3、图 5-4。

4) 调试中断使能寄存器(DBIER0、DBIER1)

只有当调试器工作在实时仿真模式，CPU 暂停的情况下，才使用这两个 16 bit 的调试中断使能寄存器：DBIER0 和 DBIER1。如果 CPU 以实时模式运行，则使用标准的中断处理程序，而不用 DBIER。在一个 DBIER 里，使能的可屏蔽中断定义为临界的时间中断。当 CPU 在实时模式下暂停时，只对临界的时间中断提供服务，而临界的时间中断也在中断使能寄存器(IER1 或 IER0)里使能。

读 DBIER 来识别临界的时间中断。写 DBIER 来使能或禁止临界的时间中断。要使能一个中断，则对相应的 bit 置位。要禁止一个中断，则将相应的 bit 清 0。用户可参阅 C55X DSP 的数据手册，了解 DBIER 各 bit 所对应的中断。

注意：DBIERl 和 DBIER0 不受软复位指令或 DSP 硬件复位的影响。用户使用实时仿真模式前，要先初始化这些寄存器。

2. 中断响应过程

DSP 处理中断的 4 个步骤如下：

(1) 接收中断请求。软件或硬件都要求将当前程序队列挂起。

(2) 响应中断请求。CPU 必须响应中断请求。如果是可屏蔽中断，则响应必须满足某些条件；如果是不可屏蔽中断，则 CPU 立即响应。

(3) 准备进入中断服务子程序。CPU 要执行的主要任务有：

① 完成当前指令的执行，并冲掉流水线上还未解码的指令。

② 自动将某些必要的寄存器的值保存到数据堆栈和系统堆栈。

③ 从用户事先设置好的向量地址获取中断向量，该中断向量指向中断服务子程序。

(4) 执行中断服务子程序。CPU 执行用户编写的 ISR。ISR 以一条中断返回指令结束，自动恢复步骤(3)中自动保存的寄存器值。

注意：① 外部中断只能发生在 CPU 退出复位后的至少 3 个周期后，否则无效。② 在硬件复位后，不论 INTM bit 的设置和寄存器 IER0、IERl 的值如何，所有的中断(可屏蔽和不可屏蔽)都被禁止，直到通过软件写堆栈指针(SP 和 SSP 寄存器)初始化堆栈后，才可开放中断。堆栈初始化后，INTM bit 和寄存器 IER0、IER1 的值决定开放哪些中断。

5.2.3　计时器中断

通用计时器有一个计时器中断信号(TINT)。当主计数寄存器(TIM)减为 0 时，计时器会向 CPU 发出中断请求，计时器中断的速率为：

$$\text{TINT速率}=\frac{\text{输入时钟速率}}{(\text{TDDR}+1)\times(\text{PRD}+1)} \tag{5-1}$$

TINT 会自动在一个中断标志寄存器(IFR0 和 IFR1)设置一个标志。用户可以在中断使能寄存器(IER0 和 IER1)以及调试中断使能寄存器(DBIER0 和 DBIER1)里，使能或禁止这个中断。没有使用通用计时器时，禁止计时器中断，以免产生不希望的中断。

由 5.2.2 节我们知道计时器 0 中断对应 IER0 和 IFR0 的第 4 位。

5.2.4　计时器寄存器

对于通用计时器，DSP 包含了如表 5-4 所列的寄存器。

表 5-4 通用计时器寄存器

寄存器名	说 明
TIM	主计数寄存器
PRD	主周期寄存器
PRSC	计时器预定标寄存器
TCR	计时器控制寄存器

1. 周期和计数寄存器

周期和计数寄存器的说明如表 5-5 所示，其位域的分布如图 5-5 所示。

表 5-5 周期和计数寄存器

计数器	寄存器	说 明
预定标计数器	PSC	预定标计数寄存器。计数器预定标寄存器(PRSC)的 bit 9～6
	TDDR	预定标周期寄存器。PRSC 的 bit3～0
主计数器	TIM	主计数寄存器
	PRD	主周期寄存器

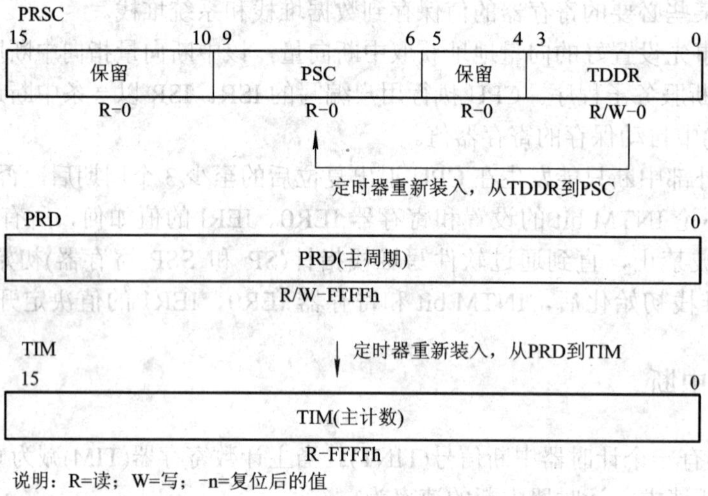

图 5-5 通用计时器里的周期和计数寄存器

对于周期和计数寄存器各位域的说明如表 5-6～5-8 所示。

表 5-6 寄存器 PRSC 各位域的说明

bit	域	值	说 明
15～10	保留		这些保留 bit 总是读为 0。写入这个域的值不产生影响
9～6	PSC	0h～Fh	预定标计数寄存器。这个寄存器包括了当前预定标计数器的值。每个输入时钟周期，PSC 减 1。PSC 减为 0 后 1 个周期，TIM 减 1
5～4	保留		这些保留 bit 总是读为 0。写入这个域的值不产生影响
3～0	TDDR	0h～Fh	计数器下定标寄存器(预定标周期寄存器)。当 PSC 必须装入/重新装入时，TDDR 的值复制到 PSC

表 5-7 寄存器 PRD 各位域的说明

bit	域	值	说 明
15～0	PRD	0000h～FFFFh	主周期寄存器。当主计数寄存器(TIM)必须装入/重新装入时，PRD 的值被复制到 TIM

表 5-8 寄存器 TIM 各位域的说明

bit	域	值	说 明
15～0	TIM	0000h～FFFFh	主计数寄存器。这个寄存器包含了当前计数器的计数值。每个输入时钟周期，PSC 减 1，PSC 减为 0 时，TIM 减 1

2. 计数器控制寄存器(TCR)

图 5-6 所示是计数器控制寄存器(TCR)。表 5-9 说明了 TCR 的各域。通过置位 TCR 的各域，可以配置、启动、停止、装入/重新装入计时器。TCR 中的其他 bit 控制相关的计时器输出引脚的功能。

15	14	13	12 11	10	9	8
IDLEEN	INTEXT	ERRTIM	FUNC	TLB	SOFT	FREE
R/W-0	R-0	R-0	R/W-0	R/W-0	R/W-0	R/W-0

7 6	5	4	3	2	1	0
PWID	ARB	TSS	CP	POLAR	DATOUT	保留
R/W-0	R/W-0	R/W-1	R/W-0	R/W-0	R/W-0	R-0

说明：R=读；W=写；-n=复位后的值

图 5-6 计数器控制寄存器(TCR)

表 5-9 TCR 的 域

bit	域	值	说 明
15	IDLEEN	 0 1	计时器的 IDLE 使能 bit。如果 PERIPH IDLE 域配置为 IDLE，IDLEEN=1，计时器停止工作，进入低功耗模式(IDLE 模式)。 计时器不会进入 IDLE 状态； 如果外设模块处于 IDLE 状态(IDLE 状态寄存器中 PERIS=1)，计时器会进入低功耗模式
14	INTEXT	 0 1	内部时钟变换到外部时钟的标记。当计时器的时钟源由内部变为外部时，用程序可以检测该 bit，判断计时器是否已经准备好使用外部时钟源。 计时器没有准备好使用外部时钟； 计时器已经准备好使用外部时钟
13	ERRTIM	 0 1	计数器引脚错误标志。FUNC bit 的一些变化产生了错误，反应在 ERRTIM 里。当 ERRTIM=1 时，复位 DSP，重新初始化计数器。 没有检测到错误或者是 ERRTIM 已被读取； 在写 ERRTIM bit 时检测到了错误

续表一

bit	域	值	说　明
12、11	FUNC		定义计时器引脚的功能，决定计时器的时钟源。如果选择了内部时钟源，CPU 时钟驱动计时器计数；如果选择了外部时钟源，计时器引脚上的时钟信号驱动计时器。
		00b	引脚功能：无。引脚处于高阻状态。时钟源：内部时钟。
		01b	引脚功能：计时器输出。每次主计数器的值减为 0，这个引脚上的信号会变化一次。信号的极性由 POLAR bit 来选择。CP bit 决定这个信号是触发还是以脉冲的形式出现，如果是以脉冲的形式出现，PWID bit 定义脉冲宽度。时钟源：内部时钟。
		10b	引脚功能：通用输出，这个引脚上的电平反映 DATOUT bit 的值。时钟源：内部时钟。
		11b	引脚功能：外部时钟输入，这个引脚直接从 DSP 外部接收一个时钟信号源
10	TLB		计时器装入 bit。它决定周期寄存器的值是否装入计数寄存器。
		0	当 TLB=0 时，TIM 和 PSC 不会装入；
		1	TLB=0 之前，将 PRD 的值装入 TIM，TDDR 的值装入 PSC
9	SOFT		软件停止 bit。
		0	硬停止：计数器立即停止工作；
		1	软停止：当主计数寄存器(TIM)减为 0 时，计时器停止工作
8	FREE		自由运行 bit。
		0	计时器由 SOFT bit 来控制；
		1	自由运行，计时器继续工作
7、6	PWID		计时器输出脉冲宽度 bit。在下面条件下，PWID 决定计时器引脚上每个脉冲的宽度：计时器引脚配置成计时器的输出(FUNC=01b)；选择脉冲模式(CP=0)。 脉冲宽度用 CPU 时钟周期数来定义：
		00b	1 个时钟周期；
		01b	2 个时钟周期；
		10b	4 个时钟周期；
		11b	8 个时钟周期
5	ARB		自动装入 bit。ARB=1，主计数寄存器(TIM)一旦减为 0，计数寄存器自动从周期寄存器重装入。
		0	ARB 清 0;
		1	每次 TIM 减为 0 时，PRD 装入 TIM 中，TDDR 装入 PSC 中
4	TSS		计时器停止状态 bit。使用 TSS 来停止计时器、启动计时器或判断计时器是否停止工作。
		0	启动计时器；
		1	停止计时器(复位)
3	CP		时钟模式/脉冲模式 bit。当计时器引脚配置成计时器输出(FUNC=01b)时，CP 决定引脚上的信号是脉冲还是触发。
		0	脉冲模式。每当主计数器(TIM)减为 0 时，计时器引脚上就输出一个脉冲。PWID 定义脉冲的宽度，POLAR 定义脉冲的极性。
		1	时钟模式。计时器引脚上的信号的占空比为 50%。每当 TIM 减为 0 时，信号翻转一次

续表二

bit	域	值	说　明
2	POLAR		计时器输出极性 bit。当计时器引脚配置成计时器输出(FUNC=01b)时，POLAR 决定引脚信号的极性。该 bit 的影响取决于选择脉冲模式(CP=1)。
		0	计时器引脚上的信号从低电平开始： 脉冲模式：每当 TIM 减为 0 时，计数器引脚上出现一个高脉冲，PWID 定义该脉冲的宽度，脉冲之间的信号为低电平； 时钟模式：第一次 TIM 减为 0 时，计数器引脚上的信号翻转成高，在以后的过程中，如果信号为高就翻转为低，如果为低就翻转为高。
		1	计时器引脚上的信号从高电平开始： 脉冲模式：每当 TIM 减为 0 时，计数器引脚上出现一个低脉冲，PWID 定义该脉冲的宽度，脉冲之间的信号为高电平； 时钟模式：第一次 TIM 减为 0 时，计数器引脚上的信号翻转成低，在以后的过程中，如果信号为高就翻转为高，如果为低就翻转为低
1	DATOUT		数据输出 bit。当计时器引脚配置为通用输出(FUNC=10b)时，用 DATOUT 来控制引脚上的电平。
		0	使计时器引脚上信号为低；
		1	使计时器引脚上信号为高
0	保留	0	这个保留 bit 总是读为 0，写这个 bit 不产生影响

5.2.5　计时器的操作

计时器的操作主要有 2 部分，一是对其寄存器进行初始化，二是设置中断向量。

计时器初始化步骤如下：

(1) 确定计时器是停止的(TSS = 1)，使能计时器自动装入(TLB = 1)，正确的置位 TCR 中的其他控制 bit。当 TLB 为 1 时，周期寄存器(PRD 和 TDDR)中的值会自动装入计数寄存器(TIM 和 PSC)。

(2) 通过写 PRSC 中的 TDDR，装入期望的预定标计数周期系数(以输入时钟周期为基本单位)。

(3) 往 PRD 中装入主计数器系数(以输入时钟周期为基本单位)。

(4) 关闭计时器自动装入(TLB = 0)，启动计时器(TSS = 0)。当计时器开始工作时，TIM 会保持 PRD 的值，PSC 会保持 TDDR 的值。

下面是一个计时器初始化的实例：

```
void TIMER_init(void)                          // 初始化计时器
{
        ioport unsigned int *tim0;
        ioport unsigned int *prd0;
        ioport unsigned int *tcr0;
        ioport unsigned int *prsc0;
        tim0   =    (unsigned int *)0x1000;        //定时器 0 计数寄存器地址
```

```
    prd0  =  (unsigned int *)0x1001;        //定时器 0 周期寄存器地址
    tcr0  =  (unsigned int *)0x1002;        //定时器 0 控制寄存器地址
    prsc0 =  (unsigned int *)0x1003;        //定时器 0 预定标寄存器地址
    *tcr0 = 0x04f0;                         // TLB=1; ARB=1;TSS=1
    *tim0 = 0;                              // 清主计数器
    *prd0 = 0x0ffff;                        // 设置周期寄存器 PRD=FFFFH
    *prsc0 = 2;                             // 设置周期寄存器 TDDR=2，清预定标寄存器 PSC=0
    *tcr0 = 0x00e0;                         // TLB=0; ARB=1;TSS=0
}
```

通用计时器有一个计时器中断信号(TINT)。当主计数器(TIM)减为 0 时，计时器会向 CPU 发出中断请求。

TINT 会自动在一个中断标志寄存器(IFR0 和 IFR1)设置一个标志。用户可以在中断使能寄存器(IER0 和 IER1)以及调试中断使能寄存器(DBIER0 和 DBIER1)里，使能或禁止这个中断，以免产生不希望出现的中断。

下面是一个设置中断的实例：

```
void INTR_init( void )
{
    IVPD=0xd0;                  //设置中断向量表的起始地址为 0xd000
    IVPH=0xd0;
    IER0=0x10;                  //中断使能寄存器 IER0 的 TINT0 位置 1，即开计时器 0 中断
    DBIER0 =0x10;               //调试中断使能寄存器的相关位置位
    IFR0=0xffff;                //清除中断标志位
    asm(" BCLR INTM");          //嵌入汇编语句，清可屏蔽中断屏蔽位
}
```

任务 7　DSP 的定时器

一、任务目的

(1) 熟悉 VC5509A 的定时器；
(2) 掌握 VC5509A 定时器的控制方法；
(3) 掌握 VC5509A 的中断结构和对中断的处理流程；
(4) 学会 C 语言中断程序设计，以及运用中断程序控制程序流程。

二、所需设备

(1) PC 兼容机一台，操作系统为 Windows 2000(或 Windows NT、Windows 98、Windows XP，以下假定操作系统为 Windows 2000)。Windows 操作系统的内核如果是 NT 的应该安装相应的补丁程序(如：Windows 2000 为 Service Pack3，Windows XP 为 Service Pack1)。

(2) ICETEK-VC5509-A-USB-EDU 试验箱一台。如无试验箱则配备 ICETEK-USB 或

ICETEK-PP 仿真器和 ICETEK-VC5509-A 或 ICETEK-VC5509-C 评估板，+5 V 电源一只。

(3) USB 连接电缆一条(如使用 PP 型仿真器换用并口电缆一条)。

三、相关原理

1．通用定时器介绍及其控制方法

(略)

2．中断响应过程

外设事件要引起 CPU 中断，必须保证：IER 中相应使能位被使能，IFR 相应中断也被使能。在软件中，当设置好相应中断标志后，开中断，进入等待中断发生的状态。外设(如定时器)中断发生时，首先跳转到相应高级的中断服务程序中(如：定时器 1 会引起 TINT 中断)，程序在进行服务操作之后，应将本外设的中断标志位清除以便能继续中断，然后返回。

3．中断程序设计

程序中应包含中断向量表，VC5509A 默认向量表从程序区 0 地址开始存放，根据 IPVD 和 IPVH 的值确定向量表的实际地址。

注意观察程序中 INTR_init()函数的定义部分，其中 IVPD 和 IVPH 的值都为 0x0d0；同时观察配置文件 ICETEK-VC5509-A.cmd 中的 VECT 段描述中 o=0x0d000。

向量表中每项为 8 个字，存放一个跳转指令，跳转指令中的地址为相应服务程序入口地址。第一个向量表的首项为复位向量，即 CPU 复位操作完成后自动进入执行的程序入口。

服务程序在服务操作完成后，清除相应中断标志并返回，完成一次中断服务。

4．程序流程图

程序流程图如图 5-7 所示。

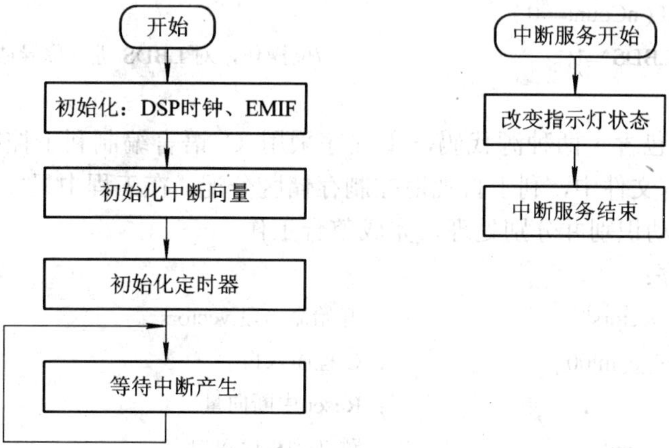

图 5-7　程序流程图

5．程序分析

主程序：

```
#include "myapp.h"
// 定义指示灯寄存器地址和寄存器类型
```

```
#define LBDS (*((unsigned int *)0x400001))
void INTR_init( void );                     //定义中断初始化函数
void TIMER_init(void);

int nCount;

main()
{
        nCount=0;                           // nCount 置初值
        CLK_init();                         //调用时钟初始化函数
        SDRAM_init();                       //调用 EMIF 初始化函数，这将在本章后面讲述
        LBDS=0;                             // LBDS 设为 0，将指示灯关闭
        INTR_init();                        //中断初始化
        TIMER_init();                       //计时器初始化
        while ( 1 )
        {
        }                                   //死循环，等待中断
    }

void interrupt Timer()
{
        nCount++; nCount%=16;               //中断计数，当进入中断 16 次后执行 LBDS^=1
        if ( nCount==0 )
        LBDS^=1;                            //位操作，对 LBDS 进行位异或
}
```

程序的工程中包含了两种源代码，主程序采用 C 语言编制利于控制，中断向量表在 vector.asm 汇编语言文件中，利于直观地控制存储区分配。在工程中只需将它们添加进来即可，编译系统会自动识别并分别处理，完成整合工作。

Vector.asm 程序：

```
    .sect ".vectors"            ; 开始命名段.vectors
        .ref _c_int00           ; C 程序入口
rsv:                            ; Reset 中断向量
        B _c_int00              ; 跳转到程序入口
        NOP
        .align 8
nmi:                            ; 不可屏蔽中断
    .loop 8
    nop
    .endloop
```

```
int0:                                ; 外部中断 INT0
        .loop 8
        nop
        .endloop
int2:                                ; 外部中断 INT2
        .loop 8
        nop
        .endloop
        .ref _Timer                  ; 引用外部函数 Timer
tint:                                ; Timer0 中断
        B _Timer                     ; 跳转到中断服务子程序 Timer
        nop
        .align 8
                                     ; 节省篇幅，下面省略
    ⋮
```

C5509 共有 32 个中断向量，每个向量占 4 个字的空间。使用向量一般用一条跳转指令转到相应中断服务子程序，其余空位用 NOP 填充。

程序的 C 语言主程序中包含了内嵌汇编语句，提供一种在需要更直接控制 DSP 状态时的方法，同样的方法也能提高 C 语言部分程序的计算效率。

四、任务步骤

(1) 设置 Code Composer Studio 2.21 在硬件仿真(Emulator)方式下运行。

(2) 启动 Code Composer Studio 2.21。

(3) 打开工程文件。打开菜单“Project”的“Open”项，选择项目文件夹下的“Timer.pjt”。在项目浏览器中，双击 main.c，激活 main.c 文件，浏览该文件的内容，理解各语句作用。打开 ICETEK-VC5509-A.cmd，对照 vector.asm 源程序学习中断向量表的写法。

(4) 编译、下载程序。

(5) 运行程序，观察结果。

(6) 改变 TIMER_init()函数里 *prd0 = 0x0ffff 为“=0x0fff”；重复步骤(4)、(5)，观察现象。

(7) 退出 CCS。

五、结果

(1) 指示灯在定时器的定时中断中按照设计定时闪烁。

(2) 使用定时器和中断服务程序可以完成许多需要定时完成的任务，比如 DSP 定时启动 A/D 转换、日常生活中的计时器计数、空调的定时启动和关闭等。

(3) 在调试程序时，有时需要指示程序工作的状态，可以利用指示灯的闪烁来达到，指示灯灵活的闪烁方式可表达多种状态信息。

六、问题与思考

(1) 对照 vector.asm 和本任务程序的.cmd 文件以及.map 文件，看看中断向量表是如何定义的，以及其在存储器中的存放地址。

(2) 查阅相关资料以及本程序的 CLK_init.c 程序，看本任务的 CPU 时钟设置为多少，根据式(5-1)以及周期寄存器的设置计算计时的时间长度。

5.3 TMS320C5509 DSP 片上 ADC

5.3.1 ADC 简介

TMS320C5509 DSP 内部集成了一个 10 位连续逼近式数模转换器 ADC。ADC 将外部输入的模拟信号，转换为 DSP 处理的数字信号。该 ADC 在一个时刻可以最多对 4 路模拟输入的一个进行采样，并用 10 位的数字形式表示。该 ADC 的最大采样率为 21.5 kHz，所以很适合对慢速变化的模拟信号进行采样。如在电源监视电路中对电压采样，这个 ADC 不适合作为 ADC 主数据流的源。其框图如图 5-8 所示。

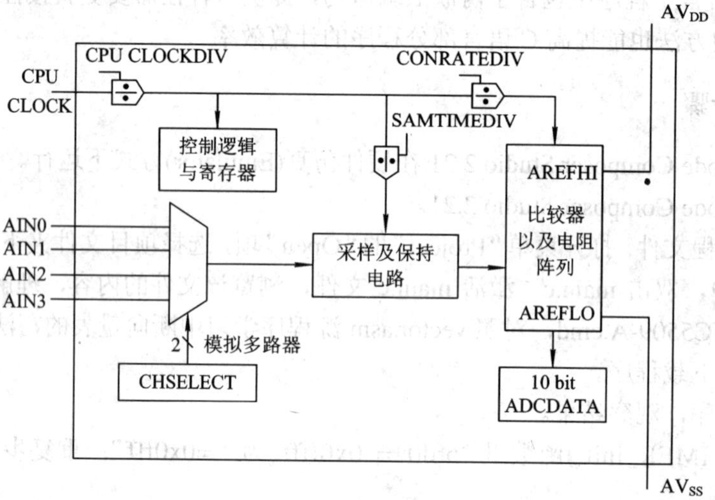

图 5-8　ADC 框图

TMS320C5509 DSP 内部集成的 10 位数模转换器 ADC 采用连续逼近方式，因此功耗很低。它采用保持电路来产生均匀间隔的脚本。该 ADC 使用引脚 AV_{DD} 和 AV_{SS} 上的外部参考电压，将转换过程所使用的电压和系统电源电压隔离开。这些引脚也为模数转换提供参考电压，AV_{DD} 提供高电压，AV_{SS} 提供低电压。

5.3.2 总转换时间

ADC 的总转换时间由两个部分组成：采样保持时间和转换时间，如图 5-9 所示。

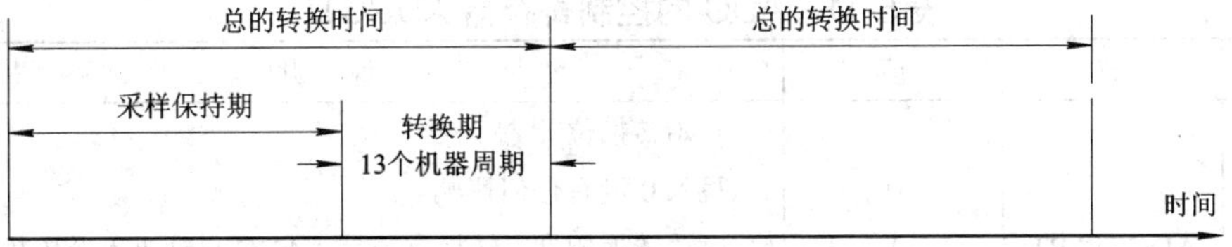

图 5-9　ADC 总的转换时间

采样保持时间是采样保持电路获取一个采样点的时间，一般大于等于 40 μs。转换时间是将一个采样值采用连续逼近的方法用数字的形式来表示的时间。转换时间要用 13 个转换时钟周期完成。内部的转换时钟最大可以达到 2 MHz。

5.3.3　初始化和监视转换周期

ADC 不是工作在连续模式下，因此每次转换时，DSP 都必须将 ADC 控制寄存器(ADCCTL)的 ADCSTART bit 置 1。一旦启动转换，DSP 就必须等待，直到转换完成，然后再去选择另一个通道，或者启动另一次新的转换。

ADC 不支持对 DSP 或者 DMA 的中断，所以 DSP 必须查询 ADC 数据寄存器(ADCDATA)的 ADCBUSY bit 来确定 A/D 转换的状态。在转换过程完成后，ADCBUSY bit 的值从 1 变为 0，表明转换的数据有效，DSP 可以从 ADCDATA 将数据读走，ADCCTL 寄存器中的通道选择(CHSELECT)bit 复制到 ADCDATA 中，使 DSP 可以判断采样值是来自哪个通道。

5.3.4　ADC 寄存器

ADC 的寄存器如表 5-10 所示，通过 DSP 中可以访问的 I/O 空间来访问这些寄存器。

表 5-10　ADC 寄存器

地址(十六进制)	名　称	说　明
6800	ADCCTL	ADC 控制寄存器
6801	ADCDATA	ADC 数据寄存器
6803	ADCCLKDIV	ADC 时钟分频寄存器
6804	ADCCLKCTL	ADC 时钟控制寄存器

1. ADC 寄存器(ADCCTL)

ADC 的控制寄存器是一个读/写寄存器，用来选择模拟输入通道和启动一次转换，如图 5-10 和表 5-11 所示。

15	14　12	11　0
ADCSTART	CHSELECT	保留
R/W-0	R/W-111	R-0

R=读；W=写；-n=复位后的值

图 5-10　ADC 寄存器 ADCCTL

表 5-11　ADC 的控制寄存器 ADCCTL

bit	域	值	说　明
15	ADCSTART	 0 1	开始转换位。 写入 0 没有任何影响。 启动转换周期。转换完成后，ADC 自动进入节电模式，直到 ADCSTART bit 再次变高。在转换周期内，ADCSTART bit 自动清 0
14～12	CHSELECT	 000b 001b 010b 011b 100b～111b	通道选择 bit，由此决定哪个模拟通道在工作。 模拟输入通道 AIN0； 模拟输入通道 AIN1； 模拟输入通道 AIN2； 模拟输入通道 AIN3； 所有模拟开关关闭
11～0	保留		所有保留 bit，读出来都是 0

2. ADC 的数据寄存器(ADCDATA)

ADC 的数据寄存器(如图 5-11 和表 5-12 所示)是一个读/写寄存器，表示一个转换是否在进行，记录从模拟信号转换来的数字数据，还要指明数据所来自的通道。

15	14–12	11–10	9–0
ADCBUSY	CHSELECT	保留	ADCDATA
R/W-0	R/W-111	R-0	R-0

R=读；W=写；-n=复位后的值

图 5-11　ADC 寄存器 ADCDATA

表 5-12　ADC 寄存器 ADCDATA

bit	域	值	说　明
15	ADCBUSY	 0 1	表明 ADC 是否处于忙碌。 ADC 数据可用； ADC 正在执行一次转换，ADCSTART bit 变高后，ADCBUSY bit 也变高
14-12	CHSELECT	 000b 001b 010b 011b 100b～111b	通道选择 bit，由此确定转换的数据是由哪个模拟通道提供的。 模拟输入通道 AIN0； 模拟输入通道 AIN1； 模拟输入通道 AIN2； 模拟输入通道 AIN3； 保留
11～10	保留		所有保留 bit，读出来都是 0
9～0	ADCDATA		ADC 数据 bit，从模拟信号转换来的 10 bit 数据

3. ADC 时钟分频寄存器(ADCCLKDIV)

ADC 时钟分频寄存器(如图 5-12 和表 5-13 所示)是一个读/写寄存器，表示转换时钟和采样保持时间的分频值。

15～8	7～4	3～0
SAMPTIMEDIV	保留	CONVRATEDIV
R/W-0	R-0	R/W-111

R=读；W=写；-n=复位后的值

图 5-12　ADC 时钟分频寄存器 ADCCLKDIV

表 5-13　ADC 时钟分频寄存器 ADCCLKDIV 说明

bit	域	值	说　明
15～8	SAMPTIMEDIV	0～255	设置采样保持时间分频 bits。 ADC 采样保持时间 = ADC 时钟周期 × 2 × (CONVERATEDIV + 1 + SAMPTIMEDIV)
14～12	CHSELECT		设定分频时钟。
		0000b	转换时钟 = ADC/2；
		0001b	转换时钟 = ADC/4；
		0010b	转换时钟 = ADC/6；
		0011b	转换时钟 = ADC/8；
		0100b	转换时钟 = ADC/10；
		0101b	转换时钟 = ADC/12；
		0110b	转换时钟 = ADC/14；
		0111b	转换时钟 = ADC/16；
		1000b	转换时钟 = ADC/18；
		1001b	转换时钟 = ADC/20；
		1010b	转换时钟 = ADC/22；
		1011b	转换时钟 = ADC/24；
		1100b	转换时钟 = ADC/26；
		1101b	转换时钟 = ADC/28；
		1110b	转换时钟 = ADC/30；
		1111b	转换时钟 = ADC/32

4. ADC 时钟控制寄存器(ADCCLKCTL)

ADC 时钟控制寄存器如图 5-13 所示，其说明如表 5-14 所示。

15～9	8	7～0
保留	IDLEEN	CPUCLKDIV
R/W-0	R/W-0	R/W-07h

R=读；W=写；-n=复位后的值

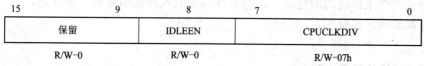

图 5-13　ADC 时钟控制寄存器 ADCCLKCTL

表 5-14　ADC 时钟控制寄存器 ADCCLKCTL

bit	域	值	说 明
15～9	保留		默认为 0
8	IDLEEN		ADC 的 IDLE 使能 bit。
		0	ADC 不能进入 IDLE；
		1	如果外设已经 IDLE，ADC 也进入 IDLE 状态
7～0	CPUCLKDIV	255	CPU 的时钟分频 bit，它们表示 CPU 的时钟分频比。 ADC 时钟 = CPU 时钟/(CPUCLKDIV + 1)

任务 8　单路、多路模数转换(A/D)

一、任务目的

掌握 VC5509A 片内 A/D 的控制方法。

二、所需设备

(1) PC 兼容机一台，操作系统为 Windows 2000(或 Windows NT、Windows 98、Windows XP，以下假定操作系统为 Windows 2000)。Windows 操作系统的内核如果是 NT 的应该安装相应的补丁程序(如：Windows 2000 为 Service Pack3，WindowsXP 为 Service Pack1)。

(2) ICETEK-VC5509-A-USB-EDU 试验箱一台。如无试验箱则配备 ICETEK-USB 或 ICETEK-PP 仿真器和 ICETEK-VC5509-A 或 ICETEK-VC5509-C 评估板，+5V 电源一只，信号发生器。

(3) USB 连接电缆一条(如使用 PP 型仿真器换用并口电缆一条)。

三、相关原理

1．TMS320VC5509A 模数转换模块特性

(1) 带内置采样和保持的 10 位模数转换模块 ADC，最小转换时间为 500 ns，最大采样率为 21.5 kHz。

(2) 2 个模拟输入通道(AIN0、AIN1)。

(3) 采样和保持获取时间窗口有单独的预定标控制。

2．模数转换工作过程

(1) 模数转换模块接到启动转换信号后，开始转换第一个通道的数据。

(2) 经过一个采样时间的延迟后，将采样结果放入转换结果寄存器保存。

(3) 转换结束，设置标志。

(4) 等待下一个启动信号。

3．模数转换的程序控制

模数转换相对于计算机来说是一个较为缓慢的过程，一般采用中断方式启动转换或保

存结果，这样在 CPU 忙于其他工作时可以少占用处理时间。设计转换程序应首先考虑处理过程如何与模数转换的时间相匹配，根据实际需要选择适当的触发转换的手段，并且也要能及时地保存结果。由于 TMS320VC5509A DSP 芯片内的 A/D 转换精度是 10 位的，转换结果的低 10 位为所需数值，所以在保留时应注意将结果的高 6 位去除，取出低 10 位有效数字。关于 TMS320VC5509A DSP 芯片内的 A/D 转换器的详细结构和控制方法，请参见 TI 用户手册《TMS320VC5507/5509 DSP Analog-to-Digital Converter (ADC) Reference Guide》(spru568.pdf)。

4．程序说明

程序流程图如图 5-14 所示。

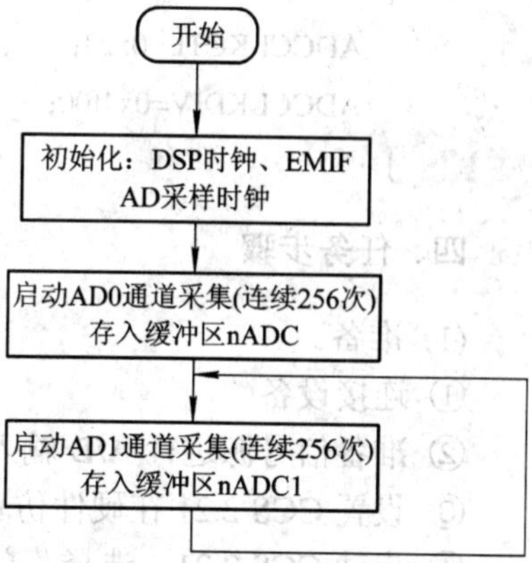

图 5-14　程序流程图

部分主程序：

```
main()
{
    int i;
    unsigned int uWork;         //定义中间工作变量

    EnableAPLL();
    SDRAM_init();
    InitADC();
    PLL_Init(132);
    while ( 1 )                             //死循环
    {
      for ( i=0; i<256; i++ )               //采样 256 个值
      {
          ADCCTL=0x8000;                    // 启动 A/D 转换，通道 0
          do
          {
              uWork=ADCDATA;
          } while ( uWork&0x8000 );         // 等待直到 ADC 数据可用后执行下面语句，注意
                                            // 此处的位操作
          nADC0[i]=uWork&0x0fff;            //屏蔽无效位，保留采样数据
      }
      for ( i=0; i<256; i++ )
      {
          ADCCTL=0x9000;                    // 启动 A/D 转换，通道 1
          do
          {
              uWork=ADCDATA;
          } while ( uWork&0x8000 );
```

```
            nADC1[i]=uWork&0x0fff;
        }
        asm( " nop");                       // 嵌入汇编语句，方便在此处设定断点
    }
}

void InitADC()
{
    ADCCLKCTL=0x23;                         // 设定 4 MHz ADCLK
    ADCCLKDIV=0x4f00;
}
```

四、任务步骤

(1) 准备。

① 连接设备。

② 准备信号源进行 A/D 输入。

③ 设置 CCS 2.21 在硬件仿真(Emulator)方式下运行。

④ 启动 CCS 2.21，选择菜单 Debug→Reset CPU。

(2) 打开工程文件。打开工程文件 Lab0305-AD。在项目浏览器中，双击 main.c，打开 main.c 文件，浏览该文件的内容，理解各语句作用。

(3) 编译、下载程序。

(4) 打开观察窗口。打开源程序 main.c，在有注释“在此加软件断点”的行上加软件断点。

选择菜单 View->Graph->Time/Frequency…，在图 5-15 所示的窗口中进行设置。

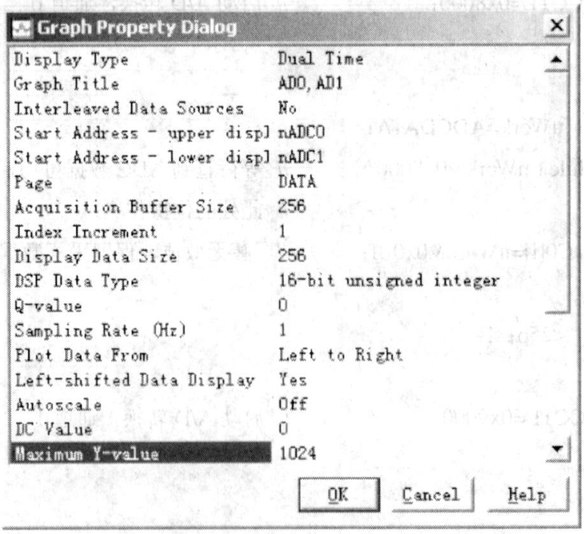

图 5-15　设置图形界面

(5) 设置软件断点。

在 main.c 中有断点注释的语句上加软件断点。

(6) 运行程序，观察结果。

按 F5 键运行到断点，观察 A/D 转换产生的波形。按 F12 键连续运行，并调整信号源可调部分，观察实时 A/D 采样波形随之发生的变化。

(7) 保留工作区。

选择菜单 File→workspace→save workspacs As…，输入文件名 SY.wks。

(8) 退出 CCS。

五、结果

我们可以看到 ADC 两个通道的采样波形如图 5-16 所示。

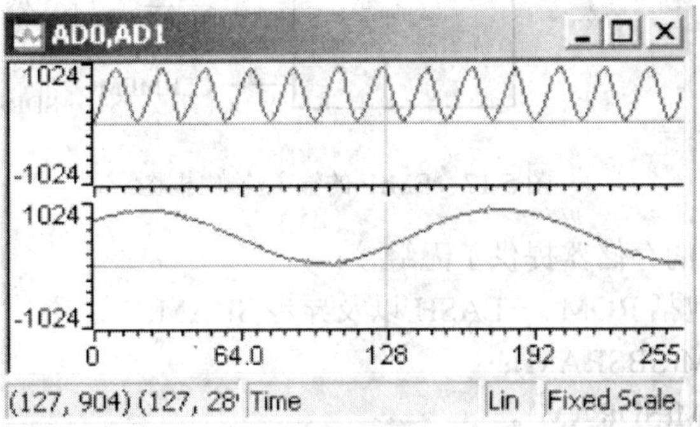

图 5-16　程序运行图形界面

六、问题与思考

(1) 理解程序中的 ADC 初始化函数，看其是如何将 ADCCLK 设置为 4 MHz 的。

(2) 试将程序改为由中断控制进行 A/D 采集。

5.4　外部存储器接口(EMIF)

5.4.1　EMIF 简介

EMIF 是 External Memory Interface 的缩写，它控制 DSP 和外部存储器之间所有的数据传输。下面就 EMIF 做一简单介绍，详细情况请参照 CCS 的在线帮助或者参考相关应用手册。

图 5-17 为 EMIF 的输入/输出框图，说明了 EMIF 和 DSP 其他模块以及外部存储器之间怎样连接。和外设总线控制的连接允许 CPU 访问 EMIF 的寄存器。

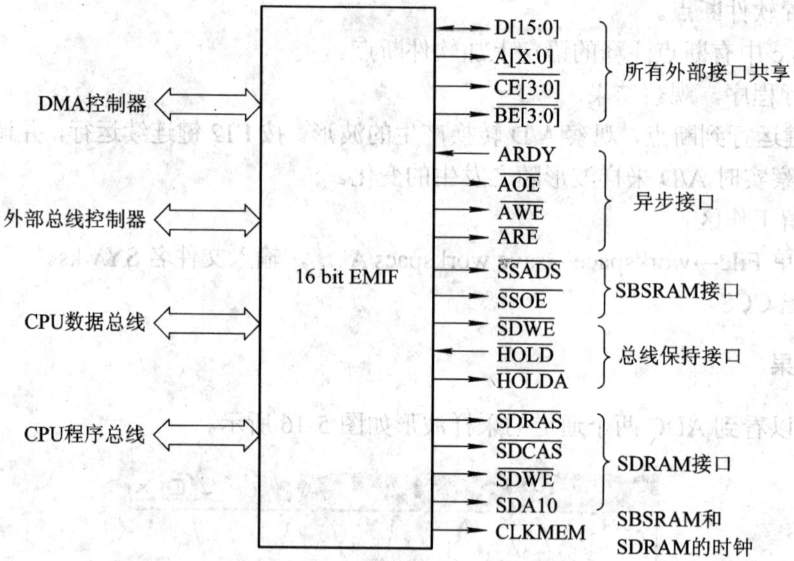

图 5-17　EMIF 的输入/输出框图

EMIF 为 3 种类型的存储器提供了无缝接口：

- 异步存储器，包括 ROM、FLASH 以及异步 SRAM；
- 同步触发 SRAM(SBSRAM)；
- 同步触发 DRAM(SDRAM)。

EMIF 支持下列类型的访问：

- 32 bit 数据访问；
- 16 bit 数据访问；
- 8 bit 数据访问。

5.4.2　EMIF 信号

表 5-15 归纳了 EMIF 的信号。在类型中，I 表示输入，O 表示输出，Z 表示高阻状态。

表 5-15　EMIF 的信号

信　号	类　型	说　　明
D[31:0]	I/O/Z	32 bit EMIF 数据总线。在这些引脚上，EMIF 支持 32、16、8 bit 数据传输。需要连接到存储器芯片上的引脚取决于访问的类型和存储器的宽度。 当 D 不传输数据，或 EMIF 对外部设备的 HOLD 请求应答时，D 处于高阻状态
A[21:0]	O/Z	22 bit EMIF 数据总线。 A[21:0]用于异步存储器：将哪些引脚连接到异步存储器，取决于存储器的宽度。 A[21:0]用于 SBSRAM：设 SBSRAM 的宽度是 32 bit。使用 A[(N+2):2]，N 是 SBSRAM 的高位地址引脚数。 EMIF 对外部设备的 HOLD 请求应答时，A 处于高阻状态

续表

信　号	类　型	说　　明
$\overline{\text{CE0}}$ $\overline{\text{CE1}}$ $\overline{\text{CE2}}$ $\overline{\text{CE3}}$	O/Z	片选引脚，每一个引脚对应一个 CE 空间。将这些低电平有效的引脚连接到适当的存储器的片选引脚。EMIF 对外部设备的 HOLD 请求应答时，每个 $\overline{\text{CE}}$ 处于高阻状态
$\overline{\text{CE[3:0]}}$	O/Z	byte 使能引脚。 EMIF 在这些低电平有效的引脚上驱动信号组合，来表示所决定访问的数据的大小。EMIF 对外部设备的 HOLD 请求应答时，$\overline{\text{BE}}$ 处于高阻状态
ARDY	I	异步就绪引脚
$\overline{\text{AOE}}$	O/Z	异步输出使能引脚。EMIF 对外部设备的 HOLD 请求应答时，$\overline{\text{AOE}}$ 处于高阻状态
$\overline{\text{AWE}}$	O/Z	异步写选通引脚。EMIF 对外部设备的 HOLD 请求应答时，$\overline{\text{AWE}}$ 处于高阻状态
$\overline{\text{ARE}}$	O/Z	异步读选通引脚。EMIF 对外部设备的 HOLD 请求应答时，$\overline{\text{ARE}}$ 处于高阻状态
$\overline{\text{SSADS}}$	O/Z	SBSRAM 的地址选通/使能引脚。EMIF 对外部设备的 HOLD 请求应答时，$\overline{\text{SSADS}}$ 处于高阻状态
$\overline{\text{SSOE}}$	O/Z	SBSRAM 的输出缓冲使能引脚。EMIF 对外部设备的 HOLD 请求应答时，$\overline{\text{SSOE}}$ 处于高阻状态
$\overline{\text{SSWE}}$	O/Z	SBSRAM 的写使能引脚。EMIF 对外部设备的 HOLD 请求应答时，$\overline{\text{SSWE}}$ 处于高阻状态
$\overline{\text{SDRAS}}$	O/Z	SBSRAM 的行选通引脚。EMIF 对外部设备的 HOLD 请求应答时，$\overline{\text{SDRAS}}$ 处于高阻状态
$\overline{\text{SDCAS}}$	O/Z	SDRAM 的列选通引脚。EMIF 对外部设备的 HOLD 请求应答时，$\overline{\text{SDCAS}}$ 处于高阻状态
$\overline{\text{SDWE}}$	O/Z	SDRAM 的写选通引脚。EMIF 对外部设备的 HOLD 请求应答时，$\overline{\text{SDWE}}$ 处于高阻状态
SDA10	O/Z	SDRAM 的 A10 地址线/自动预充关闭。EMIF 对外部设备的 HOLD 请求应答时，SDA10 处于高阻状态
CLKMEM		SBSRAM 和 SDRAM 的存储器时钟引脚。它决定了这个引脚是锁定为高电平还是作为存储器的时钟信号
$\overline{\text{HOLD}}$	I	HOLD 请求信号。为了请求 DSP 释放对外部存储器的控制，外部设备可以通过驱动 $\overline{\text{HOLD}}$ 为低来实现
$\overline{\text{HOLDA}}$	O	HOLD 应答信号。EMIF 收到 HOLD 请求后完成当前操作，将外部总线引脚驱动为高阻，在 $\overline{\text{HOLDA}}$ 引脚上发送应答信号。外部设备访问存储器时，需要等到 $\overline{\text{HOLDA}}$ 为低

5.4.3　对存储器的考虑

对 EMIF 编程时，必须了解外部存储器地址如何分配给片使能(CE)空间，每个 CE 空间可以同哪些类型的存储器连接，以及用哪些存储器 bit 来配置 CE 空间。

TMS320VC55X 的外部存储器映射在存储空间的分布，相当于 EMIF 的片选使能信号。例如，CE1 空间里的一片存储器，必须将其片选引脚连接到 EMIF 的 CE1 引脚。当 EMIF 访问 CE1 时，就驱动 $\overline{\text{CE1}}$ 变低。图 5-18 表示外部存储器与 $\overline{\text{CE}}$ 信号之间的关系。

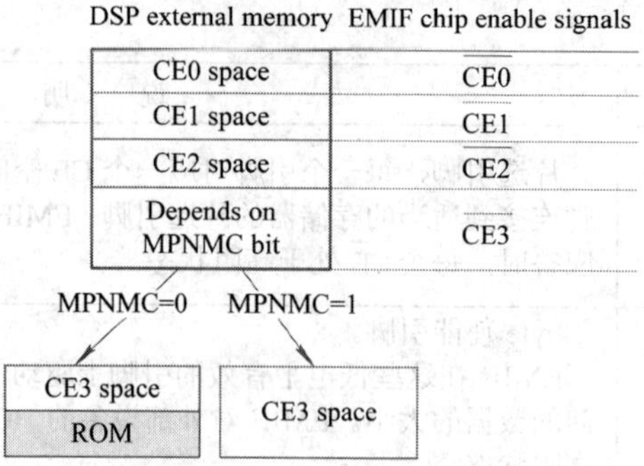

图 5-18　TMS320VC5509 外部存储器与 $\overline{CE}$ 信号之间的关系

由图 5-18 可以看出，DSP 外部存储器被分成 4 个 CE 空间，CE0 空间在低地址位置，而 CE3 位于高地址。每个 CE 空间可以包含 4 M 个字节。有些 CE3 空间中的地址可以用来寻址 DSP 内部的 ROM。可以通过设置 CPU 内部状态寄存器 ST3_55 中 MPNMC 位的值来在 CE3 空间和 ROM 之间选择。

5.4.4　EMIF 寄存器

C55X 中有关 EMIF 的所有寄存器如表 5-16 所示。

表 5-16　EMIF 寄存器

I/O 口地址	寄存器	描　述
0800h	EGCR	EMIF 全局控制寄存器
0801h	EMI-RST	EMIF 全局复位寄存器
0802h	EMI-BE	EMIF 总线状态错误状态寄存器
0803h	CE01	CE0 空间控制寄存器 1
0804h	CE01	CE0 空间控制寄存器 2
0805h	CE03	CE0 空间控制寄存器 3
0806h	CE11	CE0 空间控制寄存器 1
0807h	CE12	CE0 空间控制寄存器 2
0808h	CE13	CE0 空间控制寄存器 3
0809h	CE21	CE0 空间控制寄存器 1
080Ah	CE22	CE0 空间控制寄存器 2
080Bh	CE23	CE0 空间控制寄存器 3
080Ch	CE31	CE0 空间控制寄存器 1
080Dh	CE32	CE0 空间控制寄存器 2
080Eh	CE33	CE0 空间控制寄存器 3
080Fh	SDC1	SDRAM 控制寄存器 1
0810h	SDPER	SDRAM 周期寄存器
0811h	SDCNT	SDRAM 计数器寄存器
0812h	INIT	SDRAM 初值寄存器
0813h	SDC2	SDRAM 控制寄存器 2

5.4.5　SDRAM 的使用

在 5509 系统中，EMIF 的数据总线宽度为 16 bit，与主机接口(HPI)分享一个并口，具体的配置由外部总线选择寄存器(EBSR)的低二位决定；提供了四个彼此独立的外存接口(CEX)，每个 CE 空间容量为 4 MB，其中 CE3 空间根据需要可划分一部分空间作为片内 ROM；通过写 CE 空间控制寄存器中的 MTYPE 指定外存类型；SDRAM 的时钟频率可编程控制。

访问 SDRAM 芯片之前，必须先将 EMIF 配置成外部 SDRAM 访问模式。配置前，要先写 DSP 时钟发生器确定 DSP 的时钟频率，首先，清除 MEMCEN 位，防止 CLKMEM 引脚驱动存储器时钟，保持 MEMCEN = 0，写 EGCR 中的 MEMFREQ、WPE。WPE = 1 时，CE 空间写使能，反之禁止写。5509 中，当 CPU 频率为 144 MHz、MEMFREQ = 001b(1/2 CPU 频率)时，外部总线选择寄存器(EBSR)中 EMIFX2 位必须置 1，对于其他的 MEMFREQ 值，必须置 0。其次，将映射为外部 SDRAM 的每一个 CE 空间的 CE 空间控制寄存器中的 MTYPE 设置成 011b，表明外存为 16 位的 SDRAM。接下来，设置 SDRAM 控制寄存器 1(SDC1)中的 SDSIZE=0(表明 SDRAM 的大小为 64 Mb)，SDWID = 0(表明 SDRAM 存储器宽度是 16 位)；设置 SDRAM 控制寄存器 2(SDC2)中的 SDACC = 0，表明 EMIF 提供 16 位数据线给 SDRAM。最后，置位 MEMCEN，写 SDRAM 初始化寄存器(INIT)。需要说明的是，如果由 EMIF 控制 SDRAM 自刷新，则还要写 SDRAM 周期寄存器(SDPER)。当所有数值都设定好以后，延时 6 个 CPU 时钟周期，EMIF 开始按顺序初始化 SDRAM。

当某个 CE 空间被配置为 SDRAM 空间后，必须对其进行初始化。任何对 INIT 的写操作都会要求对 SDRAM 进行初始化。初始化操作前必须正确设置 MTYPE。整个初始化过程包括以下步骤：

(1) 发送 3 个 NOP 到所有 SDRAM 空间；

(2) 执行 1 个 DCAB 命令；

(3) 执行 8 个 REFR 命令；

(4) 执行 1 个 MRS 命令；

(5) 清除 SDRAM 的 INIT 中的数据。

下面介绍一个 TMS320VC5509 与 SDRAM(IS42S16400A)的接口连接以及部分相关程序。考虑到 5509 与 IS42S16400A 的工作电压相同，都为 3.3 V，存取时间基本同步，而且它们的数据线宽度都是 16 bit，因此选择 IS42S16400A，二者可以直接接口。IS42S16400A 占用 CE0、CE1 两个空间。SDRAM 与 EMIF 的连接图如图 5-19 所示。

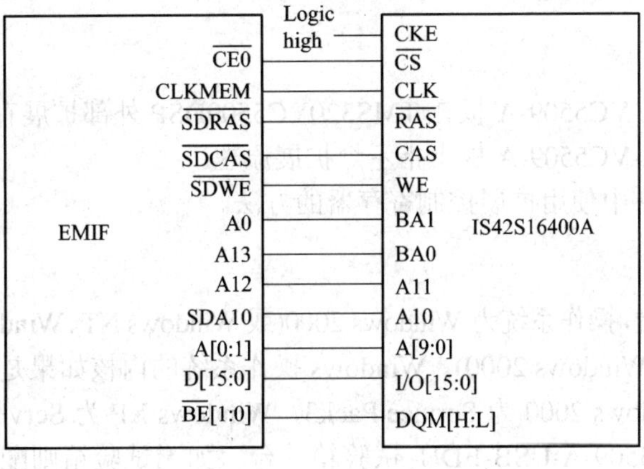

图 5-19　SDRAM 与 EMIF 的连接图

下面是 EMIF 对应寄存器的初始化程序：

```
Void Sdram_init()
{
    ioport unsigned int 3 ebsr = (unsigned int 3 ) 0x6c00;
    ioport unsigned int 3 egcr = (unsigned int 3 ) 0x800;
    ioport unsigned int 3 ce01 = (unsigned int 3 ) 0x803;
    ioport unsigned int 3 ce11 = (unsigned int 3 ) 0x806;
    ioport unsigned int 3 sdc1 = (unsigned int 3 ) 0x80f;
    ioport unsigned int 3 sdc2 = (unsigned int 3 ) 0x813;
    ioport unsigned int 3 sdc3 = (unsigned int 3 ) 0x814;
    ioport unsigned int 3 sdper = (unsigned int 3 ) 0x810;
    unsigned int 3 sdper = (unsigned int 3 ) 0x810;
    ioport unsigned int 3 init = (unsigned int 3 ) 0x812;
    *ebsr = 0x0001;
    * egcr = 0x0080;
    * ce01 = 0x3000;
    * ce11 = 0x3000;
    *sdc1 = 0x4122;
    * sdc2 = 0x0151;
    * sdc3 = 0x0004;
    * sdper = 0x08fc;
    * egcr = 0x00a0;
    *init = 0x01;
}
```

任务 9　通过 EMIF 接口控制指示灯

一、任务目的

(1) 了解 ICETEK-VC5509-A 板在 TMS320VC5509DSP 外部扩展存储空间上的扩展。

(2) 了解 ICETEK-VC5509-A 板上指示灯扩展原理。

(3) 学习在 C 语言中使用扩展控制寄存器的方法。

二、所需设备

(1) PC 兼容机一台，操作系统为 Windows 2000(或 Windows NT、Windows 98、Windows XP，以下假定操作系统为 Windows 2000)。Windows 操作系统的内核如果是 NT 的应该安装相应的补丁程序(如：Windows 2000 为 Service Pack3，Windows XP 为 Service Pack1)。

(2) ICETEK-VC5509-A-USB-EDU 试验箱一台。如无试验箱则配备 ICETEK-USB 或 ICETEK-PP 仿真器和 ICETEK-VC5509-A 或 ICETEK-VC5509-C 评估板，+5 V 电源一只。

(3) USB 连接电缆一条(如使用 PP 型仿真器换用并口电缆一条)。

三、相关原理

(1) TMS320VC5509DSP 的 EMIF 接口：存储器扩展接口(EMIF)是 DSP 扩展片外资源的主要接口，它提供了一组控制信号和地址、数据线，可以扩展各类存储器和寄存器映射的外设。ICETEK-VC5509-A 评估板在 EMIF 接口上除了扩展了片外 SDRAM 外，还扩展了指示灯、DIP 开关和 D/A 设备。

具体扩展地址如下：

400800-400802h：D/A 转换控制寄存器；

400000-400000h：板上 DIP 开关控制寄存器；

400001-400001h：板上指示灯控制寄存器。

与 ICETEK-VC5509-A 评估板连接的 ICETEK-CTR 显示控制模块也使用扩展空间控制主要设备：

602800-602800h：读键盘扫描值，写液晶控制寄存器；

600801-600801h：液晶辅助控制寄存器；

602801h 、600802h：液晶显示数据寄存器；

602802-602802h：发光二极管显示阵列控制寄存器。

(2) 指示灯扩展原理，如图 5-20 所示。

(3) 程序流程图如图 5-21 所示。

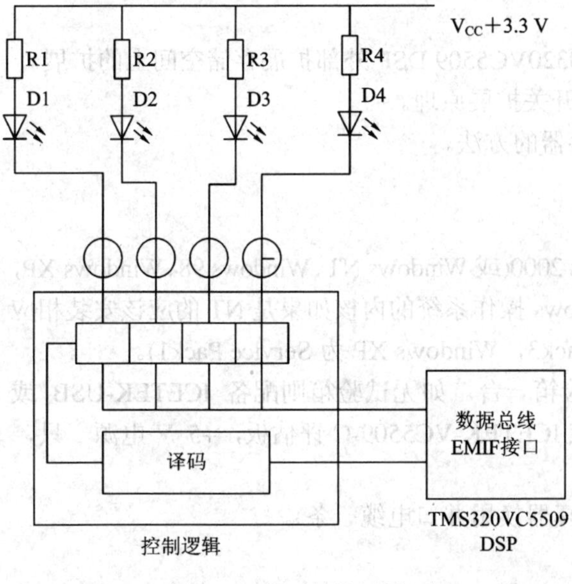

图 5-20　指示灯扩展原理图

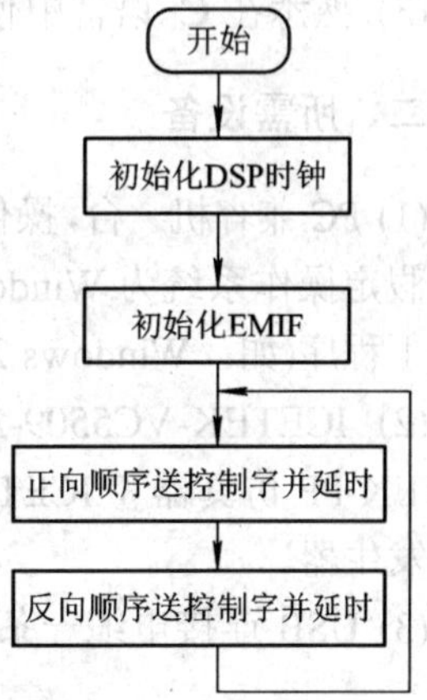

图 5-21　程序流程图

四、任务步骤

(1) 准备。

① 设置 CCS2.21 在硬件仿真(Emulator)方式下运行。

② 启动 CCS2.21。

(2) 打开工程文件。工程文件为项目目录下的 LED.pjt。打开源程序 LED.c 阅读程序，理解程序内容。

(3) 编译、下载程序。

(4) 运行程序，观察结果。

(5) 退出 CCS。

五、结果

可知：映射在扩展存储器空间地址上的指示灯寄存器在设置时是低 4 位有效的，数据的最低位对应指示灯 D1，次低位对应 D2，依此类推。

六、问题与思考

(1) ICETEK-VC5509-A 评估板上的指示灯控制寄存器是可读可写的，请问用什么办法可以回读指示灯状态？

(2) 比较本任务的指示灯闪烁时间与任务 7 的不同。

任务 10　通过 EMIF 接口读取拨码开关状态

一、任务目的

(1) 了解 ICETEK-VC5509-A 板在 TMS320VC5509 DSP 外部扩展存储空间上的扩展。

(2) 了解 ICETEK-VC5509-A 板上拨码开关扩展原理。

(3) 熟悉在 C 语言中使用扩展控制寄存器的方法。

二、所需设备

(1) PC 兼容机一台，操作系统为 Windows 2000(或 Windows NT、Windows 98、Windows XP，以下假定操作系统为 Windows 2000)。Windows 操作系统的内核如果是 NT 的应该安装相应的补丁程序(如：Windows 2000 为 Service Pack3，Windows XP 为 Service Pack1)。

(2) ICETEK-VC5509-A-USB-EDU 试验箱一台。如无试验箱则配备 ICETEK-USB 或 ICETEK-PP 仿真器和 ICETEK-VC5509-A 或 ICETEK-VC5509-C 评估板，+5 V 电源一只，信号发生器。

(3) USB 连接电缆一条(如使用 PP 型仿真器换用并口电缆一条)。

三、相关原理

(1) 参见任务 9 的相关原理(1)。

(2) 拨码开关扩展原理如图 5-22 所示。

(3) 程序流程图如图 5-23 所示。

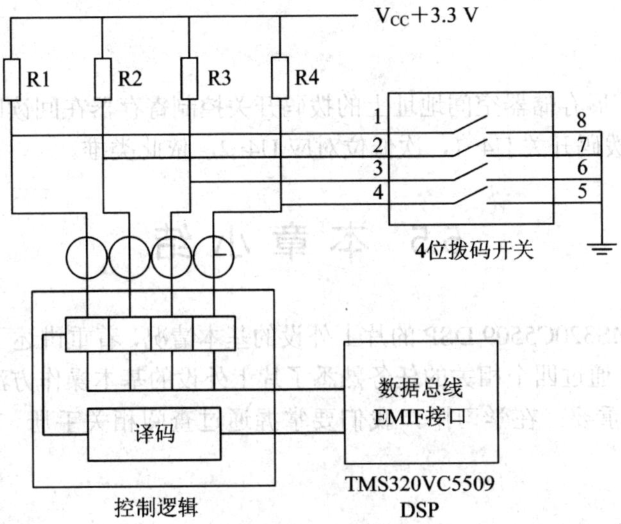

图 5-22　拨码开关扩展原理图

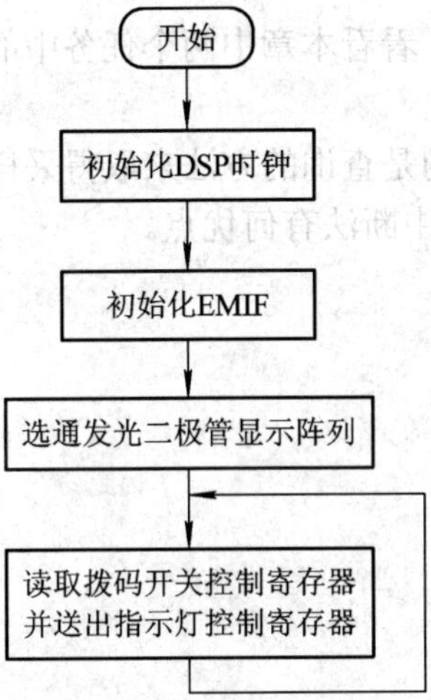

图 5-23　程序流程图

四、任务步骤

(1) 准备。

① 设置 CCS 2.21 在硬件仿真(Emulator)方式下运行。

② 启动 CCS 2.21。

(2) 打开工程文件。工程文件为项目目录文件夹下的 DIP.pjt。打开源程序 DIP.c 阅读程序，理解程序内容。

(3) 编译、下载程序。

(4) 运行程序，观察结果。

(5) 拨动拨码开关 U4 的各位，观察指示灯 D1～D4 的显示。

(6) 退出 CCS。

五、结果

可知：映射在扩展存储器空间地址上的拨码开关控制寄存器在回读时是低 4 位有效的，数据的最低位对应拨码开关 U4-1，次低位对应 U4-2，依此类推。

5.5 本章小结

本章介绍了 TMS320C5509 DSP 的片上外设的基本情况，着重讲述了通用计时器、ADC 模块以及 EMIF，并通过四个相关的任务熟悉了片上外设的基本操作方法，从中我们发现，寄存器的操作至关重要。在学习中，我们要掌握通过查阅相关手册，进而去理解程序的方法。

习题与思考题

1．参照第 4 章的软件结构，看看本章中两个任务中的程序是属于哪一种结构。

2．简述中断响应的过程。

3．在任务 8 中，我们采用的是查询的方法来取得采样数据。现在用中断方法实现后，对比两种方法的不同之处，分析中断法有何优点。

第 6 章　利用 DSP 实现外部控制与通信

一个 DSP 系统一般都需要对外部的设备进行一些控制或者与外部设备之间进行通信来达到系统设计的要求。在本章里，我们介绍 DSP 是如何通过通用输入/输出端口(GPIO)、EMIF 来实现对外部的控制的，以及多通道缓冲串口(McBSP)和通用异步串口(UART)的一些知识。

6.1　通用输入/输出端口(GPIO)

5509A 提供 8 个专门的通用输入/输出管脚，分别是 GPIO0～GPIO7。每个管脚可以通过 I/O 方向寄存器(IODIR)被独立设置为输入或者输出。I/O 数据寄存器(IODATA)在管脚被设置为输入状态时用来监测管脚逻辑电平的变化，在管脚被设置为输出状态时用来控制输出的逻辑状态。IODIR 的地址为 0x3400，IODATA 的地址为 0x3401。

IODIR 寄存器的描述如图 6-1 所示，IODATA 寄存器的描述如图 6-2 所示。

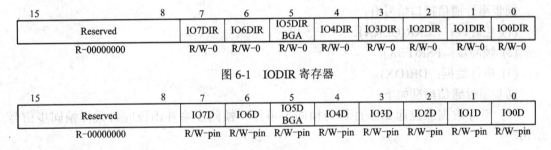

15–8	7	6	5	4	3	2	1	0
Reserved	IO7DIR	IO6DIR	IO5DIR BGA	IO4DIR	IO3DIR	IO2DIR	IO1DIR	IO0DIR
R-00000000	R/W-0	R/W-0	R/W-0	R/W-0	R/W-0	R/W-0	R/W-0	R/W-0

图 6-1　IODIR 寄存器

15–8	7	6	5	4	3	2	1	0
Reserved	IO7D	IO6D	IO5D BGA	IO4D	IO3D	IO2D	IO1D	IO0D
R-00000000	R/W-pin	R/W-pin	R/W-pin	R/W-pin	R/W-pin	R/W-pin	R/W-pin	R/W-pin

说明：R=读，W=写，pin=管脚上的值(IO7～IO0复位后默认输入)。

图 6-2　IODATA 寄存器

将 IODIR 寄存器的对应位清 0，可以将对应的 GPIO 管脚设置为输入，其输入可以从 IODATA 寄存器相应的位读出。反之，将 IODIR 寄存器的对应位置 1，可以将对应的 GPIO 管脚设置为输出，其输出可以通过 IODATA 寄存器相应的位设置。

除了上述的专门的 GPIO 管脚之外，EMIF 的地址总线 A[15～0]、增强主机接口(EHPI)、McBSP 的部分管脚也可以被设置为 GPIO 功能。

6.2　多通道缓冲串口(McBSP)

TMS320C55X DSP 提供了多个高速的多通道缓冲串口(McBSP)，使得 TMS320C55X DSP 可以直接和其他的 C55X DSP、多媒体数字信号编解码器以及系统中的其他设备接口。

6.2.1　同步串行通信基础知识

在介绍 McBSP 之前，我们先来回顾一下同步串行通信的基础知识。

根据信息的传送方向，串行通信可以分为单工、半双工和全双工三种。信息只能单向传送为单工；信息能双向传送但不能同时双向传送称为半双工；信息能够同时双向传送则称为全双工。

串行通信又分为异步通信和同步通信两种方式。串行通信中发送器将并行数据逐位移出成为串行数据位流，接收器将串行数据位流逐位接收组合成并行数据，串行数据位流以一定时序和一定格式呈现在连接收/发器的数据线上。串口通信有以下一些基本概念：

(1) 帧同步：串行数据位流起始条件。

(2) 位时钟：每个串行数据位持续的时间。

(3) 数据元：一次串并变换所产生的串行数据位流长度，是串行通信最基本的数据单位，以数据位长度为单位，一般为 8、12、16、20、24、32 位。

(4) 数据相：由多个数据元组成的一串连续不间断的串行数据位流，以数据元个数为单位。在数据相中每个数据元的数据位长度均相同。

(5) 数据帧：由多个独立的数据相组成的一串连续不间断的串行数据位流。以数据相的个数为单位。在数据帧中不同数据相所包含的数据元的个数和数据元的数据位长度可以不同。

(6) 同步串行通信：发送器和接收器以统一的位时钟工作。

同步串行通信接口信号有：

(1) 位时钟：CLKR(CLKX)。

(2) 帧同步：FSR(FSX)。

(3) 串行数据：DR(DX)。

同步串行通信标准如下：

(1) 串行数据流位起始条件称为帧同步事件。帧同步事件由位时钟采样帧同步信号给出。

(2) 串行数据位流长度：串行传输的数据流位数达到设定的长度后(由数据元、数据相和数据帧设定)，结束本次传输，等待下一个帧同步信号达到时，再发起另一次串行传输。

(3) 串行数据流传输速度：即每一个串行位的持续时间，由位时钟决定。

(4) 接口信号及其极性、帧同步事件、帧同步与串行位流起始时刻的关系、串行数据位流的格式(数据元、数据相和数据帧的格式)、串行数据位流传输速率等的不同，构成多种不同的同步串行通信标准。

(5) 常见的同步串行通信标准有：SPI、IIS、T1/E1、ST-BUS 等。

6.2.2　TMS320C55X DSP 的 McBSP

1. McBSP 的特点

McBSP 是 Multichannel Buffered Serial Port 的缩写，即多通道缓冲型串行接口，是一种多功能的同步串行接口，具有很强的可编程能力，可以配置为多种同步串口标准，直接与各种器件高速接口。McBSP 可以配置为以下串口标准：

- T1/E1 标准：通信器件；
- MVIP 和 ST-BUS 标准：通信器件；
- IOM-2 标准：ISDN 器件；
- AC97 标准：PC Audio Codec 器件；
- IIS 标准：Codec 器件；
- SPI：串行 A/D、D/A，串行存储器等器件。

如果采用特殊配置再配合软件，McBSP 就可与特殊器件接口。如将 McBSP 引脚配置为通用 I/O 引脚，可用软件实现 I^2C 标准；将 McBSP 引脚进行特殊连接，结合 DMA 与软件编程，可方便实现 UART。

McBSP 与 DMA 控制器配合，达到数据缓冲的目的。接收/发送的单个数据单元由 DMA 控制器写/读接收/发送缓冲器；接收/发送一批数据后，再申请 CPU 服务，处理这批接收/发送的数据。

2. McBSP 的工作

McBSP 包括一个数据流通路和一个控制通路，通过 7 个引脚与外部设备连接，如图 6-3 所示。

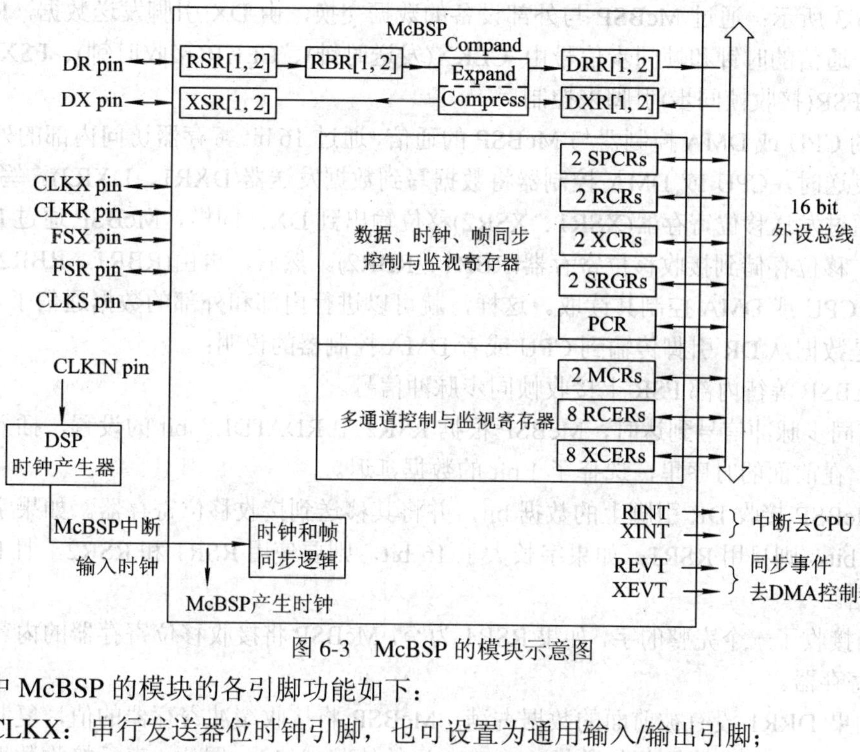

图 6-3　McBSP 的模块示意图

图中 McBSP 的模块的各引脚功能如下：

- CLKX：串行发送器位时钟引脚，也可设置为通用输入/输出引脚；
- FSX：串行发送器帧同步引脚，也可设置为通用输入/输出引脚；
- DX：串行发送器数据引脚，也可设置为通用输出引脚；
- CLKR：串行接收器位时钟引脚，也可设置为通用输入/输出引脚；
- FSR：串行接收器帧同步引脚；

- DR：串行接收器数据引脚，也可设置为通用输入引脚；
- CLKS：外部位时钟输入引脚，也可设置为通用输入/输出引脚。

数据通路寄存器如下：

- RSR：接收移位寄存器；
- RBR：接收缓冲寄存器；
- Expand：*A* 律、*μ* 律扩展；
- DRR：数据接收寄存器；
- DXR：数据发送寄存器；
- Compress：*A* 律、*μ* 律压缩；
- XSR：发送移位寄存器。

控制寄存器如下：

- PCR：引脚控制寄存器。它可配置引脚的功能、极性和方向。
- SPCR：串口控制寄存器。它可配置 McBSP 串行收/发器的状态和中断；
- SRGR：采样率发生器寄存器。它配置内部产生的位时钟，配置内部产生的帧同步时钟。
- RCR、XCR：接收/发送控制寄存器。它们可配置接收/发送的数据相个数，配置接收/发送的数据元个数和位数。

如图 6-3 所示：通过 McBSP 与外部设备的数据交换，由 DX 引脚发送数据，RX 引脚接收数据。通信的时钟和帧同步信号由 CLKX(发送时钟)、CLKR(接收时钟)、FSX(发送帧同步)以及 FSR(接收帧同步)引脚来控制。

DSP 的 CPU 或 DMA 控制器与 McBSP 的通信，通过 16 bit 寄存器访问内部的外设总线来实现。发送时，CPU 或 DMA 控制器将数据写到数据发送器(DXR1、DXR2)。写给 DSR 的数据，通过发送移位寄存器(XSR1、XSR2)移位输出到 DX。同样，McBSP 通过 DR 引脚接收数据，移位存储到接收移位寄存器(RBR1、RBR2)。然后，再由(RBR1、RBR2)复制到 DRRs，由 CPU 或 DMA 控制其读取。这样，就可以进行内部和外部的数据通信了。

以下是数据从 DR 引脚传输到 CPU 或者 DMA 控制器的说明：

(1) McBSP 等待内部 FSR 上接收帧同步脉冲信号。

(2) 帧同步脉冲信号到达时，McBSP 根据 RSR2 中 RDATDLY bit 的设置，插入适当的数据延迟。在前面的时序里，选择了 1 bit 的数据延迟。

(3) McBSP 接收 DR 引脚上的数据 bit，并将其移送到接收移位寄存器。如果字长等于或小于 16 bit，则只用 RSR1；如果字长大于 16 bit，则要使用 RSR1 和 RSR2，且 RSR2 中是高位数据。

(4) 当接收了一个完整的字，如果 RSR1 为空，McBSP 将接收移位寄存器的内容复制到接收缓冲寄存器。

(5) 如果 DRR1 没有被前面的数据占满，McBSP 将接收缓冲寄存器的值，复制到数据接收寄存器。当 DRR1 收到新的数据，SPCR1 里的接收就绪 bit 置位，表示接收数据已经准备好被 CPU 或者 DMA 控制器读取。

(6) CPU 或者 DMA 控制器从数据接收寄存器读取数据。当 DRR1 被读取，RRDY 清 0，开始下一个从 RBR 到 DRR 的复制。

以下是数据从 CPU 或者 DMA 控制器传输到 DX 引脚的说明：

(1) CPU 或者 DMA 控制器将数据写到数据发送寄存器。数据写到 DXR1 后，SPCR2 中的发送就绪 bit 清 0，表示 DXR1 不能接收新的数据。如果字长大于 16 bit，则要使用 DXR1 和 DXR2，且 DXR2 中是高位数据。

(2) DXR1 接收到一个新的数据，McBSP 将发送寄存器中的值复制到发送移位寄存器。发送就绪 bit(XRDY)置位，表示发送器已经准备好从 CPU 或 DMA 控制器接收数据。如果字长大于 16 bit，则要使用 XSDXR1 和 XSR2，且 XSR2 中是高位数据。

(3) McBSP 等待 FSX 引脚上的发送帧同步脉冲。

(4) McBSP 根据 XCR2 中 XDATDLY bit 的设置，在帧同步脉冲后插入相应的周期，设置了 1 bit 延迟。

(5) McBSP 将发送移位寄存器的数据移位到 DX 引脚。

3. McBSP 寄存器

1) 数据接收寄存器(DRR2 和 DRR1)

CPU 和 DMA 控制器从 DRR2 和 DRR1 读取接收数据。如果字长不超过 16 bit，则只需使用 DRR1；如果字长超过 16 bit，则要使用 DRR1 和 DRR2。每个接收的帧可以有一段或两段，每段的字长可以不同。DRR2 和 DRR1 如图 6-4 所示。

DRR2

15 ~ 0
接收数据的高位部分(for20, 24 or 32 bit data)
R/W-0

DRR1

15 ~ 0
接收数据(for 8, 12, or 16 bit data)或者接收数据的低位部分(for 20, 24 or 32 bit data)
R/W-0

注：R＝读；W＝写；-n＝复位后的值

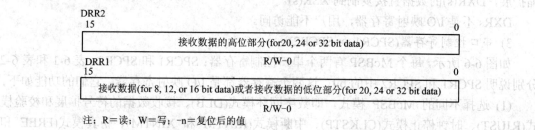

图 6-4　数据接收寄存器(DRR2 和 DRR1)

DRR1 和 DRR2 是 I/O 映射寄存器，可以通过访问 I/O 空间来访问该寄存器。

当串行字长不超过 16 bit 时，DR 引脚上的接收数据移位到接收移位寄存器 1(RSR1)，然后复制到接收缓冲寄存器(RBR1)。RBR1 的数据再复制到 DRR1，CPU 或 DMA 控制器从 DRR1 读取数据。

当串行字长超过 16 bit 时，DR 引脚上的接收数据移位到接收移位寄存器 1 和 2(RSR2、RSR1)，然后复制到接收缓冲寄存器(RBR2、RBR1)。RBR2 和 RBR1 的数据再复制到 DRR2 和 DRR1，CPU 或 DMA 控制器从 DRR2 和 DRR1 读取数据。

如果从 RBR1 复制到 DRR1 的过程中，使用压缩扩展(RCOMPAND=10b 或 11b)，RBR1 中的 8 bit 压缩数据扩展为 16 bit 左校验数据。如果未使用压缩扩展，RBR[1，2]根据 RJUST 的设置，将数据填充后送到 DRR[1，2]。

RSRs 和 RBRs 不是 I/O 映射寄存器，用户不能访问这几个寄存器。

2) 数据发送寄存器(DXR2 和 DXR1)

发送数据时，CPU 或 DMA 控制器将数据写到数据发送寄存器。如果字长不超过 16 bit，只用 DXR1；如果字长超过 16 bit，需要使用 DXR2 和 DXR1，DXR2 中为高位数据。McBSP 发送的数据帧可以有一段或两段，每段的字长可以不同。

DXR1 和 DXR2 是 I/O 映射寄存器，可以通过访问 I/O 空间来访问。DXR2 和 DXR1 如图 6-5 所示。

DXR2

15 — 0
发送数据的高位部分(for20, 24 or 32 bit data)
R/W–0

DXR1

15 — 0
发送数据(for8, 12 or 16 bit data)或者发送数据的低位部分(for 20, 24 or 32 bit data)
R/W–0

注：R=读；W=写；–n=复位后的值

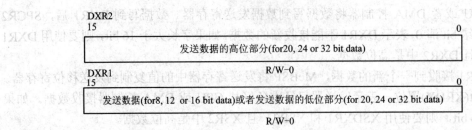

图 6-5　数据发送寄存器(DXR2 和 DXR1)

当串行字长不超过 16 bit 时，CPU 或 DMA 控制器写到 DXR1 上的数据，复制到发送移位寄存器 1(RSR1)，然后再复制到发送缓冲寄存器 1(XSR1)。然后，每个周期移位 1 bit 数据到 DX 引脚。

当串行字长超过 16 bit 时，DXR1 和 DXR2 的数据复制到发送移位寄存器(XSR2、XSR1)，再移位到 DX 引脚。如果从 DXR1 复制到 XSR1 的过程中，使用压缩扩展(XCOMPAND=10b 或 11b)，DXR1 中的 16 bit 数据压缩为 8 bit μ 律或 A 律数据后，送到 XSR1；如果未使用压缩扩展，DXR(s)的数据直接复制到 XSR(s)。

DXRs 不是 I/O 映射寄存器，用户不能访问。

3) 串口控制寄存器(SPCR1 和 SPCR2)

如图 6-6 所示，每个 McBSP 有两个串口控制寄存器：SPCR1 和 SPCR2。表 6-1 和表 6-2 分别说明 SPCR1 和 SPCR2 中的 bit。这两个寄存器都是 I/O 映射寄存器，它们的功能如下：

(1) 选择不同的 McBSP 模式，即数字回环模式(DLB)、接收数据的符号扩展和校验模式(RJUST)、时钟停止模式(CLKSTP)、中断模式(RINTM 和 XINTM)、仿真模式(FREE 和 SOFT)。

(2) 使能或禁止 DX 引脚数据延迟器(DXENA)。

(3) 检测接收和发送数据的状态(RSYNCERR、XSYNCERR、RFULL、XEMPTY、RRDY、XRDY)。

(4) 将 McBSP 各个部分复位(RRST、XRST、FRST、GRST)。

SPCR1

15	14–13	12–11	10–8
DLB	RJUST	CLKSTP	保留
R/W–0	R/W–00	R/W–00	R–0

7	6	5–4	3	2	1	0
DXENA	保留	RINTM	RSYNCERR	RFULL	RRDY	RRST
R/W–0	R/W–0	R/W–00	R/W–0	R–0	R–0	R/W–0

SPCR2

15–10	9	8
保留	FREE	SOFT
R–0	R/W–0	R/W–0

7	6	5–4	3	2	1	0
FRST	GRST	XINTM	XSYNCERR	XEMPTY	XRDY	XRST
R/W–0	R/W–0	R/W–00	R/W–0	R–0	R–0	R/W–0

注：R=读，W=写，–n=复位后的值

图 6-6　串口控制寄存器(SPCR1 和 SPCR2)

表 6-1　SPCR1 寄存器

bit	名　称	值	功　　能
15	DLB	 0 1	数字回环模式。 禁止使用数字回环模式。 DR 引脚提供内部的 DR 信号，根据 FSRM 和 CLKRM 的设置，内部的 FSR 和内部的 CLKR，既可由相应的引脚提供，也可由采样率发生器提供。 使用数字回环模式。 DR 和 DX 连接； FSR 和 FSX 连接； CLKR 和 CLKX 连接。 内部的 DX 信号由 DX 引脚提供。内部的 FSX 和 CLKX 由相应的引脚提供，或在内部产生，取决于 FSXM 和 CLKXM 的模式 bit。该模式允许用户在单个 DSP 的情况下，测试串口代码。McBSP 的发送器直接向接收器提供数据、帧同步信号以及时钟信号
14、13	RJUST	 00b 01b 10b 11b	接收数据符号扩展和校验方式。 注意：如果设置 RCOMPAND bit 选择了压缩扩展，则 RJUST 的值无意义 右校验且高位填 0； 右校验且高位填符号扩展 bit； 左校验且低位填 0； 保留(不使用)
12、11	CLKSTP	 0Xb 10b 11b	时钟停止模式。 不使用时钟停止模式； 时钟停止模式，无时钟延迟； 时钟停止模式，半个时钟周期延迟
10～8	保留		保留 bit，不允许用户使用。只读寄存器 bit，返回的值为 0
7	DXENA	 0 1	DX 数据延迟模式。 不允许 DX 数据延迟； 允许 DX 数据延迟
6	保留		保留 bit，不允许用户使用。只读寄存器 bit，返回的值为 0
5、4	RINTM	 00b 01b 10b 11b	接收中断模式。 RRDY bit 从 0 变到 1 产生接收中断(RINT)； 多通道模式下，每个数据块的结束产生 RINT； 检测到一个接收帧同步信号，产生 RINT； 接收帧同步错误(通过检测 RSYNCERR)，产生中断
3	RSYNCERR	 0 1	接收帧同步错误。 无同步错误； McBSP 检测到帧同步错误
2	RFULL	 0 1	接收移位寄存器(RSR[1，2])空。 接收移位寄存器未满； DRR [1，2]未读，RSR[1，2]和 RBR[1，2]都被新的数据填满
1	RRDY	 0 1	是否准备好接收。 准备好接收。当 DRR1 的数据被读走后，RRDY 自动被清 0。 未准备接收
0	RRST	 0 1	接收串口复位。 串口复位； 串口使能

表 6-2　SPCR2 寄存器

bit	名称	值	功　能
15～10	保留		保留 bit，不允许用户使用。只读寄存器 bit，返回的值为 0
9	FREE		自由运行模式。
		0	McBSP 发送和接收时钟受 SOFT bit 的影响；
		1	McBSP 发送和接收时钟自由运行
8	SOFT		时钟停止。用 JTATG 调试出现断点且 FREE=0，该 bit 控制时钟是否停止。
		0	McBSP 发送和接收时钟立即停止。
		1	McBSP 发送串口传输完当前字后时钟停止，接收串口时钟不受影响继续运行。
			TMS320VC5501/5502 的 McBSP 按上述情况工作。
			TMS320VC5510/5509，FREE=0 且 SOFT=1，断点出现时，整个串口继续工作
7	FRST		帧同步电路复位。
		0	帧同步电路复位。在复位状态下，帧同步电路不产生帧同步信号。
		1	帧同步电路使能
6	GRST		采样率发生器复位。
		0	采样率发生器复位；
		1	采样率发生器使能
5、4	XINTM		发送中断模式。
		00b	XRDY bit 从 0 变到 1 产生发送中断(XINT)；
		01b	多通道模式下，每个块的结束产生 XINT；
		10b	检测到一个发送帧同步信号产生 XINT；
		11b	当发送帧同步错误(通过检测 XSYNCERR)产生中断
3	XSYNCERR		发送帧同步错误。
		0	无同步错误；
		1	McBSP 检测到帧同步错误
2	XEMPTY		发送移位寄存器(XSR[1，2])空。
		0	XSR[1，2]空；
		1	XSR[1，2]未空
1	XRDY		是否准备发送。
		0	准备好发送，当数据被写入 DXR1 后，RRDY 自动被清 0
		1	未准备好发送
0	XRST		发送串口复位。
		0	发送串口复位；
		1	发送串口使能

4) 接收控制寄存器(RCR1 和 RCR2)

如图 6-7 所示，McBSP 有两个接收控制寄存器：RCR1 和 RCR2。表 6-3 和表 6-4 分别描述了 RCR1 和 RCR2 寄存器的各个 bit。这两个寄存器都是 I/O 映射寄存器，通过这两个寄存器，用户可以进行如下设置：

(1) 接收帧为单段还是双段(RPHASE)。

(2) 定义段 1 和段 2 的字长(RWDLEN1、RWDLEN2)以及每个段的长(RFRLEN1、RFRLEN2)。

(3) 选择对接收数据的压缩扩展模式。

(4) 使能或禁止忽略接收帧同步信号功能(RFIG)。

(5) 设置接收数据延迟(RDATDLY)。

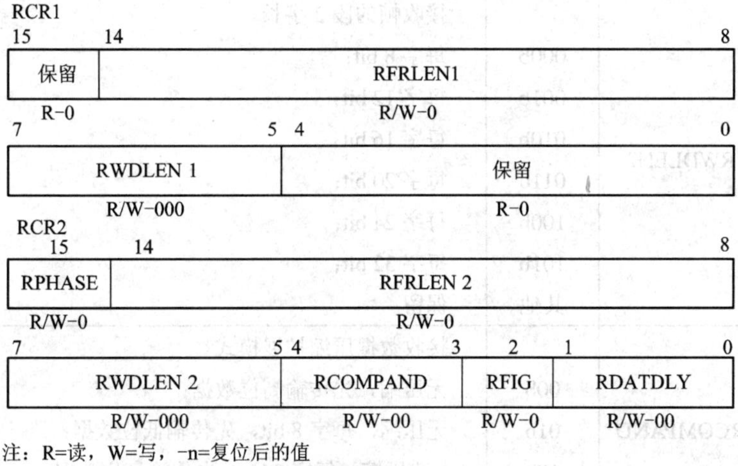

图 6-7　接收控制寄存器(RCR1 和 RCR2)

表 6-3　RCR1 寄存器

bit	名　称	值	功　　能
15	保留		保留 bit，不允许用户使用。只读寄存器 bit，返回的值为 0
14～8	RERLEN1	0～127	接收帧的段 1 长度(范围为 1～128)。 每帧 1 字； 每帧 2 字； ⋮ 每帧 128 字
7～5	RWDLEN1	 000b 001b 010b 011b 100b 101b 其他	接收帧的段 1 字长。 每字 8 bit； 每字 12 bit； 每字 16 bit； 每字 20 bit； 每字 24 bit； 每字 32 bit； 保留
4～0	保留		保留 bit，不允许用户使用。只读寄存器 bit，返回的值为 0

表 6-4　RCR2 寄存器

bit	名称	值	功　能
15	RPHASE		接收帧的段数。
		0	单段帧；
		1	双段帧
14～8	RFRLEN2	1～128	接收帧的段 2 长度(范围为 1～128)。 每帧 1 个字； 每帧 2 个字； ⋮ 每帧 128 个字
7～5	RWDLEN2		接收帧的段 2 字长。
		000b	每字 8 bit；
		001b	每字 12 bit；
		010b	每字 16 bit；
		011b	每字 20 bit；
		100b	每字 24 bit；
		101b	每字 32 bit；
		其他	保留
4、3	RCOMPAND		接收数据压缩扩展模式。
		00b	无压缩，先传输高位数据；
		01b	无压缩，每字 8 bit，先传输低位数据；
		10b	μ 律压缩，每字 8 bit，先传输高位数据；
		11b	A 律压缩，每字 8 bit，先传输高位数据
2	RFIG		忽略接收帧同步信号。
		0	每个帧同步信号都启动一次数据接收。出现突发的帧同步信号，串口将： ● 停止当前数据传输； ● 将 SPCR1 中的 RSYNCERR 置位； ● 开始传输一个新的数据。
		1	忽略突发的接收帧同步信号
1、0	RDATDLY		接收数据延迟。
		00b	0 bit 数据延迟；
		01b	1 bit 数据延迟；
		10b	3 bit 数据延迟；
		11b	保留

5) 发送控制寄存器(XCR1 和 XCR2)

如图 6-8 所示，McBSP 有两个发送控制寄存器：XCR1 和 XCR2。表 6-5 和表 6-6 分别说明了 XCR1 和 XCR2 寄存器的各个 bit。这两个寄存器都是 I/O 映射寄存器，通过这两个寄存器，用户可以进行如下设置：

(1) 设置发送帧为单段还是双段(XPHASE)。

(2) 定义段 1 和段 2 的串行字长(XWDLEN1、XWDLEN2)，以及每个段的字数(FRLEN1、XFRLEN2)。

(3) 选择对发送数据的压缩扩展模式。

(4) 使能或禁止接收帧同步信号忽略功能(FIG)。

(5) 设置接收发送延迟(XDATDLY)。

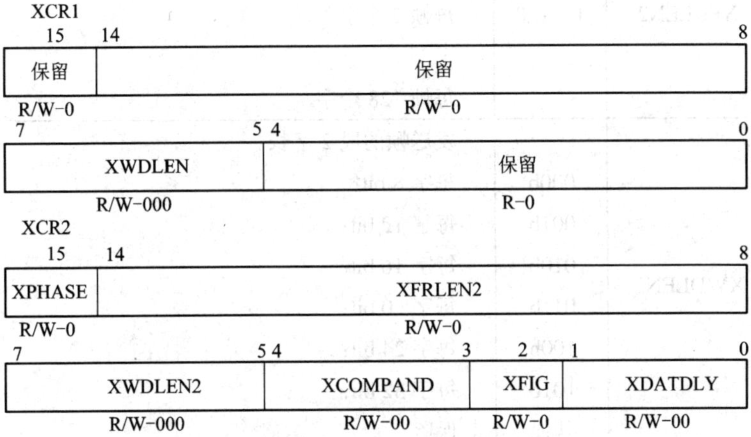

注：R=读，W=写，-n=复位后的值

图 6-8　发送控制寄存器(XCR1 和 XCR2)

表 6-5　XCR1 寄存器

bit	名　称	值	功　　能
15	保留		保留 bit，不允许用户使用。只读寄存器 bit，返回的值为 0
14～8	XERLEN1	1～128	发送帧的段 1 长度(范围为 1～128)。 每帧 1 字； 每帧 2 字； ⋮ 每帧 128 字
7～5	XWDLEN1	 000b 001b 010b 011b 100b 101b 其他	发送帧的段 1 字长。 每字 8 bit； 每字 12 bit； 每字 16 bit； 每字 20 bit； 每字 24 bit； 每字 32 bit； 保留
4～0	保留		保留 bit，不允许用户使用。只读寄存器 bit，返回的值为 0

表 6-6　XCR2 寄存器

Bit	名　称	值	功　能
15	XPHASE	 0 1	发送帧的段数。 单段帧； 双段帧
14～8	XFRLEN2	1～128	发送帧的段 2 长度(范围为 1～128)。 每帧 1 个字； 每帧 2 个字； ⋮ 每帧 128 个字
7～5	XWDLEN2	 000b 001b 010b 011b 100b 101b 其他	发送帧的段 2 字长。 每字 8 bit； 每字 12 bit； 每字 16 bit； 每字 20 bit； 每字 24 bit； 每字 32 bit； 保留
4、3	XCOMPAND	 00b 01b 10b 11b	发送数据压缩扩展模式。 无压缩，先传输高位数据； 无压缩，每字 8 bit，先传输低位数据； μ 律压缩，每字 8 bit，先传输高位数据； A 律压缩，每字 8 bit，先传输高位数据
2	XFIG	 0 1	忽略发送帧同步信号。 每个帧同步信号都启动一次数据接收。出现突发的帧同步信号，串口将： ● 停止当前数据传输； ● 将 SPCR1 中的 RSYNCERR 置位； ● 开始传输一个新的数据。 忽略突发的接收帧同步信号
1、0	XDATDLY	 00b 01b 10b 11b	发送数据延迟。 0 bit 数据延迟； 1 bit 数据延迟； 3 bit 数据延迟； 保留

6) 采样率发生器寄存器(SRGR1 和 SRGR2)

如图 6-9 所示，McBSP 有两个采样率发生器寄存器：SRGR1 和 SRGR2。表 6-7 和表 6-8 分别说明了 SRGR1 和 SRGR2 寄存器的各个 bit。这两个寄存器都是 I/O 映射寄存器，通过这两个寄存器，用户可以进行如下设置：

(1) 为采样率发生器选择输入时钟源(PCR 中的 CLKSM 和 SCLKME bit 一起控制)。

(2) 选择 CLKG 的分频系数(CLKGDV)。

(3) 选择产生内部发送帧同步信号的信号源是由 FSG 产生，还是由 FSGM 产生。

(4) 设置帧同步信号的宽度(FWID)和周期(FPER)。

当采样率发生器的时钟源为外部信号时(通过 CLKS、CLKR 或 CLKX 引脚)：

(1) 如果 CLKS 引脚提供输入时钟，RGR2 中 CLKSP bit 允许选择是在 CLKS 的上升沿还是下降沿触发 CLKG 和 FSG；如果使用 CLKX/CLKR 引脚的输入信号，PCR 中的 CLKXP/CLKRP 选择输入时钟的极性。

(2) 设置 SRGR2 中的 GSYNC bit 使 CLKG 和外部帧同步信号同步，同时也和输入时钟同步。

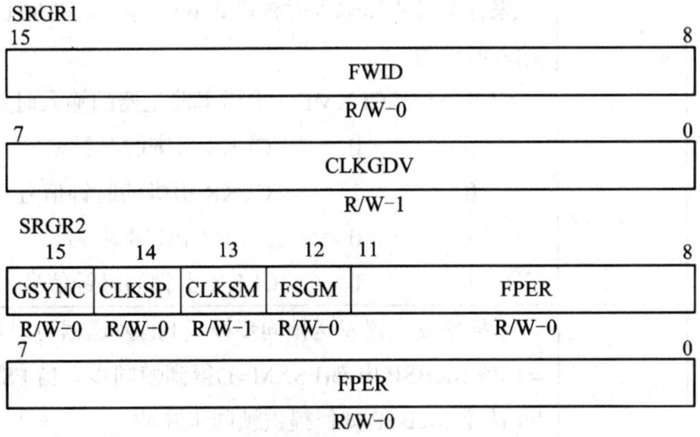

注：R=读，W=写，-n=复位后的值

图 6-9　采样率发生器寄存器(SRGR1 和 SRGR2)

表 6-7　SRGR1 寄存器

bit	名　称	值	功　　能
15～8	FWID	0～255	FSG 的帧同步脉冲宽度。 采样率发生器可以产生一个信号 CLKG 和一个帧同步信号 FSG。(FWID + 1)是帧同步脉冲宽度，用 CLKG 的周期数来表示，其范围为 1～256 。FSG 上的帧同步脉冲之间的周期由 FPER bit 来定义
7～0	CLKGDV	0～255	CLKG 的分频系数。采样率发生器可以接收输入的时钟信号，按照 CLKGDV 分频，产生输出时钟信号 CLKG。 CLKG 的频率=输入时钟频率/(CLKGDV + 1) 输入时钟由 SCLKME 和 CLKSM 来选择： SCLKME　CLKSM　采样率发生器的输入时钟 0　0　CLKS 引脚上的信号 0　1　CPU 时钟 1　0　CLKR 引脚上的信号 1　1　CLKX 引脚上的信号 DSP 复位使 CLKG 的频率等于输入时钟频率的 1/2，且复位还将 CPU 的时钟作为输入时钟

表 6-8　SRGR2 寄存器

bit	名　称	值	功　　能
15	GSYNC		CLKG 的时钟同步模式 bit。
		0	CLKG 自由振荡，无时钟同步，每(FPER + 1)个 CLKG 周期产生 FSG 脉冲时钟同步。
		1	CLKG 与 CLKS、CLKR、CLKX 引脚上的输入时钟同步。 FSG 是响应 FSR 引脚上脉冲的惟一信号。由 FPER 定义的帧同步周期被忽略
14	CLKSP		CLKS 时钟的极性(仅在 McBSP 使用外部时钟 CLKS 时才起作用)。
		0	CLKS 上升沿产生 CLKG 和 FSG；
		1	CLKS 下降沿产生 CLKG 和 FSG
13	CLKSM		采样率发生器输入时钟模式 bit。该 bit 和 SCLKME bit 一起决定输入时钟源： CLKSM　SCLKME　采样率发生器的输入时钟 0　0　CLKS 引脚的时钟信号 0　1　CLKR 引脚的时钟信号 1　0　CPU 时钟 1　1　CLKX 引脚的时钟信号
12	FSGM		采样率发生器发送帧同步模式 bit。发送器可以从 FSX 引脚(FSXM = 0)或 McBSP 内部(FSXM=1)得到帧同步。当 FSXM = 1 时，FSGM bit 决定 McBSP 如何提供帧同步脉冲。
		0	如果 FSXM = 1，当 DXR[1，2]复制到 XSR[1，2]时，McBSP 产生一个发送帧同步脉冲。
		1	采样率发生器产生发送帧同步脉冲
11～0	FPER	0～4096	采样率发生器的 FSG 的周期。每个 FSG 的周期为(FPER + 1)个 CLKG 时钟周期，其范围为 1～4096

7) 多通道控制寄存器(MCR1 和 MCR2)

如图 6-10 所示，McBSP 有两个多通道控制寄存器：MCR1 和 MCR2。MCR1 中是多通道模式下接收串口的控制位和状态位(前缀为 R)。MCR2 中是多通道模式下发送串口的控制位和状态位(前缀为 X)。表 6-9 和表 6-10 分别说明寄存器 MCR1 和 MCR2 的各个 bit。通过使能这两个 I/O 映射寄存器，用户可以进行如下设置：

(1) 使能所有通道，或只选部分通道用于接收数据(RMCM)。

(2) 使能/禁止和屏蔽/不屏蔽发送通道(XMCM)。

(3) 作两个分区(32 通道)或 8 个分区(128 通道)。

(4) 使用两个分区时，给分区 A 和 B 分配 16 个通道的块(RPABLK 和 RPBBLK 用于接收，XPABLK 和 XPBBLK 用于发送)。

(5) 判断哪 16 个通道的块正在传输数据。

MCR1

15 14	9	8
保留	RMCME	RPBBLK
R-0	R/W-0	R/W-00

7	6 5	4 2	1	0
RPBBLK	RPABLK	RCBLK	保留	PMCM
R/W-00	R/W-00	R/W-000	R-0	R/W-0

MCR2

15 10	9	8
保留	XMCME	XPBBLK
R-0	R/W-0	R/W-00

7	6 5	4 2	1 0
XPBBLK	XPABLK	XCBLK	XMCM
R/W-00	R/W-00	R-000	R/W-00

注：R=读，W=写，-n=复位后的值

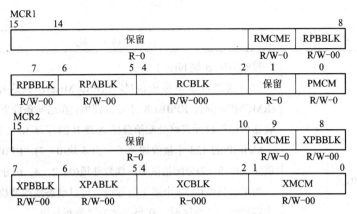

图 6-10 多通道控制寄存器(MCR1 和 MCR2)

表 6-9 MCR1 寄存器

bit	名 称	值	功 能
15～10	保留	0	这是只读 bit，读时返回 0
9	RMCME		接收多通道分区模式 bit。只用于接收时(RMCM=1)，当通道单独使能/禁止时，才可以使用。RMCME 决定是只有 32 通道，还是全部的 128 通道都是单独可选。
		0	2 分区模式。 使用分区 A 和 B。在接收多通道选择模式(RMCM=1)下，可以控制最多 32 个通道。用 RPABLK bit 将 16 个通道分配给区 A，用 RPBBLK bit 将 16 个通道分配给区 B。用相应的接收通道使能寄存器来控制这些通道： RCERA：区 A 的通道； RCERB：区 B 的通道。
		1	8 分区模式。 使用所有的分区(A～H)。在接收多通道选择模式(RMCM = 1)下，可以控制最多 128 个通道。用相应的接收通道使能寄存器来控制这些通道： RCERA：通道 0～15； RCERB：通道 16～31； RCERC：通道 32～47； RCERD：通道 48～63； RCERE：通道 64～79； RCERF：通道 80～95； RCERG：通道 96～111； RCERH：通道 112～127

续表

bit	名　称	值	功　　能
8、7	RPBBLK		接收分区 B 块 bit。 只有通道可以单独使能/禁止(RMCM=1)，且选择 2 分区模式(RMCME=0)时，RPBBLK 才可以使用。在这些条件下，McBSP 的接收器可以接收或忽略分配给分区 A 或 B 的任何 32 通道的数据。 McBSP 的 128 个接收通道等分为 8 块(0～7)。RPBBLK 将奇数通道(1、3、5、7)分配给区 B，偶数通道(0、2、4、6)分配给区 A。 如果希望使用 32 个以上的通道，可以动态地改变块的分配。当接收器处理一个分区时，在另一个分区重新分块。
		00b	Block 1：16～31 通道；
		01b	Block 3：48～63 通道；
		10b	Block 5：80～95 通道；
		11b	Block 7：112～127 通道
6、5	RPABLK		接收分区 A 块 bit。 只有通道可以单独使能/禁止(RMCM=1)，且选择 2 分区模式(RMCME=0)时，RPABLK 才可以使用。在这些条件下，McBSP 的接收器可以接收或忽略分配给分区 A 或 B 的任何 32 通道的数据。
		00b	Block 0：0～15 通道；
		01b	Block 2：32～47 通道；
		10b	Block 4：64～79 通道；
		11b	Block 6：96～111 通道
4～2	RCBLK		当前接收块指示器。McBSP 正在使用哪 16 个通道的块接收数据。
		000b	Block 0：0～15 通道；
		001b	Block 1：16～31 通道；
		010b	Block 2：32～47 通道；
		011b	Block 3：48～63 通道；
		100b	Block 4：64～79 通道；
		101b	Block 5：80～95 通道；
		110b	Block 6：96～111 通道；
		111b	Block 7：112～127 通道
1	保　留		保留 bit(用户不可用)。这是只读 bit，读时返回 0
0	RMCM		接收多通道选择模式 bit。
		0	所有 128 个通道使能；
		1	多通道选择模式，每个通道可以单独使能或禁止

表 6-10　MCR2 寄存器

bit	名　称	值	功　　能
15～10	保 留	0	这是只读 bit，读时返回 0
9	XMCME		发送多通道分区模式 bit。XMCME 决定是只有 32 通道，还是全部的 128 通道都是单独可选。只有当 XMCM 非零，通道可以单独使能/禁止或屏蔽/不屏蔽时，才可以使用。
		0	2 分区模式。 只使用分区 A 和 B。可以控制最多 32 个发送通道。如果 XMCM=01b 或 10b，用 XPABLK bit 将 16 个通道分配给区 A，用 XPBBLK bit 将 16 个通道分配给区 B；如果 XMCM=11b(对称发送和接收)，用 RPABLK bit 将 16 个通道分配给分区 A，用 RPBBLK bit 将 16 个通道分配给分区 B。 用相应的发送通道使能寄存器来控制这些通道： XCERA：区 A 的通道； XCERB：区 B 的通道。
		1	8 分区模式。 使用所有的分区(A～H)。使用 XMCM bit 来选择发送多通道选择模式，可以控制最多 128 个通道。 用相应的发送通道使能寄存器来控制这些通道： XCERA：通道 0～15； XCERB：通道 16～31； XCERC：通道 32～47； XCERD：通道 48～63； XCERE：通道 64～79； XCERF：通道 80～95； XCERG．通道 96～111； XCERH：通道 112～127
8、7	XPBBLK		发送分区 B 块 bit。 只有通道可以单独使能/禁止和屏蔽/非屏蔽(XMCM 非零)，且选择 2 分区模式(XMCME=0)时，XPBBLK 才可以使用。在这些条件下，McBSP 的发送器可以发送或保持分配给分区 A 或 B 的任何 32 通道的数据。 McBSP 的 128 个发送通道等分为 8 块(0～7)。XPBBLK 将奇数通道(1、3、5、7)分配给区 B，偶数通道(0、2、4、6)分配给区 A。 如果希望使用 32 个以上的通道，可以动态地改变块的分配。当接收器处理一个分区时，在另一个分区重新分块。
		00b	Block 1：16～31 通道；
		01b	Block 3：48～63 通道；
		10b	Block 5：80~95 通道；
		11b	Block 7：112～127 通道。

续表

bit	名 称	值	功 能
6、5	XPABLK		发送分区 A 块 bit。 只有通道可以单独使能/禁止和屏蔽/非屏蔽(XMCM 非零)，且选择 2 分区模式(XMCME=0)时，XPABL K 才可以使用。在这些条件下，McBSP 的发送器可以发送或保持分配给分区 A 或 B 的任何 32 通道的数据。
		00b	Block 0：0～15 通道；
		01b	Block 2：32～47 通道；
		10b	Block 4：64～79 通道；
		11b	Block 6：96～111 通道
4-2	XCBLK		当前发送块指示器。McBSP 正在使用哪 16 个通道的块发送数据。
		000b	Block 0：0～15 通道；
		001b	Block 1：16～31 通道；
		010b	Block 2：32～47 通道；
		011b	Block 3：48～63 通道；
		100b	Block 4：64～79 通道；
		101b	Block 5：80～95 通道；
		110b	Block 6：96～111 通道；
		111b	Block 7：112～127 通道
1-0	XMCM		发送多通道选择模式。
		00b	不使用多通道选择模式，所有 128 个通道使能。
		01b	只有发送通道使能寄存器 XCERs 所选择的通道才能被使能，其他通道都被禁止。MCR2 中的 XMCME bit 决定 XCER 中可选择 32 个通道还是 128 个通道。
		10b	除相应的发送通道使能寄存器 XCERs 所选择的通道被禁止以外，所有通道使能。MCR2 中的 XMCME bit 决定 XCERs 中可选择 32 个通道还是 128 个通道。
		11b	该模式用于对称的数据发送和接收。只有相应的接收使能寄存器(RCERs)所选的通道才能用于发送，一旦使能，只有当被相应的发送使能寄存器(XCERs)选中才被禁止。MCR2 中的 XMCME bit 决定 RCERs 和 XCERs 中可选择 32 个通道还是 128 个通道

8) 引脚控制寄存器(PCR)

如图 6-11 和表 6-11 所示，每个 McBSP 都有一个引脚控制寄存器：PCR。通过该 I/O 映射，用户可以进行如下设置：

(1) 执行 IDLE 指令，使 McBSP 进入低功率模式。对于 TMS320VC5509/5510 芯片，通过 PCR 来实现。对于 TMS320VC5501/5502 芯片，通过外设 IDLE 控制寄存器(PICR)来实现。

(2) 在接收器和/或发送器复位时，可将 McBSP 引脚用作通用 I/O 引脚。

(3) 选择发送器和接收器的帧同步模式。

(4) 选择发送器和接收器的时钟模式。

(5) 为采样率发生器选择输入时钟源。

(6) 当 CLKS、DX 和 DR 引脚配置为通用 I/O 引脚时，读写数据。

(7) 选择帧同步信号是高电平有效还是低电平有效。

(8) 指定是在时钟的上升沿还是下降沿对数据采样。

15	14	13	12	11	10	9	8
保留	IDLEEN	XIOEN	RIOEN	FSXM	FSRM	CLKXM	CLKRM
R-0	R/W-0	R/W-0	R/W-0	R/W-0	R/W-0	R/W-0	R/W-0
7	**6**	**5**	**4**	**3**	**2**	**1**	**0**
SCLKME	CLKSSTAT	DXSTAT	DRSTAT	FSXP	FSRP	CLKXP	CLKRP
R/W-0	R-0	R/W-0	R-0	R/W-0	R/W-0	R/W-0	R/W-0

注：R=读，W=写，-n=复位后的值

图 6-11 引脚控制寄存器(PCR)

表 6-11 PCR 寄存器

bit	名 称	值	功 能
15	保 留		这是只读 bit，读时返回 0
14	IDLEEN		IDLE 使能 bit。如果 PERIPH IDLE 域配置为 IDLE 且 IDLEEN = 1，McBSP 停止，进入低功率状态。 对于 TMS320VC5501/5502，该 bit 保留，应该写 0。IDLEEN 的功能是在外设 IDLE 控制寄存器(PICR)里实现的。
		0	当 PERIPH 域 IDLE 时，McBSP 保持有效。
		1	当 PERIPH 域 IDLE 时(PERIS = I)，McBSP 停止工作，处于省电模式
13	XIOEN		发送 I/O 使能 bit。当发送器复位(XRST = 0)，XIOEN 可以将 McBSP 的一部分引脚配置成通用 I/O 脚。
		0	CLKX、FSX、DX 和 CLKS 用作串口引脚。
		1	如果 XRST = 0，CLKX、FSX、DX 用作通用 I/O 脚。如果 RRST = 0 且 RIOEN = 1，CLKS 也用作通用 I/O 脚
12	RIOEN		接收 I/O 使能 bit。当接收器复位(RRST=0)，RIOEN 可以将 McBSP 的一部分引脚配置成通用 I/O 脚。XRST 和 RRST 在串口控制寄存器里，本表的其他 bits 在引脚控制寄存器里。
		0	CLKX、FSX、DX 和 CLKS 用作串口引脚。
		1	如果 RRST = 0，CLKX、FSX、DX 用作通用 I/O 脚。如果 XRST = 0 且 XIOEN = 1，CLKS 也用作通用 I/O 脚
11	FSXM		发送帧同步模式 bit。FSXM 决定发送帧同步脉冲是由内部还是外部提供。FSX 引脚上信号的极性由 FSXP bit 决定。
		0	发送帧同步信号由外部源通过 FSX 引脚提供。
		1	发送帧同步信号由 McBSP 提供，由 SRGR2 中的 FSGM bit 决定

续表一

bit	名称	值	功能
10	FSRM		接收帧同步模式 bit。FSRM 决定接收帧同步脉冲是由内部还是外部提供。FSR 引脚上信号的极性由 FSRP bit 决定。
		0	接收帧同步信号由外部源通过 FSR 引脚提供。
		1	发送帧同步信号由采样率发生器提供。FSR 是一个输出引脚，除非 SRGR2 中的 GSYNC = 1
9	CLKXM		发送时钟模式 bit。CLKXM 决定发送时钟源是外部的还是内部的，以及 CLKX 是输入还是输出引脚。CLKX 引脚上信号的极性由 CLKXP bit 决定
			在时钟停止模式下(CLKSTP = 10b 或 11b)：
		0	McBSP 作为 SPI 的从设备；
		1	McBSP 作为 SPI 的主设备。
			不是在时钟停止模式下(CLKSTP = 00b 或 01b)：
		0	外部通过 CLKX 引脚提供发送时钟；
		1	采样率发生器产生发送时钟，CLKX 输出时钟信号
8	CLKRM		接收时钟模式 bit。CLKRM 的作用和对引脚 CLKR 的影响取决于 McBSP 是否处于数字回环模式(DLB = 1)。
			使用数字回环模式(DLB=1)：
		0	CLKR 引脚为高阻态，内部发送时钟驱动产生内部接收时钟；
		1	内部发送时钟，驱动产生内部接收时钟，内部接收时钟通过 CLKR 引脚输出；
			不使用数字回环模式(DLB=0)：
		0	外部通过 CLKR 引脚提供接收时钟；
		1	采样率发生器产生接收时钟，CLKR 输出时钟信号
7	SCLKME		采样率发生器输入时钟模式 bit。 CLKSM　SCLKME　采样率发生器的输入时钟 0　0　CLKS 引脚的时钟信号 0　1　CLKR 引脚的时钟信号 1　0　CPU 时钟 1　1　CLKX 引脚的时钟信号
6	CLKSSTAT		CLKS 引脚状态 bit，反映 CLKS 引脚的电平。只有当发送器和接收器都复位(XRST = RRST = 0)，且 CLKS 配置成通用输入引脚(XIOEN = RIOEN = 1)时，才可以使用。CLKS 引脚用作通用 I/O 脚时的状态：
		0	CLKS 引脚上的信号为低电平；
		1	CLKS 引脚上的信号为高电平

续表二

bit	名 称	值	功 能
5	DXSTAT		DX 引脚状态 bit。使用时，可以通过写 DXSTAT 来触发 DX 上的信号。只有当发送器复位(XRST = 0)，且 DX 配置成通用输出引脚(XIOEN = 1)时，才可以使用。
		0	将 DX 引脚置为低电平；
		1	将 DX 引脚置为高电平
4	DRSTAT		DR 引脚状态 bit。使用时，反映 DR 引脚上的电平。只有当接收器复位(XRST=0)，且 DR 配置成通用输入引脚(RIOEN=1)时，才可以使用。
		0	将 DR 引脚置为低电平；
		1	将 DR 引脚置为高电平
3	FSXP		发送帧同步信号极性 bit。
		0	发送帧同步信号高有效；
		1	发送帧同步信号低有效
2	FSRP		接收帧同步信号极性 bit。
		0	接收帧同步信号高有效；
		1	接收帧同步信号低有效
1	CLKXP		发送时钟极性 bit。
		0	CLKX 上升沿发送数据；
		1	CLKX 下降沿发送数据
0	CLKRP		接收时钟极性 bit。
		0	当 CLKR 输入时钟信号时，外部 CLKR 信号不经转换即用作内部接收时钟信号； 当 CLKR 输出时钟信号时，内部 CLKR 不经过转换直接送到 CLKR 引脚；
		1	当 CLKR 输入时钟信号时，外部 CLKR 信号经转换后用作内部接收时钟信号； 当 CLKR 输出时钟信号时，内部 CLKR 经过转换后送到 CLKR 引脚

9) 接收通道使能寄存器

如图 6-12 和表 6-12 所示，McBSP 有 8 个接收通道使能寄存器：RCERA、RCERB、RCERC、RCERD、RCERE、RCERF、RCRG、RCERH。每个对应 A、B、C、D、E、F、G 和 H 分区中的一个。这几个 I/O 映射寄存器，只有当接收器配置为各通道可以单独使能或禁止时(RMCM = 1)，才可以使用。

15	14	13	12	11	10	9	8
RCE15	RCE14	RCE13	RCE12	RCE11	RCE10	RCE9	RCE8
R/W-0	R/W-0	R/W-0	R/W-0	R/W-0	R/W-0	R/W-0	R/W-0

7	6	5	4	3	2	1	0
RCE7	RCE6	RCE5	RCE4	RCE3	RCE2	RCE1	RCE0
R/W-0	R/W-0	R/W-0		R/W-0	R/W-0	R/W-0	R/W-0

注：R=读，W=写，-n=复位后的值

图 6-12 接收通道使能寄存器

表 6-12　接收通道使能寄存器

bit	名　称	值	功　能
X	RCEX		接收通道使能 bit。在接收多通道选择模式下(RMCM=1)：
		0	禁止 RCEX 所映射的通道；
		1	使能 RCEX 所映射的通道

在选择多通道时，将通道分配给 RCERs，是 32 个通道还是 128 个通道单独可选，由 RMCME bit 定义。表 6-13 说明了在这两种情况下，如何将块分配给每个 RCERs，以及每个 bit 对应哪个通道。

表 6-13　RCERs 块分配

可使用的通道数	分配块(BLOCK)		分配通道	
	RCERX	分配的块	bit in RCERX	通道分配
32(RMCME=0)	RCERA	n～(n+15)通道。通过 RPABLK bit 选择使用哪个块	RCE0	n 号通道
			RCE1	(n+1)号通道
			RCE2	(n+2)号通道
			⋮	⋮
			RCE15	(n+15)号通道
	RCERB	m～(m+15)通道。通过 RPBBLK bit 选择使用哪个块	RCE0	m 号通道
			RCE1	(m+1)号通道
			RCE2	(m+2)号通道
			⋮	⋮
			RCE15	(m+15)号通道
128(RMCME=1)	RCERA	BLOCK0	RCE0	0 号通道
			RCE1	1 号通道
			RCE2	2 号通道
			⋮	⋮
			RCE15	15 号通道
	RCERB	BLOCK1	RCE0	16 号通道
			RCE1	17 号通道
			RCE2	18 号通道
			⋮	⋮
			RCE15	31 号通道
	RCERC	BLOCK2	RCE0	32 号通道
			RCE1	33 号通道
			RCE2	34 号通道
			⋮	⋮
			RCE15	47 号通道
	RCERD	BLOCK3	RCE0	48 号通道
			RCE1	49 号通道
			RCE2	50 号通道
			⋮	⋮
			RCE15	63 号通道

续表

可使用的通道数	分配块(BLOCK)		分配通道	
	RCERX	分配的块	bit in RCERX	通道分配
128(RMCME=1)	RCERE	BLOCK4	RCE0	64 号通道
			RCE1	65 号通道
			RCE2	66 号通道
			⋮	⋮
			RCE15	79 号通道
	RCERF	BLOC5	RCE0	80 号通道
			RCE1	81 号通道
			RCE2	82 号通道
			⋮	⋮
			RCE15	95 号通道
	RCERG	BLOCK6	RCE0	96 号通道
			RCE1	97 号通道
			RCE2	98 号通道
			⋮	⋮
			RCE15	111 号通道
	RCERH	BLOCK7	RCE0	112 号通道
			RCE1	113 号通道
			RCE2	114 号通道
			⋮	⋮
			RCE15	127 号通道

10) 发送通道使能寄存器

如图 6-13 和表 6-14 所示，MCBSP 有 8 个发送通道使能寄存器：XCERA、XCERB、XCERC、XCERD、XCERE、XCERF、XCERG、XCERH。每个对应 A、B、C、D、E、F、G 和 H 分区中的一个。这几个 I/O 映射寄存器，只有当发送器配置为各通道可以单独使能/禁止或屏蔽/非屏蔽(XMCM 非零)时，才可以使用。

15	14	13	12	11	10	9	8
XCE15	XCE14	XCE13	XCE12	XCE11	XCE10	XCE9	XCE8
R/W-0	R/W-0	R/W-0	R/W-0	R/W-0	R/W-0	R/W-0	R/W-0

7	6	5	4	3	2	1	0
XCE7	XCE6	XCE5	XCE4	XCE3	XCE2	XCE1	XCE0
R/W-0	R/W-0	R/W-0		R/W-0	R/W-0	R/W-0	R/W-0

注：R=读，W=写，-n=复位后的值

图 6-13　发送通道使能寄存器

表 6-14　发送通道使能寄存器

bit	名称	值	功能
X	XCEX		XMCM=01：
		0	禁止并屏蔽 XCEX 所映射的通道；
		1	使能且不屏蔽 XCEX 所映射的通道
			XMCM=10：
		0	屏蔽 XCEX 所映射的通道；
		1	不屏蔽 XCEX 所映射的通道
			XMCM=11：
		0	屏蔽 XCEX 所映射的通道，即使该通道由相应的接收通道使能寄存器使能，数据仍然不会发送到 DX 引脚；
		1	不屏蔽 XCEX 所映射的通道，如果该通道由相应的接收通道使能寄存器使能，可以完成数据的发送

在选择多通道时，将通道分配给 XCERs，是 32 个通道还是 128 个通道单独可选，由 XMCME bit 定义。表 6-15 说明了在这两种情况下，如何将块分配给每个 XCERs，以及每个 bit 对应哪个通道。

表 6-15　XCERs 块分配

可使用的通道数	分配块(BLOCK)		分配通道	
	XCERX	分配的块	Bit in XCERX	通道分配
32(XMCME=0)	XCERA	XMCM=01b/10b，通过 XPABLK bit 选择使用哪块；XMCM=11b，通过 RPABLK bit 选择使用哪块	XCE0	n 号通道
			XCE1	(n+1)号通道
			XCE2	(n+2)号通道
			⋮	⋮
			XCE15	(n+15)号通道
	XCERB	XMCM=01b/10b，通过 XPBBLK bit 选择使用哪块；XMCM=11b，通过 RPBBLK bit 选择使用哪块	XCE0	m 号通道
			XCE1	(m+1)号通道
			XCE2	(m+2)号通道
			⋮	⋮
			XCE15	(m+15)号通道
128(XMCME=1)	XCERA	BLOCK0	XCE0	0 号通道
			XCE1	1 号通道
			XCE2	2 号通道
			⋮	⋮
			XCE15	15 号通道

续表

可使用的通道数	分配块(BLOCK)		分配通道	
	XCERX	分配的块	Bit in XCERX	通道分配
128(XMCME=1)	XCERB	BLOCK1	XCE0	16 号通道
			XCE1	17 号通道
			XCE2	18 号通道
			⋮	⋮
			XCE15	31 号通道
	XCERC	BLOCK2	XCE0	32 号通道
			XCE1	33 号通道
			XCE2	34 号通道
			⋮	⋮
			XCE15	47 号通道
	RCERD	BLOCK3	XCE0	48 号通道
			XCE1	49 号通道
			XCE2	50 号通道
			⋮	⋮
			XCE15	63 号通道
	XCERE	BLOCK4	XCE0	64 号通道
			XCE1	65 号通道
			XCE2	66 号通道
			⋮	⋮
			XCE15	79 号通道
	XCERF	BLOC5	XCE0	80 号通道
			XCE1	81 号通道
			XCE2	82 号通道
			⋮	⋮
			XCE15	95 号通道
	XCERG	BLOCK6	XCE0	96 号通道
			XCE1	97 号通道
			XCE2	98 号通道
			⋮	⋮
			XCE15	111 号通道
	XCERH	BLOCK7	XCE0	112 号通道
			XCE1	113 号通道
			XCE2	114 号通道
			⋮	⋮
			XCE15	127 号通道

注意：当 XMCM=11b(对称的发送和接收)时，发送器使用接收通道使能寄存器(RCERs)来使能通道，使用 XCERS 来解除发送通道的屏蔽。

4. McBSP 引脚用作通用 I/O 引脚

本章的任务主要是将 McBSP 引脚用作通用 I/O 引脚。表 6-16 说明了如何将 McBSP 引脚用作通用 I/O 引脚。其中，除 XRST 和 RRST bit 为串口控制寄存器 bit 以外，其他所有的 bit 都位于引脚控制寄存器中。

表 6-16　如何将 McBSP 引脚用作通用 I/O 引脚

引　脚	作为通用引脚需设置的 bit	选择作为输出	从该 bit 输出	选择作为输入	从该 bit 读取的输入值
CLKX	XRST=0，XIOEN=1	CLKXM=1	CLKXP	CLKXM=0	CLKXP
FSX	XRST=0，XIOEN=1	FSXM=1	FSXP	FSXM=0	FSXP
DX	XRST=0，XIOEN=1	总是输出	DXSTAT	不能输入	不用
CLKR	RRST=0，RIOEN=1	CLKRM=1	CLKRP	CLKRM=1	CLKRP
FSR	RRST=0，RIOEN=1	FSRM=1	FSRP	FSRM=1	FSRP
DR	RRST=0，RIOEN=1	不能输出	不用	总是输入	DRSTAT
CLKS	XRST=0，XIOEN=1 RRST=0，RIOEN=1	不能输出	不用	总是输入	CLKSSTAT

要将接收串口引脚 CLKR、FSR 和 DR 用作通用 I/O 引脚，需作以下设置：

(1) 接收串口复位(SPCR1 中 RRST=0)。

(2) 将 McBSP 引脚设置为通用 I/O 引脚(PCR 中 XIOEN=I)。

CLKR 和 FSR 引脚可以分别通过 CLKRM 和 FSRM 被置为输入或输出。DR 只能作为输入引脚。表 6-16 说明了 PCR 中哪些 bit 用于读写这些引脚的数据。

要将发送串口引脚 CLKX、FSX 和 DX 用作通用 I/O 引脚，需作以下设置：

(1) 接收串口复位(SPCR2 中 XRST=0)。

(2) 将 McBSP 引脚设置为通用 I/O 引脚(PCR 中 RIOEN=1)。

CLKX 和 FSX 引脚可以分别通过 CLKXM 和 FSXM 被置为输入或输出。DX 只能作为输入/输出引脚。表 6-16 说明了 PCR 中哪些 bit 用于读写这些引脚的数据。

对于 CLKS，所有的复位和 I/O 使能条件都必须满足：

(1) 串口的接收和发送引脚复位(RRST = 0 和 XRST = 0)。

(2) 对于接收器和发送器，通用 I/O 使能(RIOEN = 1 和 XIOEN = 1)。

CLKS 引脚只能作为输入引脚。可以通过读 PCR 的 CLKSSTAT bit 来读取 CLKS 的状态。

注意：当 McBSP 的引脚配置成通用输入引脚时，没有对 CLKRP、CLKXP、CLKSP、FSRP 和 FSXP 作写保护，如果要写这些 bit，要到相关引脚的状态下一次自动改变时，才能写入。TMS320VC5509/5510 中，这些 bit 每个 CPU 时钟周期更新一次。

任务 11　通用输入/输出管脚应用

一、任务目的

通过任务学习使用 5509A DSP 的通用输入/输出管脚直接控制外围设备的方法。

二、所需设备

(1) PC 兼容机一台，操作系统为 Windows 2000(或 Windows NT、Windows 98、Windows XP，以下假定操作系统为 Windows 2000)。Windows 操作系统的内核如果是 NT 的应该安装相应的补丁程序(如：Windows 2000 为 Service Pack3，Windows XP 为 Service Pack1)。

(2) ICETEK-VC5509-A-USB-EDU 试验箱一台。

三、相关原理

1．TMS320C5509 的通用输入/输出管脚

TMS320C5509DSP 有 7 个专门的通用输入/输出管脚，还有 1 个通用输出管脚 XF。这些通用输入输出管脚通过专用寄存器可以由软件控制，比如指定输入或输出，输出值等。另外，TMS320C5509DSP 的许多其他管脚，在不使用于特定功能时也能配置成通用输入/输出管脚。

2．ICETEK-CTR 指示灯的控制

1) GPIO 与被控指示灯的连接

通过 ICETEK-VC5509-A 板的扩展插座，通用输出控制模块 ICETEK-CTR 板直接连接了板上的一个指示灯和 DSP 的一个通用输入/输出管脚。这个管脚属于 McBSP1，可以设置成通用输入/输出管脚使用。扩展原理如图 6-14 所示。

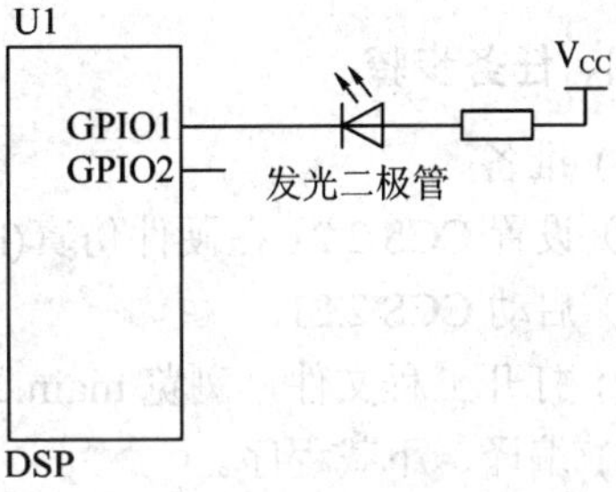

图 6-14　通用输入/输出管脚扩展原理图

2) GPIO 控制指示灯

如果要点亮发光二极管，需要在 GPIO1 上输出低电平，如果输出高电平则指示灯熄灭。如果定时使 GPIO1 上的输出改变，指示灯将会闪烁。

3．程序说明

1) 程序流程图

程序流程图如图 6-15 所示。

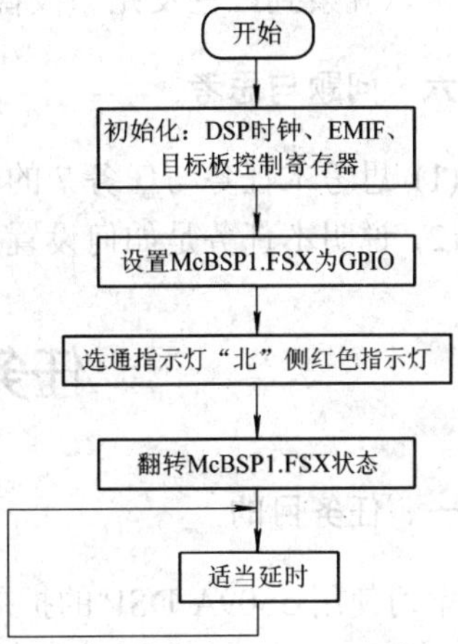

图 6-15　程序流程图

2) 文件 main.c

```
#include "myapp.h"
#include "ICETEK-VC5509-EDU.h"
#include "scancode.h"

void InitMcBSP();

main()
{
    CLK_init();
    SDRAM_init();
```

```
        InitCTR();
        InitMcBSP();
        CTRGR=2;      // 使能 I/O
        while (1)
        {
            PCR1^=8;     //
            Delay(256);
        }
    }

    void InitMcBSP()
    {
        // IOPin: McBSP1.FSX S15   将 McBSP 管脚设置作为输出
        //SPCR2.XRST_=0，PCR.XIOEN=1，PCR.FSXM=1，PCR.FSXP=0/1
        SPCR2_1&=0x0fffe;
        PCR1|=0x2800;
    }
```

四、任务步骤

(1) 准备

① 设置 CCS 2.21 在硬件仿真(Emulator)方式下运行。

② 启动 CCS 2.21。

(2) 打开工程文件，浏览 main.c 文件的内容，理解各语句作用。

(3) 编译、下载程序。

(4) 运行程序，观察结果。

(5) 结束程序运行，退出 CCS。

五、结果

可以观察到红色发光二极管定时闪烁。

六、问题与思考

(1) 思考本任务与任务 7 的输出原理有何不同。

(2) 说明本任务是如何设置 McBSP 引脚的。

任务 12　发光二极管阵列

一、任务目的

学习使用 5509A DSP 的扩展端口控制外围设备的方法，了解发光二极管阵列的控制编程方法。

二、所需设备

(1) PC 兼容机一台，操作系统为 Windows 2000(或 Windows NT、Windows 98、Windows XP，以下假定操作系统为 Windows 2000)。Windows 操作系统的内核如果是 NT 的应该安装相应的补丁程序(如：Windows 2000 为 Service Pack3，Windows XP 为 Service Pack1)。

(2) ICETEK-VC5509-A-USB-EDU 试验箱一台。

三、相关原理

1. EMIF 接口

TMS320C5509DSP 的扩展存储器接口(EMIF)用来与大多数外围设备进行连接，典型应用如连接片外扩展存储器等。这一接口提供地址连线、数据连线和一组控制线。ICETEK-VC5509-A 将这些扩展线引到了板上的扩展插座上供扩展使用。

2. 发光二极管显示阵列扩展原理

发光二极管显示阵列的显示由扩展端口控制，扩展在 EMIF 接口的两个寄存器提供具体控制。扩展原理图如图 6-16 所示。

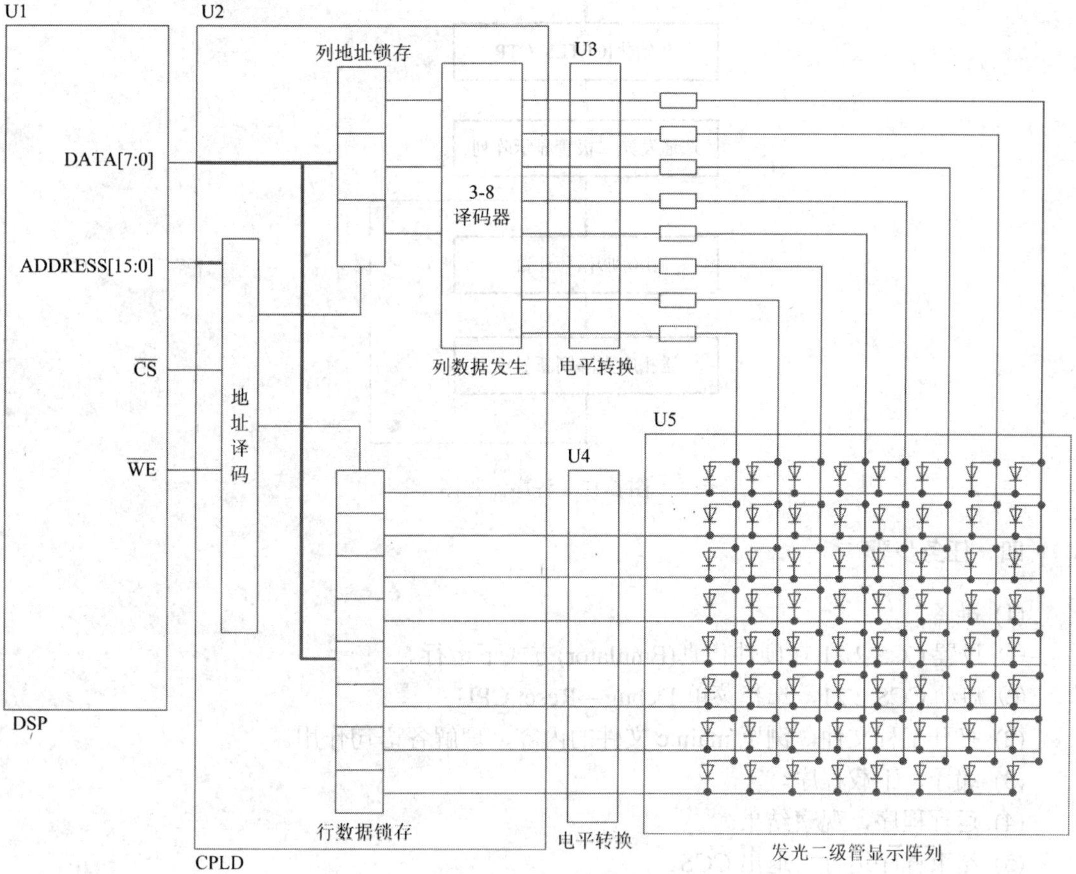

图 6-16　发光二极管显示阵列扩展原理图

3．显示原理

DSP 需将显示的图形按列的顺序存储起来(8 × 8 点阵，8 个字节，高位在下方，低位在上方)，然后定时刷新控制显示。具体方法是，将以下控制字按先后顺序、每两个为一组发送到端口 0x602802，发送完毕后，隔不太长的时间(人眼观察不闪烁的时间间隔)再发送一遍。由于位值为“0”时点亮，所以需要将显示的数据取反。

0x01，第 8 列数据取反；0x02，第 7 列数据取反；

0x04，第 6 列数据取反；0x08，第 5 列数据取反；

0x10，第 4 列数据取反；0x20，第 3 列数据取反；

0x40，第 2 列数据取反；0x80，第 1 列数据取反。

4．程序流程图

程序流程图如图 6-17 所示。

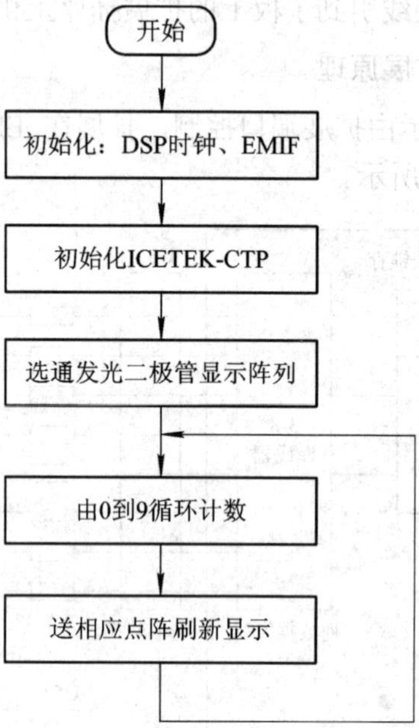

图 6-17　程序流程图

四、任务步骤

(1) 准备

① 设置 CCS 2.21 在硬件仿真(Emulator)方式下运行。

② 启动 CCS 2.21，选择菜单 Debug→Reset CPU。

(2) 打开工程文件，浏览 main.c 文件的内容，理解各语句作用。

(3) 编译、下载程序。

(4) 运行程序，观察结果。

(5) 结束程序运行，退出 CCS。

五、结果

结果：可以观察到发光二极管阵列显示从 0 到 9 的计数。

分析：本程序使用循环延时的方法，如果想实现较为精确的定时，可使用通用计时器，在通用计时器中断中取得延时，改变显示内容。另外本程序中 DSP 一直在做刷新显示的工作，如果使用通用计时器定时刷新显示，将能减少 DSP 用于显示的操作。适当更新显示可取得动画效果。

六、问题与思考

(1) 试设计用定时器定时刷新的程序，并显示秒计数的最低位。

(2) 本任务的头文件是如何对 LED 显示阵列进行设置的。

任务 13　直流电机的控制

一、任务目的

(1) 学习用 C 语言编制中断程序，控制 VC5509 DSP 的通用 I/O 管脚产生不同占空比的 PWM 信号。

(2) 学习 VC5509DSP 的通用 I/O 管脚的控制方法。

(3) 学习直流电机的控制原理和控制方法。

二、所需设备

(1) PC 兼容机一台，操作系统为 Windows 2000(或 Windows NT、Windows 98、Windows XP，以下假定操作系统为 Windows 2000)。Windows 操作系统的内核如果是 NT 的应该安装相应的补丁程序(如：Windows 2000 为 Service Pack3，Windows XP 为 Service Pack1)。

(2) ICETEK-VC5509-A-USB-EDU 试验箱一台。

三、引脚设置相关原理

1. 引脚设置

TMS320VC5509DSP 的 McBSP 引脚通过设置 McBSP 的工作方式和状态，可以实现将它们当成通用 I/O 引脚使用。

2. 直流电机控制

直流电动机是最早出现的电动机，也是最早能实现调速的电动机。近年来，直流电动机的结构和控制方式都发生了很大的变化。随着计算机进入控制领域，以及新型的电力电子功率元器件的不断出现，使采用全控型的开关功率元件进行脉宽调制(Puls Width Modulation，PWM)控制方式已成为绝对主流。

1) PWM 调压调速原理

直流电动机转速 n 的表达式为：

$$n=\frac{U-IR}{K\Phi}$$

其中，U 为电枢端电压；I 为电枢电流；R 为电枢电路总电阻；Φ 为每极磁通量；K 为电动机结构参数。

直流电动机的转速控制方法可分为两类：对励磁磁通进行控制的励磁控制法和对电枢电压进行控制的电枢控制法。其中励磁控制法在低速时受磁极饱和的限制，在高速时受换向火花和换向器结构强度的限制，并且励磁线圈电感较大，动态响应较差，所以这种控制方法用得很少。现在，大多数应用场合都使用电枢控制法。绝大多数直流电机采用开关驱动方式。开关驱动方式是使半导体功率器件工作在开关状态，通过脉宽调制 PWM 来控制电动机的电枢电压，实现调速。

图 6-18 是利用开关管对直流电动机进行 PWM 调速控制的原理图和输入、输出电压波形。

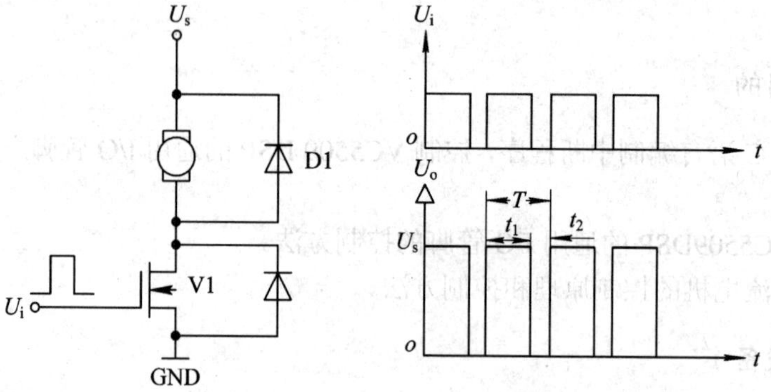

图 6-18　PWM 调速控制原理图

图中，当开关管 MOSFET 的栅极输入高电平时，开关管导通，直流电动机电枢绕组两端有电压 U_s。t_1 秒后，栅极输入变为低电平，开关管截止，电动机电枢两端电压为 0。t_2 秒后，栅极输入重新变为高电平，开关管的动作重复前面的过程。这样，对应着输入的电平高低，直流电动机电枢绕组两端的电压波形如图 6-18 中所示。电动机的电枢绕组两端的电压平均值 U_o 为

$$U_o=\frac{t_1U_s+0}{t_1+t_2}=\frac{t_1}{T}U_s=\alpha U_s$$

式中 α 为占空比，$\alpha=t/T$。占空比 α 表示了在一个周期 T 里，开关管导通的时间与周期的比值。α 的变化范围为 $0\leqslant\alpha\leqslant1$。由此式可知，在电源电压 U_s 不变的情况下，电枢的端电压的平均值 U_o 取决于占空比 α 的大小，改变 α 值就可以改变端电压的平均值，从而达到调速的目的，这就是 PWM 调速原理。

2) PWM 调速方法

在 PWM 调速时，占空比 α 是一个重要参数。以下 3 种方法都可以改变占空比的值：

- 定宽调频法：这种方法是保持 t_1 不变，只改变 t_2，这样使周期 T(或频率)也随之改变。

● 调宽调频法：这种方法是保持 t_2 不变，只改变 t_1，这样使周期 T(或频率)也随之改变。

● 定频调宽法：这种方法是使周期 T(或频率)保持不变，而改变 t_1 和 t_2。

前两种方法由于在调速时改变了控制脉冲的周期(或频率)，当控制脉冲的频率与系统的固有频率接近时，将会引起振荡，因此这两种方法用得很少。目前，在直流电动机的控制中，主要使用定频调宽法。

3. ICETEK-CTR 直流电机模块

1) 原理图

ICETEK-CTR，即显示/控制模块上直流电机控制部分的原理图如图 6-19 所示。

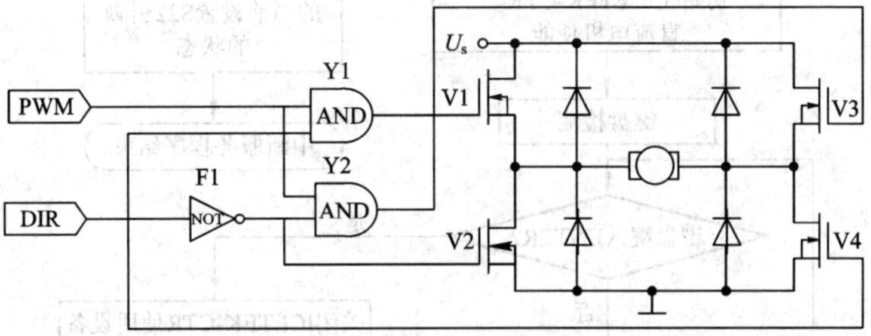

图 6-19　直流电机控制部分原理图

图 6-19 中 PWM 输入对应 ICETEK-VC5509-A 板上 P4 外扩插座第 26 引脚的 S22 信号，DSP 将在此引脚上给出 PWM 信号用来控制直流电机的转速；图 6-19 中的 DIR 输入对应 ICETEK-VC5509-A 板上 P4 外扩插座第 29 引脚的 S14 信号，DSP 将在此引脚上给出高电平或低电平来控制直流电机的方向。从 DSP 输出的 PWM 信号和转向信号先经过 2 个与门和 1 个非门再与各个开关管的栅极相连。

2) 控制原理

当电动机要求正转时，S14 给出高电平信号，该信号分成 3 路：第 1 路接与门 Y1 的输入端，使与门 Y1 的输出由 PWM 决定，所以开关管 V1 栅极受 PWM 控制；第 2 路直接与开关管 V4 的栅极相连，使 V4 导通；第 3 路经非门 F1 连接到与门 Y2 的输入端，使与门 Y2 输出为 0，这样使开关管 V3 截止；从非门 F1 输出的另一路与开关管 V2 的栅极相连，其低电平信号也使 V2 截止。同样，当电动机要求反转时，S14 给出低电平信号，经过 2 个与门和 1 个非门组成的逻辑电路后，使开关管 V3 受 PWM 信号控制，V2 导通，V1、V4 全部截止。

4. 程序编制

程序中采用定时器中断产生固定频率的 PWM 波，100 次中断为一个周期，在每个中断中根据当前占空比判断应输出波形的高低电平。主程序用轮询方式读入键盘输入，得到转速和方向控制命令。在改变电机方向时为减少电压和电流的波动采用先减速再反转的控制顺序。

5．程序流程图

程序流程图如图 6-20 所示。

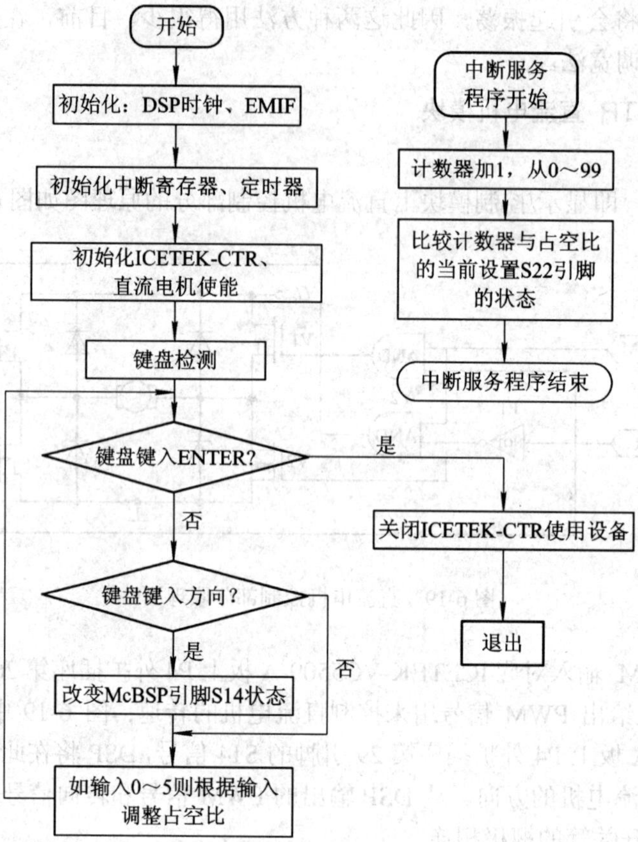

图 6-20　程序流程图

四、任务步骤

(1) 准备。

① 设置 CCS 2.21 在硬件仿真(Emulator)方式下运行。

② 启动 CCS 2.21。

(2) 打开工程文件，浏览 main.c 文件的内容，理解各语句作用。

(3) 编译并下载程序。

(4) 运行并观察程序运行结果。开始运行程序后，电机以中等速度转动(占空比 = 60，转速 = 2)。在小键盘上按数字‘1’～‘5’键将分别控制电机从低速到高速转动(转速 = 1～5)。在小键盘上按‘+’或‘–’键切换电机的转动方向。如果程序退出或中断时电机不停止转动，可以将控制 ICETEK-CTR 模块的电源开关关闭再开启一次。有时键盘控制不是非常灵敏，这是因为程序采用了轮询方式读键盘输入的结果，这时可以多按几次按键。

(5) 结束程序运行。在小键盘上按“Enter”键停止电机转动并退出程序。

(6) 退出 CCS。

五、结果

直流电机受控改变转速和方向。

六、问题与思考

电动机是一个电磁干扰源。电动机的启停还会影响电网电压的波动，其周围的电器开关也会引发火花干扰。因此，除了采用必要的隔离、屏蔽和电路板合理布线等措施外，看门狗的功能就会显得格外重要。看门狗在工作时不断地监视程序运行的情况，一旦程序“跑飞”，会立刻使 DSP 复位。请查阅 T1 相关手册，在本项目程序中使用看门狗定时器来监视程序的运行状况。

6.3 通用异步接收/发送器

6.3.1 URAT 简介

UART 是 Universal Asynchronous Receiver/Transmitter 的缩写，也就是通用异步收发器。它把从外部设备接收的串行数据转换成并行数据，以及把从 CPU 接收到的并行数据转换成串行数据。

UART 发送或接收的数据帧结构如图 6-21 所示。

起始位	数据位	奇偶校验位	停止位

图 6-21　UART 发送或接收的数据帧结构

一般 UART 有以下要求：

- 数据位长度可变，可以有 5，6，7 或 8 个数据位；
- 停止位数可变，可以有 1，1.5 或 2 个停止位；
- 波特率可编程；
- 产生校验位，发送时，UART 应能根据设定产生校验位；
- 校验位检测，接收时，UART 应能依据校验位判断数据是否出错。

6.3.2 TMS320C5509 上 UART 的实现

在 C55X 系列 DSP 中 5501 和 5502 有 UART 的外设，5509 和 5510 没有。因此，对于 5509 来说要实现 UART 的功能只能通过其他途径，如软件实现或者外扩芯片等。下面介绍外扩芯片的方式。

利用 TL16C550C 和 MAX232 分别实现协议转换和电平转换。增加专用 UART 接口的硬件框图如图 6-22 所示。

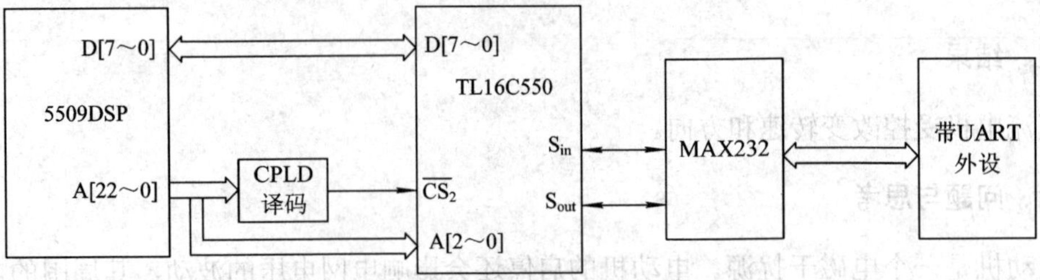

图 6-22　增加专用的 UART 的硬件接口原理图

主机通过并行方式访问 TL16C550C 的寄存器，寄存器的设定将控制其内部的控制逻辑模块，实现对其工作方式的设定(如波特率、校验位等)，同时，访问寄存器也可以实现对数据的操作(读取和写入数据)。RS-232 串行通信数据接口可大致分为三部分：接收模块、发送模块和 Modem 控制逻辑。接收模块将从 S_{in} 引脚输入的串行数据，按照规定格式取出其数据部分并作校验，数据接收部分被送入接收寄存器或接收 FIFO 中，校验的结果反映在状态位上；发送模块将发送寄存器或发送 FIFO 中的数据按照规定格式加入起始位、停止位和校验位，并以 RS-232 的串行方式发送至 S_{out} 引脚；Modem 控制逻辑通过接收和发送引脚信号，实现对收发操作的控制。

对 DSP 而言，TL16C550C 是一系列寄存器，它们映射在 I/O 空间中，通过译码电路使它的起始地址为 0x4000，那么对其操作即是对其某段地址的 I/O 进行访问。UART 的每个寄存器都是 8 位的，大多数寄存器只能工作在一种模式下(读或写)。

1) 串行传输

异步串行数据格式的设置是通过线路控制寄存器(LCR)来完成的。除了数据格式外，另外一个指标是波特率，它是通过除数寄存器来设置的，实际的波特率为输入时钟信号进行分频后获得，其公式为：BaudRate=CLK_IN/divisor。

2) 数据接收

从 S_{in} 输入的数据首先进入接收移位寄存器(RSR)，一个字符接收完成后，数据移入接收缓冲寄存器(RBR)。RBR 实际是一个 16 字节的 FIFO，在中断设置时，UART 会根据 FIFO 中接收数据的数目产生中断，主机设备从 RBR 中读取数据后，中断会自动清除。

3) 数据发送

发送操作和接收操作相反，主机数据写入发送保持寄存器(THR)，THR 是一个 16 字节的 FIFO，然后数据移入发送移位寄存器(TSR)，之后送入 S_{out}。在中断设置时，UART 会根据 FIFO 中发送数据的数目产生中断，主机设备可根据中断来决定是否继续发送数据。

除了收发操作外，TL16C550C 还可以产生其他类型的中断，但它只有一根中断信号引脚 INTRPT，因此主机接收到中断后必须判决产生中断的信号源。

FIFO 的操作通过 FCR 来设置。当使用 FIFO 时，UART 中最多可存放 16 字节数据，反之则只能存放一个数据，即相当于 FIFO 只有一个字节大小。它有两种工作方式：中断方式和查询方式。

UART 中还有 Modem 控制寄存器(MCR)和 Modem 状态寄存器(MSR)，它们用于控制一些信号引脚，能把 UART 的工作状态通过硬件的方式表达出来。

6.3.3　TL16C550寄存器

TL16C550是一个标准的串口接口芯片，它的控制寄存器基地址为0x400200，寄存器占用TMS320C5509的8个地址单元。串口中断与TMS320C5509的INT0连接。用户可以使用TMS320C5509的中断0响应串口中断。TL16C550有11个寄存器，这11个寄存器是通过TMS320C5509的3个地址线(A2～A0)和线路控制寄存器中的DLAB位对它们进行寻址的。表6-17是TL16C550寄存器地址分配。

表6-17　TL16C550寄存器地址分配

寄存器	基地址	DLAB	A2	A1	A0	偏移地址	操作
接收缓冲寄存器RBR	0x400200	0	0	0	0	00H	只读
发送缓冲寄存器THR	0x400200	0	0	0	0	00H	只写
中断使能寄存器IER	0x400200	0	0	0	1	01H	读/写
中断标志寄存器IIR	0x400200	X	0	1	0	01H	只读
FIFO控制寄存器FCR	0x400200	X	0	1	0	01H	只读
线路控制寄存器LCR	0x400200	X	0	1	1	03H	读/写
Modem控制寄存器MCR	0x400200	X	1	0	0	04H	读/写
线路状态寄存器LSR	0x400200	X	1	0	1	05H	读/写
Modem状态寄存器MSR	0x400200	X	1	1	0	06H	读/写
暂存寄存器SCR	0x400200	X	1	1	1	07H	读/写
低位除数寄存器DLL	0x400200	1	0	0	0	00H	读/写
低位除数寄存器DLM	0x400200	1	0	0	1	01H	读/写

各个寄存器的功能说明如下：

1．线路控制寄存器

系统程序员通过LCR控制异步数据通信交换的格式。此外，程序员能取回、检查、修改LCR的内容。对此寄存器的内容叙述如下：

(1) 位0和位1：这两位规定了每一发送或接收串行字符的位数。其字长如表6-18所示。

表6-18　串行字符的字长

位 1	位 0	字 长
0	0	5位
1	1	6位
1	0	7位
1	1	8位

(2) 位2：此位指定在每一发送字符中有一个、一个半或两个停止位。当位2被清零时，在数据中产生一个停止位。当位2被置位时，所产生的停止位数取决于用位0和1所选择的字长。接收器仅对第一个停止位定时而不管所选择的停止位的个数。所产生的停止位的个数与字长以及与位2的关系见表6-19。

表 6-19 所产生的停止位

位 2	由位 1 和位 0 所选的字长	所产生的停止个数
0	任何字长	1
1	5 位	1 1/2
1	6 位	2
1	7 位	2
1	8 位	2

(3) 位 3：此位是奇偶校验使能位。当位 3 被置位时，在发送数据中最后一个数据字位与第一个停止位之间产生奇偶校验位。在接收数据中，若位 3 被置位，那么将进行奇偶校验；当位 3 被清零时，不产生也不检查奇偶性。

(4) 位 4：此位是偶校验选择位。当奇偶校验被使能(位 3 被置位)且位 4 被置位时，选择偶校验(在数据和奇偶校验位中逻辑 1 的个数为偶数)；当奇偶校验被使能且位 4 被清零时，选择奇校验(逻辑 1 的个数为奇数)。

(5) 位 5：此位是附着校验位(stick partity)。当位 3、4、5 被置位时，按清零方式(as cleared)发送和检查奇偶校验位；当位 3、5 被置位而位 4 被清零时，按置位方式(as set)发送和检查奇偶校验位。如果位 5 被清零，那么禁止附着校验。

(6) 位 6：此位是断开控制位(break control)。为了强制断开状态就使位 6 置位，断开状态是强迫 S_{out} 为空白(被清零)的状态。当位 6 被清零时，断开状态被禁止且对发送器逻辑无影响，它仅影响 S_{out}。

(7) 位 7：此位是除数锁存器访问位(DLAB)。在读或写期间内，为了访问波特率产生器的除数锁存器，位 7 必须被置位；在读或写期间内，为了访问接收器缓冲器、THR 或 IER，必须清零位 7。

2. 线路状态寄存器

LSR 向 CPU 提供有关数据传送状态的信息。对此寄存器的内容说明如下。

(1) 位 0：此位是接收器的数据准备就绪(DR)指示位。当整个输入字符已被接收且传送至 RBR 或 FIFO 时，该位置位。读 RBR 或 FIFO 中的所有数据将清零该位。

(2) 位 1：此位是溢出错指示位(Overrun Error，OE)。当 OE 被置位时，它指示在 RBR 中字符被读出之前，它已被送入寄存器的下一个字符所重写。每当 CPU 读 LSR 内容时，OE 被清零。如果超出触发电平 FIFO 方式数据仍继续填充 FIFO，那么仅在 FIFO 满且在移位寄存器中已完整地接收下一字符时才发生溢出错。只要一发生溢出错便把它指示给 CPU。移位寄存器中的字符被重写，但不把它传送给 FIFO。

(3) 位 2：此位是奇偶校验错指示位(PE)。当 PE 被置位时，它指示所接收数据字符的奇偶性不符合在 LCR(位 4)中所选择的奇偶性。每当 CPU 读 LSR 的内容时，PE 被清零。在 FIFO 方式下，此错误与 FIFO 中特定的字符有关。当与其有关的字符位于 FIFO 的顶部时，此错误被送至 CPU。

(4) 位 3：此位是帧出错指示位(Framing Error，FE)。当 FE 被置位时，它指示所接收的字符没有有效(设置)的停止位。每当 CPU 读 LSR 内容时，FE 被清零。在 FIFO 方式下，此错误与 FIFO 中特定的字符有关。当与其有关的字符位于 FIFO 的顶部时，此错误被送至 CPU。在帧出错之后，ACE 试图重新同步。为了实现这一点，它假设帧出错是由下一起始位所引起。ACE 对此起始位采样两次，然后接受输入数据。

(5) 位 4：此位是断开中断指示位(Break Interrupt，BI)。当 BI 被置位时，它指示在长于完整字(full word)传送时间的期间内接收的数据输入保持为低电平。完整字传送时间定义为发送起始位、数据、奇偶校验以及停止位的总时间。每当 CPU 读 LSR 内容时，BI 被清零。在 FIFO 方式下，此错误与 FIFO 中特定的字符有关。当与其有关的字符位于 FIFO 的顶部时，此错误被送至 CPU。当断开发生时，仅一个 0 字符被装入 FIFO。在 S_{in} 变至记号状态(marking state)且接收下一有效起始位之后，允许下一个字符的传送。

(6) 位 5：此位是 THRE 指示位。当 THR 为空时，THRE 置位，它指示 ACE 已准备好接受新字符。当 THRE 置位时，如果 THRE 中断被使能，那么便产生中断。当 THR 的内容传送至 TSR 时，THRE 被置位。在 CPU 装载 THR 的同时 THRE 被清零。在 FIFO 方式下，当发送 FIFO 为空时，THRE 置位。当至少有一个字节写入发送 FIFO 时，它被清零。

(7) 位 6：此位是发送器空(TEMT)指示位。当 THR 和 TSR 二者均为空时，TEMT 被置位。当 THR 或 TSR 包含数据字符时，TEMT 被清零。在 FIFO 方式下，当发送器 FIFO 和移位寄存器二者均为空时，TEMT 被置位。

(8) 位 7：在 TL16C550B、TL16C550BI 及 TL16C450 方式下，此位总是被清零。在 FIFO 方式下，当 FIFO 中至少有一个奇偶校验、帧或断开错时，该位被置位；当微处理器读 LSR 且 FIFO 中没有后续错误时，它被清零。

3．中断使能寄存器

IER 使能五种类型中断的每一种并允许 INTRPT 输出信号对中断产生作出响应。IER 也可通过清零位 0 至 3 禁止中断系统。该寄存器的内容归纳如下。

(1) 位 0：置位时，此位使能接收数据可用中断。

(2) 位 1：置位时，此位使能 THRE 中断。

(3) 位 2：置位时，此位使能接收器线状态中断。

(4) 位 3：置位时，此位使能调制解调器状态中断。

(5) 位 4～7：这些位不使用(总是被清零)。

4．中断标志寄存器

异步通信单元具有片内中断产生和确定优先级的能力，它能灵活地与大多数常用微处理器相接口。异步通信单元提供四个中断优先级：

(1) 优先级 1：接收器线状态(最高优先级)。

(2) 优先级 2：接收器数据准备就绪或接收器字符超时。

(3) 优先级 3：发送保持寄存器空。

(4) 优先级 4：调制解调器状态(最低优先级)。

当中断产生时，IIR 指示中断挂起并在其三个最低有效位(位 0、1 和 2)指示中断类型。该寄存器的内容如下。

(1) 位 0：此位用于硬件优先级或查询中断系统。当位 0 被清零时，中断挂起；若位 0

被置位，则无中断挂起。

(2) 位 1 和位 2：这两位识别最高优先级中断的挂起。

(3) 位 3：在 TL16C450 方式下，此位总是被清零。在 FIFO 方式下，位 3 与位 2 被置位指示超时中断挂起。

(4) 位 4 和 5：这两位不使用(总是被清零)。

(5) 位 6 和 7：在 TL16C450 方式下，这些位总被清零。当 FIFO 控制寄存器的位 0 被置位时，它们被置位。

5. 设置波特率

TL16C550 的波特率可通过除数寄存器 DLM、DLL 来设置，除数寄存器值和波特率之间的换算公式为：除数值 = 输入频率/(波特率 × 16)，TL16C550 的输入频率为 3.6864 MHz，波特率设置如表 6-20 所示。

表 6-20 波特率设置

波 特 率	高位除数寄存器	低位除数寄存器
1200	00H	C0H
2400	00H	60H
4800	00H	30H
9600	00H	18H
19 200	00H	0CH
38 400	00H	06H

任务 14 异步串口通信

一、任务目的

(1) 了解 TMS320VC5509A 扩展标准 RS-232 串行通信接口的原理和方法。

(2) 学会对串行通信芯片的配置编程。

(3) 学习设计异步通信程序。

二、所需设备

(1) PC 兼容机一台，操作系统为 Windows 2000(或 Windows NT、Windows 98、Windows XP，以下假定操作系统为 Windows 2000)。Windows 操作系统的内核如果是 NT 的应该安装相应的补丁程序(如：Windows 2000 为 Service Pack3，Windows XP 为 Service Pack1)。

(2) ICETEK-VC5509-A-USB-EDU 试验箱一台。如无试验箱则配备 ICETEK-USB 或 ICETEK-PP 仿真器和 ICETEK-VC5509-A 或 ICETEK-VC5509-C 评估板，+5 V 电源一只。

(3) USB 连接电缆一条(如使用 PP 型仿真器换用并口电缆一条)。

三、相关原理

(1) ICETEK-VC5509-A 板异步串口电路是由 16C550、MAX232 芯片以及 74LVTH245 组成。

(2) 串行通信接口波特率计算。内部生成的串行时钟由系统时钟 SYSCLK 频率和波特率选择寄存器决定。串行通信接口使用 16 位波特率选择寄存器，数据传输的速度可以被编程为 65 000 多种不同的方式。不同通信模式下的串行通信接口异步波特率由下列方法决定：

① BRR = 1～65 535 时的串行通信接口异步波特率为

$$\text{串行通信接口异步波特率} = \frac{\text{SYSCLK}}{[(\text{BRR}+1)\times 8]}$$

其中，BRR = [SYSCLK/(SCI 异步波特率 × 8)] −1。

② BRR = 0 时的串行通信接口异步波特率为

$$\text{串行通信接口异步波特率} = \frac{\text{SYSCLK}}{16}$$

这里 BRR 等于波特率选择寄存器的 16 位值。

(3) 程序流程图如图 6-23 所示。

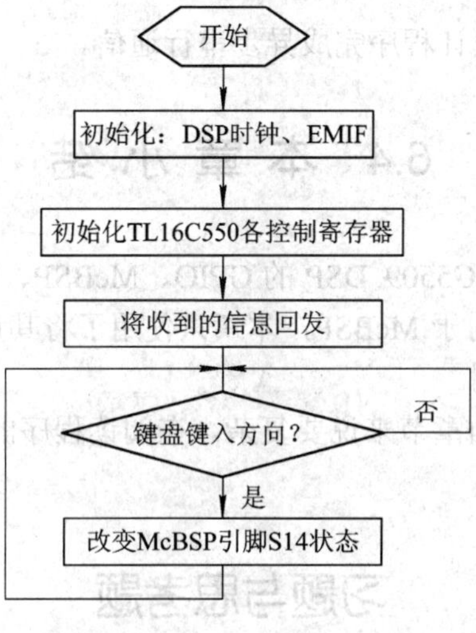

图 6-23　程序流程图

四、任务步骤

(1) 准备。

① 连接设备。

② 连接串口接线。注意连接前需要将实训箱和计算机的电源关闭。用随实训箱附带的串口线(两端均为 9 孔“D”形插头)连接计算机 COM1 或 COM2 插座和 ICETEK-VC5509-A 板上的标准 RS−232 插座。

③ 设置 CCS 2.21 在硬件仿真(Emulator)方式下运行。

④ 启动 CCS 2.21，选择菜单 Debug→Reset CPU。

(2) 打开工程文件。浏览 uart.c 文件的内容，理解各语句作用。

(3) 编译、下载程序。

(4) 打开串口调试助手。运行“串口调试助手 V2.0B.exe”，设置“串口调试助手”的串行端口为实际连接的计算机 COM 端口，设置波特率为 9600，设置传输方式为 8 位、无校验、1 个停止位。

(5) 运行程序观察结果。运行程序后，切换窗口到“串口调试助手”。在“串口调试助手”的接收窗口中可看到 DSP 通过 SCI 发送来的“Hello PC!，Over!”字样；在“发送的字符/数据”栏中输入一些要发送到 DSP 的字符串，以“.”字符结尾，然后单击“手动发送”按钮，DSP 在接收到 PC 机的信息后会自动进行回答。

(6) 结束程序运行。

(7) 退出 CCS。

五、结果

通过 DSP 传送到 PC 机上的信息可以看出：串口正确工作。

六、问题与思考

请考虑怎样用中断方式设计程序完成异步串行通信。

6.4 本章小结

本章介绍了通过 TMS320C5509 DSP 的 GPIO、McBSP、EMIF 等接口来对外部进行控制以及扩展 UART 的知识。对于 McBSP，本章只使用了将其设置为 GPIO 的功能，其他的内容将在随后的章节中使用到。

本章任务中的程序较前面章节来说要复杂，在阅读程序的时候要搞清每个工程中文件之间的相互关系。

习题与思考题

1. 列举除了专用的 GPIO 管脚以外，还有哪些管脚可以被设置成 GPIO 的功能。
2. 简述如何将 McBSP 引脚用作通用 I/O 引脚。
3. 尝试用软件的方式来实现 UART 的功能。

第 7 章　数字信号处理方法及其 DSP 实现

在第 1 章里，我们讲到了经典的数字信号处理有时域上的 FIR、IIR 以及频域上的 FFT。本章通过几个任务的讲解，介绍 FIR 滤波器、IIR 滤波器以及 FFT 的基本概念及其 DSP 实现。

7.1　数字滤波器的基本概念

数字滤波是数字信号处理的基本核心内容之一，占有极重要的地位。它是语音、图像处理、软件无线电、通信、模式识别、谱分析等应用中的一个基本处理算法。数字滤波器是一个具有按预定的算法，将输入离散时间信号转换为所要求输出的离散时间信号的特定功能装置，是一个离散时间系统。与模拟滤波器相比，数字滤波器不用考虑器件的噪声、电压漂移、温度漂移等问题，可以容易地实现不同幅度和相位频率等特性指标。几乎每一科学和工程领域如声学、物理学、数据通信、控制系统和雷达等都涉及到信号，在应用中都希望根据期望的指标把一个信号的频谱加以修改、整形或运算，这些过程都可能包含衰减一个频率范围、阻止或隔离一些频率成分。数字滤波作为数字信号处理的重要组成部分有着十分广泛的应用前景。

数字滤波器的实现方法一般如下有几种：

(1) 在通用计算机上用软件编程实现。

(2) 用加法器、乘法器、延时器设计实现专用的滤波电路。

(3) 用单片机实现。

(4) 用通用的可编程 DSP 芯片实现。

(5) 用专用的 DSP 芯片实现。

(6) 用 FPG、CPLD 等可编程器件来设计实现，开发数字滤波算法。

在这几种方法中，第一种方法的速度比较慢，主要用来进行算法的模拟仿真，只能用于非实时系统；第二种和第五种方法是专用的，应用范围不广；第三种方法比较容易实现人机接口，但系统比较复杂，对乘法运算的速度很慢；第四种方法因 DSP 芯片的哈佛结构、并行结构、指令系统等特点，使得数字滤波器比较容易实现；第六种方法是通过软件编程用硬件实现特定的数字滤波算法，具有通用性，可以实现算法的并行运算，在当今研究的也比较多。

数字信号是通过采样和转换得到的，而转换的位数是有限的(一般为 6、8、10、12、16 位)，所以存在量化误差；另外，计算机中的数表示也总是有限的，由此表示的滤波器的系数同样存在量化误差，在计算过程中因有限字长也会造成误差。

7.1.1　数字滤波器结构的表示方法

一个数字滤波器可以用描述输入/输出关系的常系数线性差分方程来表示：

$$y(n)=\sum_{k=1}^{N}a_k\,y(n-k)+\sum_{k=0}^{M}b_k\,x(n-k) \tag{7-1}$$

对初始状态为零的情况，差分方程所描述的系统是线性非移变(LSI)系统。对式(7-1)两边取 z 变换，得到该系统的系统函数为

$$H(z)=\frac{Y(z)}{X(z)}=\frac{\sum\limits_{k=0}^{M}b_k z^{-k}}{1-\sum\limits_{k=1}^{N}a_k z^{-k}} \tag{7-2}$$

LSI 系统的很多特性都是通过 $H(z)$反映出来的。

由式(7-1)可以看出，实现一个数字滤波器需要三个基本的运算单元：加法器、单位延迟器和常数乘法器。这些基本单元可以有两种表示法：方框图法和信号流图法。因而一个数字滤波器的运算情况(网络结构)也有这样两种表示法，如图 7-1 所示。

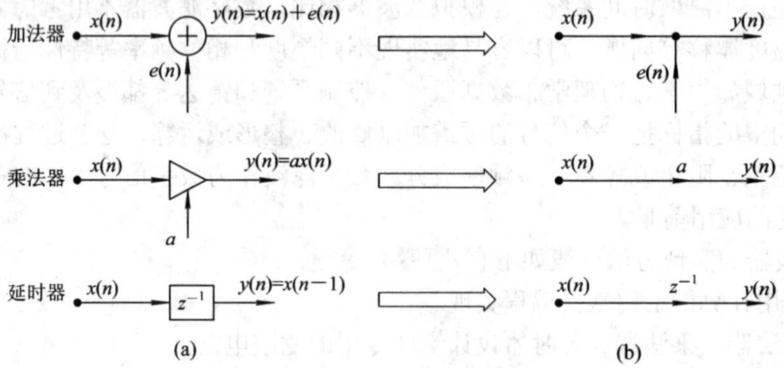

图 7-1　基本运算的方框图及流图表示

(a) 方框图表示；(b) 流图表示

线性信号流图本质上与方框图表示法等效，只是符号上有差异。用方框图表示较明显直观，用流图表示则更加简单方便。以二阶数字滤波器

$$y(n)=a_1y(n-1)+a_2y(n-2)+b_0x(n)$$

为例，滤波器方框图结构如图 7-2(a)所示，其等效信号流图如图 7-2(b)所示。

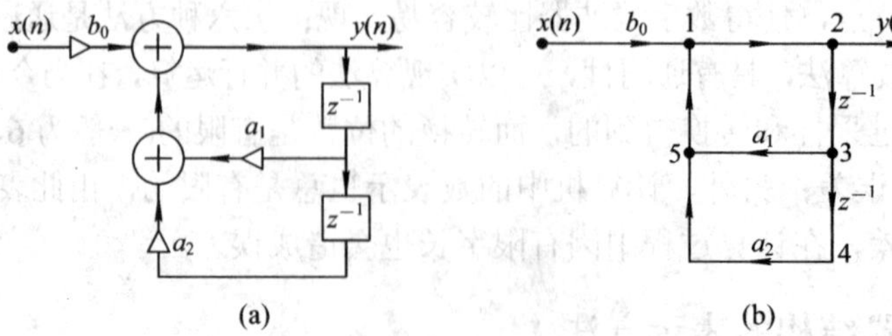

图 7-2　二阶数字滤波器方框图及流图结构

(a) 方框图结构；(b) 流图结构

图中节点 1、2、3、4、5 称为网络节点，$x(n)$处为输入节点或称为源节点，表示外部输入或信号源，$y(n)$处为输出节点或称为吸收节点。节点之间用有向支路相连接，任一节点的节点值等于它的所有输入支路的信号之和。输入支路的信号值等于这一支路起点处的节点信号值乘以支路增益(传输系数)。如果支路箭头旁边未标增益符号，则认为支路增益为 1。而延迟支路则用延迟算子 z^{-1} 表示，它表示单位延迟。

7.1.2　一般数字滤波器的设计方法概述

1. 数字滤波器的分类

数字滤波器按照不同的分类方法，有许多种类，但总体来讲可以分成两大类。一类称为经典滤波器，即一般滤波器，特点是输入信号中有用的频率成分和希望滤除的频率成分各占有不同的频带，通过一个合适的选频滤波器达到滤波的目的；另一类称为现代滤波器，其理论研究的主要内容是从含有噪声的数据记录(又称时间序列)中估计出信号的某些特征或信号本身。现代滤波器理论源于维纳在 20 世纪 40 年代及其以后的工作，因此维纳滤波器便是这一类滤波器的典型代表，此外还有卡尔曼滤波器、线性预测器、自适应滤波器等。经典滤波器从功能上总的可以分为低通、高通、带通、带阻和全通等滤波器。

此种分类方法和模拟滤波器是一样的，它们的理想幅度频率响应如图 7-3 所示。这些理想滤波器均是不可能实现的，因为它们的单位冲激响应均是非因果且是无限长的。设计者只能按照某些准则设计实际滤波器，使之尽可能逼近它，因此图 7-3 所示的理想滤波器可作为逼近的标准。

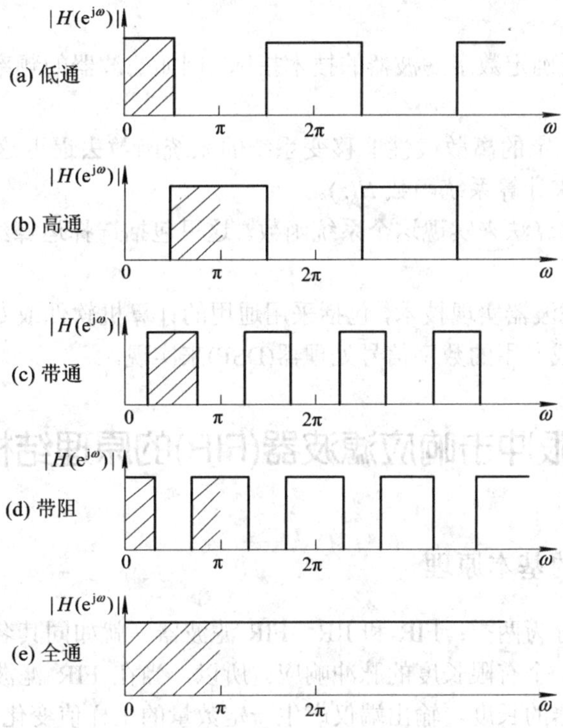

图 7-3　各种数字滤波器的理想幅度频率响应

数字滤波器从实现的网络结构或单位冲激响应分类，可以分成无限长单位冲激响应(IIR)滤波器和有限长单位冲激响应(FIR)滤波器。它们的系统函数分别表示为

$$H(z)=\frac{Y(z)}{X(z)}=\frac{\sum_{k=0}^{M}b_k z^{-k}}{1-\sum_{k=1}^{N}a_k z^{-k}} \tag{7-3}$$

$$H(z)=\sum_{k=0}^{N-1}h(k)z^{-k} \tag{7-4}$$

式(7-3)中，一般满足$M\leqslant N$，这类系统称为N阶IIR系统；当$M\geqslant N$时，$H(z)$可看成一个N阶IIR子系统与一个$(M-N)$阶FIR子系统(多项式)的级联。式(7-4)所示系统称为$(N-1)$阶FIR系统。

2. 数字滤波器的技术要求

对于图7-3所示的各种理想滤波器，必须设计对应的因果滤波器去实现。在实际应用中，同时也要考虑系统的复杂性与成本问题。因此，在一般情况下，滤波器的性能要求往往以频率响应的幅度特性的允许误差来表征，亦即实用中通带和阻带都允许有一定的误差容限。

3. 数字滤波器的设计方法简介

实际中的数字滤波器设计都是用有限精度算法实现的线性非移变系统，一般的设计内容和步骤包括：

(1) 根据实际需要确定数字滤波器的技术指标，例如滤波器的频率响应的幅度特性和截止频率等。

(2) 用一个因果稳定的离散线性非移变系统的系统函数去逼近这些性能指标。具体来说，就是用这些指标来计算系统函数$H(z)$。

(3) 利用有限精度算法来实现这个系统函数。这里包括选择运算结构、进行误差分析和选择合适的字长等。

(4) 实际的数字滤波器实现技术，包括采用通用的计算机软件或专用的数字滤波器硬件来实现，或采用通用或专用的数字信号处理器(DSP)来实现。

7.2 有限冲击响应滤波器(FIR)的原理结构及设计

7.2.1 FIR滤波器的基本原理

数字滤波器主要分为两类：FIR和IIR。FIR滤波器，就如同其名字那样，与所有的模拟滤波器不同，具有一个有限长度的脉冲响应。所以，当在FIR滤波器的输入端输入一个脉冲，那么根据滤波器的长度，输出端仅产生一定数量的采样值变化。

FIR滤波器的主要吸引人之处就是它能提供理想的线性相位响应，从而在整个频带上获

得常数群时延，这正是零失真信号处理所需要的。而且，它可以采用十分简单的算法进行实现，事实上，各种算法除了滤波器长度其他方面都是一样的。

有限冲击响应滤波器(FIR)有以下优点：

- 很容易获得严格的线性相位，避免被处理的信号产生相位失真，这一特点在宽频带信号处理、阵列信号处理、数据传输等系统中非常重要；
- 可得到多带幅频特性；
- 无稳定性问题；
- 任何一个非因果的有限长序列，总可以通过一定的延时转变为因果序列，所以因果性总是满足的；
- 无反馈运算，运算误差小。

有限冲击响应滤波器(FIR)有以下缺点：

- 要获得好的过渡带特性，需以较高的阶数为代价；
- 无法利用模拟滤波器的设计结果，一般无解析设计公式，要借助计算机辅助设计程序完成。

7.2.2 FIR 滤波器的设计方法

如果希望得到的滤波器的理想频率响应为 $H_{\mathrm{d}}(\mathrm{e}^{\mathrm{j}\omega})$，那么 FIR 滤波器的设计就在于寻找一个传递函数

$$H(\mathrm{e}^{\mathrm{j}\omega})=\sum_{n=0}^{N-1}h(n)\mathrm{e}^{-\mathrm{j}n\omega} \tag{7-5}$$

去逼近 $H_{\mathrm{d}}(\mathrm{e}^{\mathrm{j}\omega})$。逼近方法有三种：窗口设计法(时域逼近)、频率采样法(频域逼近)和最优化设计(等波纹逼近)。此处只介绍窗口设计法。

窗口设计法又称为傅氏级数法，是一种最简单的方法，其设计是在时域进行的。该方法从单位脉冲响应序列着手，使 $h(n)$逼近理想的单位脉冲响应序列 $h_{\mathrm{d}}(n)$。我们知道 $h_{\mathrm{d}}(n)$可以从理想频响通过傅氏反变换获得，即

$$h_{\mathrm{d}}(n)=\frac{1}{2\pi}\int_{0}^{2\pi}H_{\mathrm{d}}(\mathrm{e}^{\mathrm{j}\omega})\mathrm{e}^{\mathrm{j}\omega n}\mathrm{d}\omega \tag{7-6}$$

但一般来说，理想频响 $H_{\mathrm{d}}(\mathrm{e}^{\mathrm{j}\omega})$ 是分段恒定，在边界频率处有突变点，所以，这样得到的理想单位脉冲响应 $h_{\mathrm{d}}(n)$往往都是无限长序列，而且是非因果的。但 FIR 的 $h(n)$是有限长的，问题是怎样用一个有限长的序列去近似无限长的 $h_{\mathrm{d}}(n)$。最简单的办法是直接截取一段 $h_{\mathrm{d}}(n)$代替 $h(n)$。这种截取可以形象地想象为 $h(n)$是通过一个“窗口”所看到的一段 $h_{\mathrm{d}}(n)$，因此，$h(n)$也可表达为 $h(n)$和一个“窗函数”的乘积，即

$$h(n)=w(n)h_{\mathrm{d}}(n) \tag{7-7}$$

在这里窗口函数就是矩形脉冲函数 $R_N(n)$。当然以后我们还可看到，为了改善所设计的滤波器的特性，窗函数还可以有其他的形式，相当于在矩形窗内对 $h_{\mathrm{d}}(n)$作一定的加权处理。

任务 15　有限冲击响应滤波器(FIR)算法实现

一、任务目的

(1) 掌握用窗函数法设计 FIR 数字滤波器的概念和方法。
(2) 熟悉线性相位 FIR 数字滤波器的特性。
(3) 了解各种窗函数对滤波器特性的影响。

二、所需设备

PC 兼容机一台，操作系统为 Windows 2000(或 Windows 98，Windows XP，以下默认为 Windows 2000)，安装 CCS 2.21 软件。

三、相关原理

(1) 有限冲激响应数字滤波器的基础理论。
(2) 模拟滤波器原理(巴特沃斯滤波器、切比雪夫滤波器、椭圆滤波器、贝塞尔滤波器)。
(3) 数字滤波器系数的确定方法。
(4) 根据要求设计低通 FIR 滤波器。

要求：通带边缘频率 10 kHz，阻带边缘频率 22 kHz，阻带衰减 75 dB，采样频率 50 kHz。

设计：

$$\text{过渡带宽度} = \text{阻带边缘频率} - \text{通带边缘频率} = 22 - 10 = 12\ \text{kHz}$$

采样频率为

$$f_1 = \text{通带边缘频率} + \frac{\text{过渡带宽度}}{2} = 10000 + \frac{12000}{2} = 16\ \text{kHz}$$

$$\Omega = \frac{2\pi f_1}{f_s} = 0.64\pi$$

理想低通滤波器的脉冲响应：

$$h_1[n] = \frac{\sin(n\Omega_1)}{\dfrac{n}{\pi}} = \frac{\sin(0.64\pi n)}{\dfrac{n}{\pi}}$$

根据要求，选择布莱克曼窗，窗函数长度为

$$N = \frac{5.98 f_s}{\text{过渡带宽度}} = 5.98 \times 50/12 = 24.9$$

选择 N=25，窗函数为

$$\omega[n] = 0.42 + 0.5\cos\left(\frac{2\pi n}{24}\right) + 0.8\cos\left(\frac{4\pi n}{24}\right)$$

滤波器脉冲响应为

$$h[n] = h_1[n]\omega[n]，\ |n| \leqslant 12$$

$$h[n]=0\text{，}\ |n|>12$$

根据上面计算，各式计算出 $h[n]$，然后将脉冲响应值移位为因果序列。

完成的滤波器的差分方程为：

$$\begin{aligned}y(n)=&-0.001x[n-2]-0.002x[n-3]-0.002x[n-4]+0.01x[n-5]\\&-0.009x[n-6]-0.018x[n-7]-0.049x[n-8]-0.02x[n-9]\\&+0.11x[n-10]+0.28x[n-11]+0.64x[n-12]\\&+0.28x[n-13]-0.11x[n-14]-0.02x[n-15]\\&+0.049x[n-16]-0.018x[n-17]-0.009x[n-18]+0.01x[n-19]\\&-0.002x[n-20]-0.002x[n-21]+0.001x[n-22]\end{aligned}$$

(5) 程序流程图如图 7-4 所示。

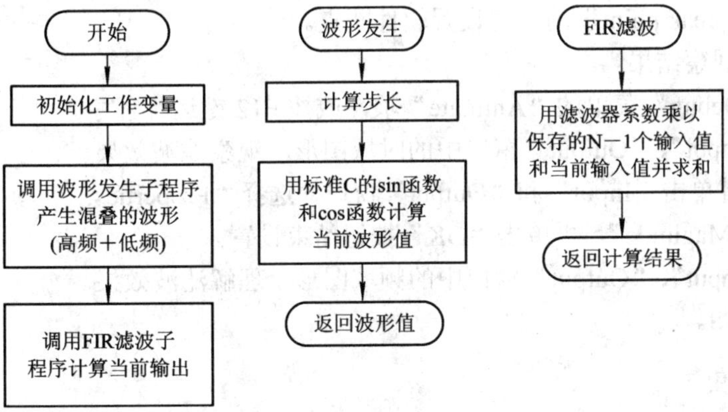

图 7-4　程序流程图

四、任务步骤

(1) 准备。

① 设置 CCS 为软件仿真模式。

② 启动 CCS。

(2) 打开工程并浏览程序。

(3) 编译并下载程序。

(4) 打开观察窗口。选择菜单 View→Graph→Time/Frequency…，如图 7-5 所示。按图中所示进行设置。

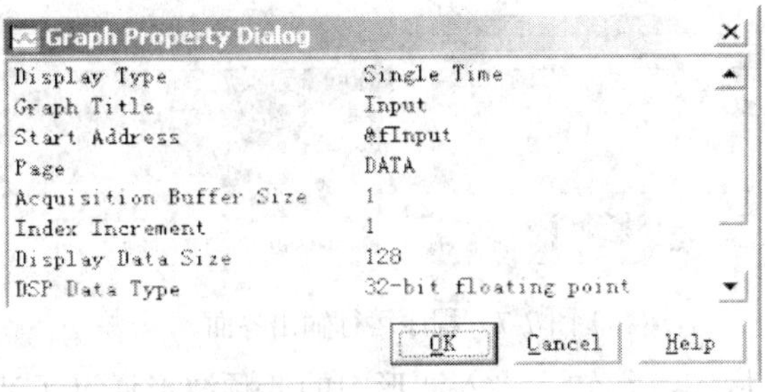

图 7-5　图形界面设置 1

选择菜单 View->Graph->Time/Frequency…，如图 7-6 所示。按图中所示进行如下设置。

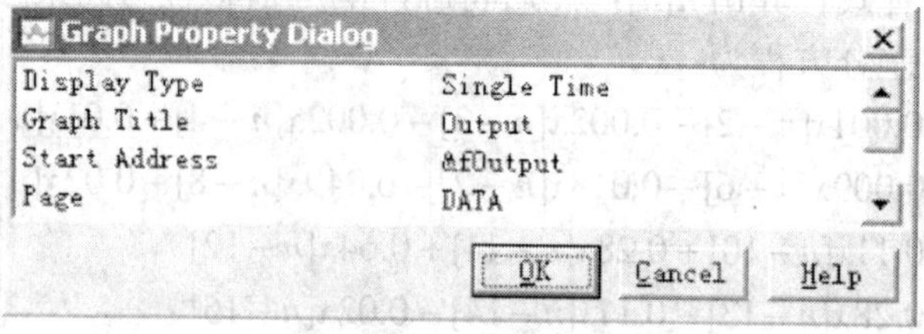

图 7-6　图形界面设置 2

在弹出的图形窗口中单击鼠标右键，选择“Clear Display”。

(5) 设置断点。

在有注释“break point”的语句设置软件断点。

(6) 运行并观察结果。

① 选择“Debug”菜单的“Animate”项，或按 F12 键运行程序。

② 观察“Input”、“Output”窗口中的时域图形，观察滤波效果。

③ 鼠标右键单击“Input”和“Output”窗口，选择“Properties…”项，设置“Display Type”为“FFT Magitude”，再单击“OK”按钮结束设置。

④ 观察“Input”、“Output”窗口中的频域图形，理解滤波效果。

(7) 退出 CCS。

五、任务结果

图 7-7 所示为程序运行输出界面。由图可见，输入波形为一个低频率的正弦波与一个高频的正弦波叠加而成。

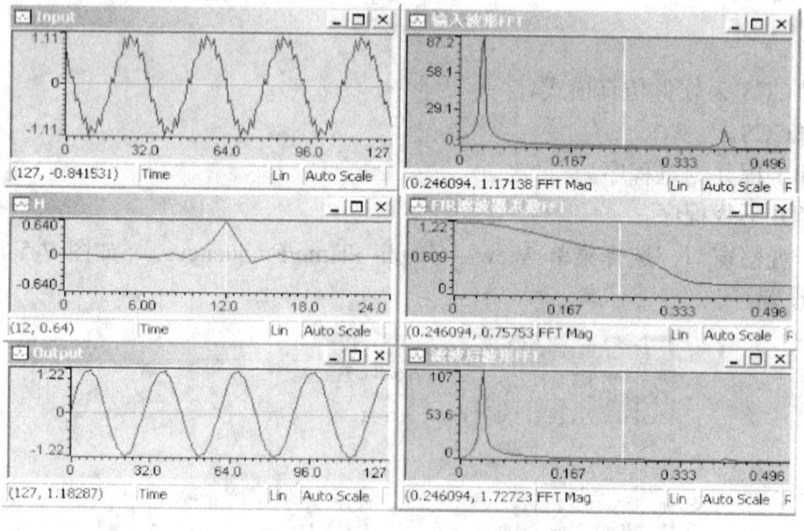

图 7-7　程序运行输出界面

通过观察频域和时域图，得知：输入波形中的低频波形通过了滤波器，而高频部分则大部分被滤除。

六、问题与思考

试选用合适的高通滤波参数滤掉输入波形中的低频信号。

7.3　无限冲击响应滤波器(IIR)的原理结构及设计

7.3.1　IIR 滤波器的基本概念

顾名思义，IIR 滤波器(理论上)具有无限的脉冲响应。所以，当我们在 IIR 滤波器的输入端输入一个脉冲时，输出端会产生无限期的变化。由于这些变化在一段时间之后会变得很小，所以，对任何实际用途，滤波器都被定为有限状态。但是理论上，这些变化仍然存在。

IIR 滤波器不具有理想的线性相位响应，它通过增加一些复杂度，可以获得近似的线性相位响应。通常情况下，这一复杂度远远超过了同等 FIR 滤波器的实现，这就使 IIR 滤波器成为大多数要求波形失真低时的第二选择。

但是 IIR 滤波器也有两大优点，保证了它们不会被埋没。第一，它们可以用来模仿大多数模拟滤波器的响应。所以，如果的确需要获得四阶的巴特沃斯滤波器响应，那么使用 IIR 滤波器就可以相当精确地实现。第二，对于一个给定的响应，与 FIR 相比较，IIR 对存储空间的要求少得多，而且执行循环次数也少许多。

在缺点方面，实现 IIR 滤波器的算法更为复杂。它们对定点处理器有限字长更加敏感，会产生更多的舍入噪声，而且，在奇数阶的情况下，如果设计不完全正确的话，还会产生令人讨厌的振荡。

7.3.2　IIR 滤波器的设计方法简介

1．模拟滤波器的设计方法

为了从模拟滤波器出发设计 IIR 数字滤波器，必须先设计一个满足技术指标的模拟滤波器，亦即要把数字滤波器的指标转换成模拟滤波器的指标，因此必须先设计对应的模拟原型滤波器。

设计模拟滤波器是根据一组设计规范来设计模拟系统函数 $H_a(s)$，使其逼近某个理想滤波器的特性。但在实际中模拟滤波器的相频特性要符合线性的要求往往是很困难的，为此在相位失真比较严重的情况下，常常采取在原滤波器后级联上一个相移网络，即全通滤波器(幅频等于常数，相频是频率的函数)，在相位上给以均衡补偿，使之接近无失真传输的条件。

模拟低通滤波器的幅度响应常用振幅平方函数 $|H_a(j\Omega)|^2$ 来表示

$$|H_a(j\Omega)|^2 = H_a(j\Omega)H_a^*(j\Omega)$$

由于一般情况下，滤波器冲激响应 $h_a(t)$ 是实函数，因而 $H_a(j\Omega)$ 满足

$$H_a^*(j\Omega) = H_a(-j\Omega)$$

所以

$$|H_a(j\Omega)|^2 = H_a(j\Omega)H_a(-j\Omega) = H_a(s)H_a(-s)|_{s=j\Omega}$$

由于冲激响应 $h_a(t)$为实函数，因此极点(或零点)必以共轭对形式出现，所得到的对称型式称为象限对称的。

由于任何实际可实现的滤波器都是稳定的，因此其系统函数 $H_a(s)$的极点一定落在 s 的左半平面，所以落在左半平面的极点一定属于 $H_a(s)$，落在右半平面的极点一定属于 $H_a(-s)$。

综上所述，由$|H_a(j\Omega)|^2$确定 $H_a(s)$的方法如下：

(1) 将$\Omega^2=-s^2$代入$|H_a(j\Omega)|^2 = H_a(j\Omega)H_a(-j\Omega) = H_a(s)H_a(-s)$得到象限对称的 s 平面函数；

(2) 将$H_a(s)H_a(-s)$因式分解，得到各零点和极点。将左半平面的极点归于 $H_a(s)$；如无特殊要求，可取$H_a(s)H_a(-s)$以虚轴为对称的零点的任一半作为 $H_a(s)$的零点；如要求是最小相位延时滤波器，则应取左半平面的零点作为 $H_a(s)$的零点；虚轴上的零点或极点都是偶次的，其中一半属于 $H_a(s)$。

(3) 按照$H_a(j\Omega)$与 $H_a(s)$的低频或高频特性就可确定其增益常数。

(4) 由求出的零点、极点及增益常数，可完全确定系统函数 $H_a(s)$。

从给定的指标设计模拟滤波器的中心问题是如何寻找一个恰当的近似函数来逼近理想特性，即所谓的逼近问题。其中最常用的具有优良性能的滤波器有：巴特沃斯(Butterworth)滤波器，切比雪夫(Chebyshev)滤波器和椭圆(elliptic)函数或考尔(Cauer)滤波器以及实现线性相位的贝塞尔滤波器等。

2. 冲激响应不变法

冲激响应不变法(或阶跃响应不变法)仅适合于基本上是限带的低通或带通滤波器。该方法主要用于设计某些要求在时域上能模仿模拟滤波器功能(如控制冲激响应或阶跃响应)的数字滤波器。这样可把模拟滤波器时域特性的许多优点在相应的数字滤波器中保留下来。在其他情况下设计 IIR 数字滤波器时，一般采用下面介绍的双线性变换法。

3. 双线性变换法

双线性变换法是使数字滤波器的频率响应与模拟滤波器的频率响应相似的一种变换方法，为了克服多值映射这一缺点，首先把整个 s 平面压缩变换到某一中介的 s_1 平面的一条横带里(宽度为 $2\pi/T$，即从$-\pi/T$ 到 π/T)，其次再通过上面讨论过的标准变换关系 $z=e^{s_1T}$ 将此横带变换到整个 z 平面上去，这样就使 s 平面与 z 平面是一一对应的关系，消除了多值变换性，也就从根本上消除了频谱混叠现象。

4. 频率变换法

设计高通、带通、带阻等数字滤波器通常可归纳为两种常用设计方法。

方法一：首先设计一个模拟原型低通滤波器，然后通过频率变换成所需要的模拟高通、带通或带阻滤波器，最后再使用冲激不变法或双线性变换法变换成相应的数字高通、带通或带阻滤波器。

方法二：首先设计了一个模拟原型低通滤波器，然后采用冲激响应不变法或双线性变换法将它转换成数字原型低通滤波器，最后通过频率变换把数字原型低通滤波器变换成所需要的数字高通、带通或带阻滤波器。

方法一的缺点是，由于产生混叠失真，因此不能用冲激不变法来变换成高通或带阻滤波器，本节只讨论方法二。在方法二中，从模拟低通滤波器到数字滤波器的转换在前面已经讨论过了，因此下面只讨论数字低通滤波器到数字高通、带通和带阻滤波器的转换问题。

任务 16　无限冲击响应滤波器(IIR)算法实现

一、任务目的

(1) 掌握设计 IIR 数字滤波器的概念和方法。
(2) 熟悉 IIR 数字滤波器特性。
(3) 了解 IIR 数字滤波器的设计方法。

二、所需设备

PC 兼容机一台，操作系统为 Windows 2000(或 Windows 98，Windows XP，以下默认为 Windows 2000)，安装 CCS 2.21 软件。

三、相关原理

(1) 无限冲激响应数字滤波器的基础理论。
(2) 模拟滤波器原理(巴特沃斯滤波器、切比雪夫滤波器、椭圆滤波器、贝塞尔滤波器)。
(3) 数字滤波器系数的确定方法。
(4) 根据要求设计低通 IIR 滤波器：

要求：低通巴特沃斯滤波器在其通带边缘 1 kHz 处的增益为−3 dB，12 kHz 处的阻带衰减为 30 dB，采样频率为 25 kHz。

设计：

确定待求通带边缘频率 f_{p1}、待求阻带边缘频率 f_{s1} 和待求阻带边缘衰减 $-20\lg\delta_s$。

模拟边缘频率为：$f_{p1}=1000\ \text{Hz}$，$f_{s1}=12\,000\ \text{Hz}$

阻带边缘衰减为：$-20\lg\delta_s=30\ \text{dB}$

用 $\Omega=2\pi f/f_s$ 把由赫兹表示的待求边缘频率转换成弧度表示的数字频率，得到 Ω_{p1} 和 Ω_{s1}。

$$\Omega_{p1}=\frac{2\pi f_{p1}}{f_s}=2\pi\times\frac{1000}{25\,000}=0.08\pi\ \text{弧度}$$

$$\Omega_{s1}=\frac{2\pi f_{s1}}{f_s}=2\pi\times\frac{12\,000}{25\,000}=0.96\pi\ \text{弧度}$$

计算预扭曲模拟频率以避免双线性变换带来的失真。

由 $\omega = 2f_s \tan(\Omega/2)$ 求得 ω_{p1} 和 ω_{s1}，单位为弧度/秒。

$$\omega_{p1} = 2f_s \tan(\frac{\Omega_{p1}}{2}) = 6316.5 \text{ 弧度/秒}$$

$$\omega_{s1} = 2f_s \tan(\frac{\Omega_{s1}}{2}) = 794\,727.2 \text{ 弧度/秒}$$

由已给定的阻带衰减 $-20\lg\delta_s$ 确定阻带边缘增益 δ_s。

因为 $-20\lg\delta_s = 30$，所以 $\lg\delta_s = -30/20$，$\delta_s = 0.031\,62$。

计算所需滤波器的阶数：

$$n \geqslant \frac{\lg\left(\frac{1}{\delta_s^2} - 1\right)}{2\lg\left(\frac{\omega_{s1}}{\omega_{p1}}\right)} = \frac{\lg\left(\frac{1}{(0.031\,62)^2} - 1\right)}{2\lg\left(\frac{794\,727.2}{6316.5}\right)} = 0.714$$

因此，一阶巴特沃斯滤波器就足以满足要求。

一阶模拟巴特沃斯滤波器的传输函数为

$$H(s) = \frac{\omega_{p1}}{(s + \omega_{p1})} = \frac{6316.6}{(s + 6316.5)}$$

由双线性变换定义 $s = 2f_s\frac{(z-1)}{(z+1)}$ 得到数字滤波器的传输函数为

$$H(z) \geqslant \frac{6316.5}{50\,000\frac{z-1}{z+1} + 6316.5} = \frac{0.1122(1+z^{-1})}{1 - 0.7757z^{-1}}$$

因此，差分方程为

$$y[n] = 0.7757\,y[n-1] + 0.1122x[n] + 0.1122x[n-1]$$

(5) 程序流程图如图 7-8 所示。

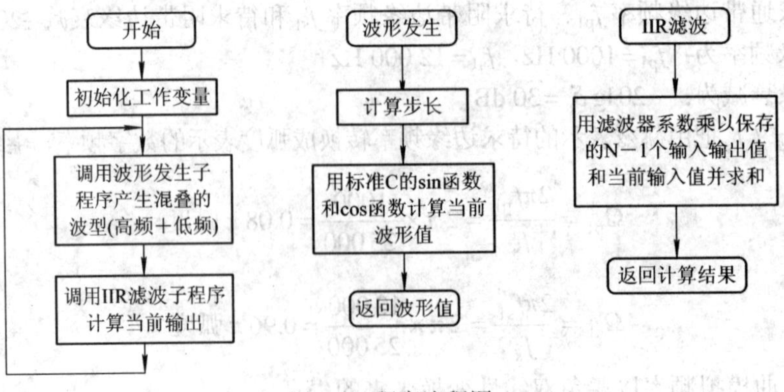

图 7-8　程序流程图

四、任务步骤

(1) 准备。

① 设置 CCS 为软件仿真模式；

② 启动 CCS。

(2) 打开工程并浏览程序。

(3) 编译并下载程序。

(4) 打开观察窗口。选择菜单 View→Graph→Time/Frequency…，如图 7-9 所示。按照图中所示进行设置。

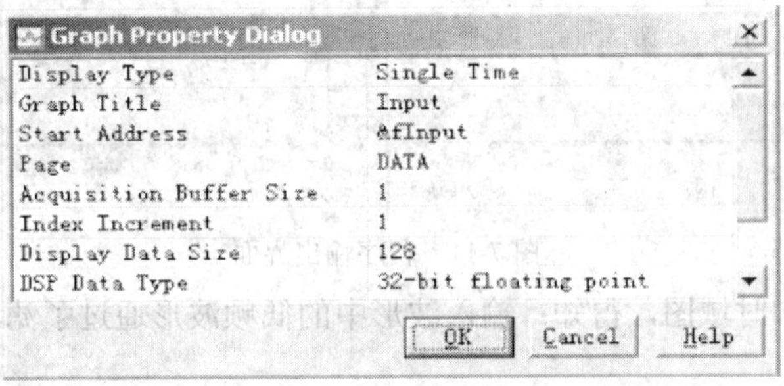

图 7-9　图形界面设置 1

选择菜单 View→Graph→Time/Frequency…，如图 7-10 所示。按照图中所示进行如下设置。

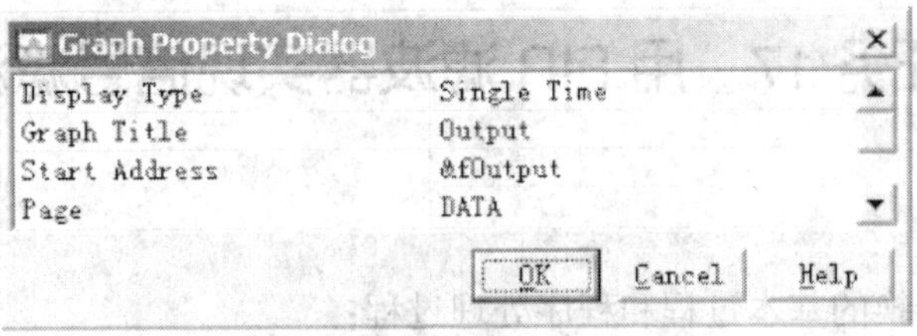

图 7-10　图形界面设置 2

(5) 清除显示。在以上打开的窗口中单击鼠标右键，选择弹出式菜单中“Clear Display”功能。

(6) 设置断点。在程序 iir.c 中有注释“break point”的语句上设置软件断点。

(7) 运行并观察结果。

① 选择“Debug”菜单的“Animate”项，或按 F12 键运行程序。

② 观察“IIR”窗口中的时域图形，观察滤波效果。

(8) 退出 CCS。

五、任务结果

图 7-11 所示为程序输出界面。由图可见，输入波形为一个低频率的正弦波与一个高频的余弦波叠加而成。

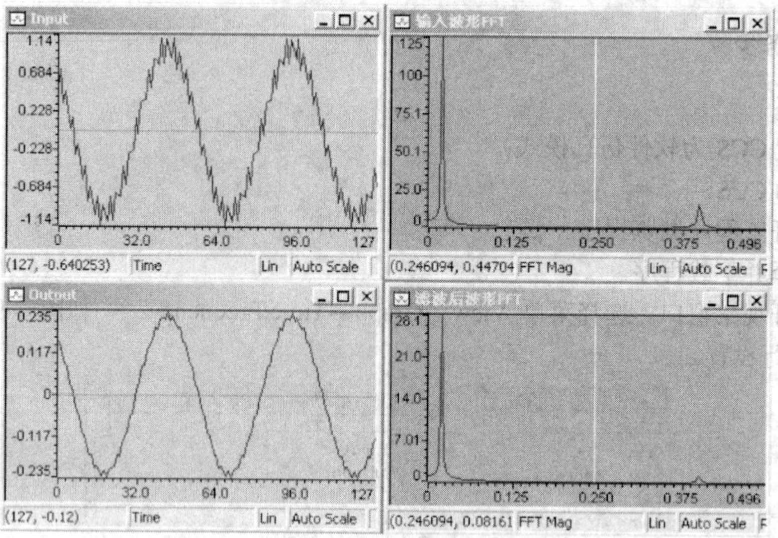

图 7-11　程序输出界面

通过观察频域和时域图，得知：输入波形中的低频波形通过了滤波器，而高频部分则被衰减。

六、问题与思考

试微调(±0.0001)改变程序中 f_U 的取值，观察步长因子 μ 在自适应算法中所起的作用。

任务 17　用 FIR 滤波器实现信号滤波

一、任务目的

(1) 掌握 A/D 转换的基本过程和程序处理过程；

(2) 学习通过对采样值进行计算产生混频波形；

(3) 熟悉 FIR 滤波器及其参数的调整。

二、所需设备

计算机、ICETEK-VC5509-EDU 实验箱(或 ICETEK 仿真器+ICETEK-VC5509-A 系统板+相关连线及电源)。

三、相关原理

(1) A/D 转换原理。

(2) 模数转换工作过程：模数转换模块接到启动转换信号后，按照设置进行相应通道的数据采样转换；经过一个采样时间的延迟后，将采样结果放入 A/D 数据寄存器中保存；等待下一个启动信号。

(3) 模数转换的程序控制：模数转换相对于计算机来说是一个较为缓慢的过程。一般采用中断方式启动转换或保存结果，这样在 CPU 忙于其他工作时可以少占用处理时间。设计转换程序应首先考虑处理过程如何与模数转换的时间相匹配，既要能根据实际需要选择适当的触发转换的手段，也要能及时地保存结果。由于TMS320VC5509DSP片内的A/D转换精度是10位的，转换结果(16 位)的最高位(第 15 位)表示转换值是否有效(0 有效)，第 14～12 位表示转换的通道号，低 10 位为转换数值，所以在保留时应注意取出结果的低 10 位，再根据高 4 位进行相应保存。

(4) 混频波形产生：将接收到的两路 A/D 采集信号进行相加，并对结果的幅度进行限制，从而产生混合后的输出波形。程序中采用了同相位混频方法，也可修改程序完成异相混频法。

(5) FIR 滤波器工作原理及参数计算：

滤波器参数：采样频率 20 364.8 Hz，带通滤波 500 Hz～5 kHz，增益 40 dB，阶数 64。

(6) 源程序及注释：本程序在主循环中对 A/D 进行连续采样，每次采样首先设置 A/D 转换控制寄存器(ADCCTL)，发送转换通道号和启动命令，然后循环等待转换结果，最后将结果保存。由于需要进行实时混频，所以交替转换通道 0 和通道 1(ICETEK-VC5509-EDU 实验箱上 ADCIN2 和 ADCIN3)。混频的波形通过 FIR 滤波器，得到输出波形。

由于采用了带通滤波，输入频率在 500 Hz～5 kHz 之间的才能通过滤波器。

(7) 程序流程图如图 7-12 所示。

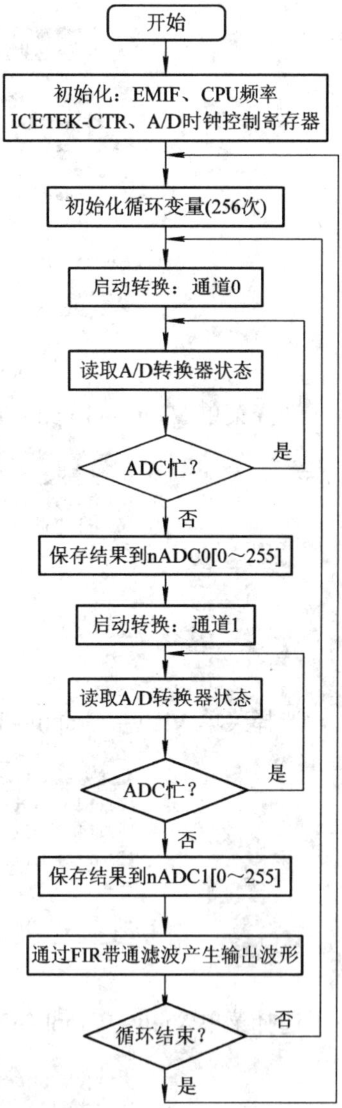

图 7-12　程序流程图

四、任务步骤

(1) 准备。

① 连接设备。

② 准备信号源进行 A/D 输入。

③ 设置 CCS 2.21 在硬件仿真(Emulator)方式下运行。

④ 启动 CCS 2.21。

(2) 打开工程文件。

(3) 编译、下载程序。选择菜单 Debug→Go Main，使程序运行到 main 函数入口位置。

(4) 设置软件断点和观察窗口。打开源程序 main.c，在有注释“在此加软件断点”的行上加软件断点。选择菜单 View→Graph→Time/Frequency…，如图 7-13 所示。按照图中所示进行设置。

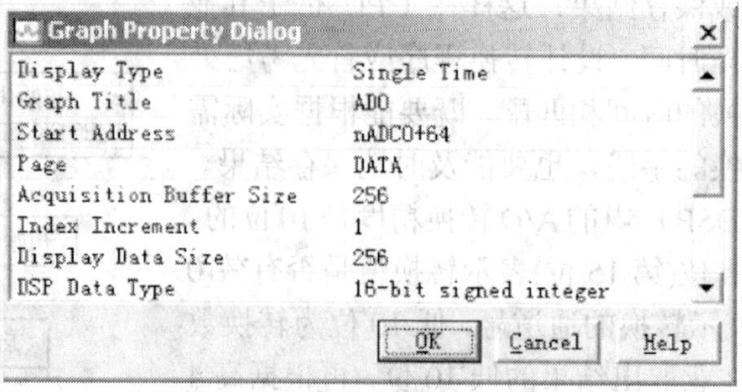

图 7-13　图形界面设置 1

选择菜单 View→Graph→Time/Frequency…，如图 7-14 所示。按照图中所示进行设置。

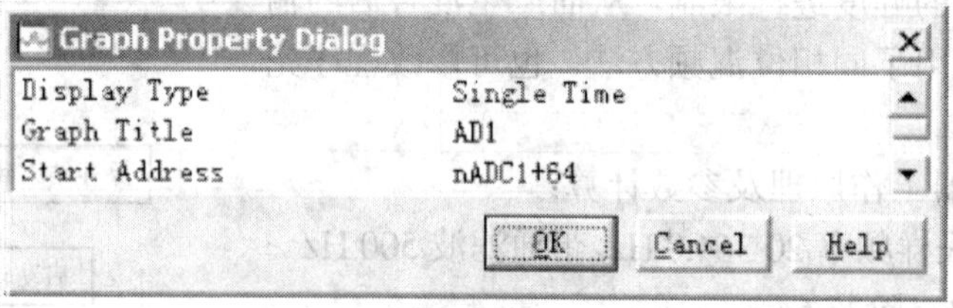

图 7-14　图形界面设置 2

选择菜单 View→Graph→Time/Frequency…，如图 7-15 所示。按照图中所示进行设置。

图 7-15　图形界面设置 3

选择菜单 View→Graph→Time/Frequency…，如图 7-16 所示。按照图中所示进行设置。

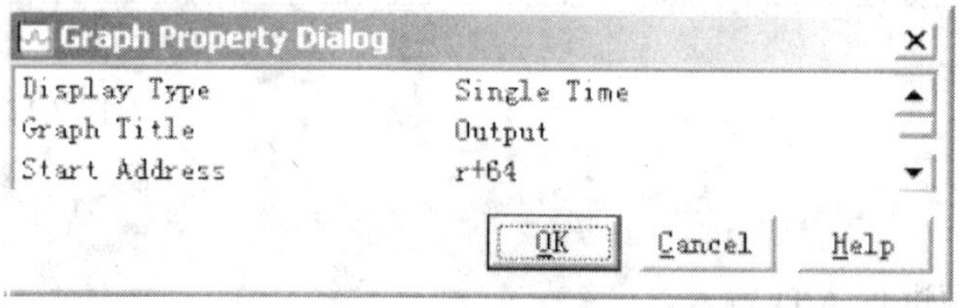

图 7-16　图形界面设置 4

(5) 运行程序并观察结果。

按“F5”键运行到断点，注意观察窗口“AD0”和“AD1”中的输入波形，同时分析“Mixing”窗口中混频合成的波形与输入波形的关系。

(6) 观察动态效果。

选择菜单 Debug→Animate，运行程序，同时改变信号源输入的波形、频率参数，观察动态效果。

(7) 调节信号源输出并观察滤波器输出。将信号源 I 的“频率选择”旋钮调节到“100

Hz～1 kHz”挡，调节“频率微调”旋钮到最大，这时，信号源 I 的输出波形保持 1 kHz 左右的频率。

将信号源Ⅱ的“频率选择”旋钮调节到“10 Hz～100 Hz”挡，调节“频率微调”旋钮到最大，这时，信号源Ⅱ的输出波形保持 100 Hz 左右的频率。

观察“Mixing”窗口中的混叠波形，再观察“Output”窗口中的输出。输出的波形与“AD0”窗口中波形的频率相同，而滤除了“AD1”窗口的波形。

将信号源Ⅱ的“频率选择”旋钮调节到“1 kHz～10 kHz”挡，调节“频率微调”旋钮到最小，这时，信号源Ⅱ的输出波形保持 1 kHz 左右的频率，信号 I 的波形也仍保持原来 1 kHz 左右的频率。

这时，两个波形均能通过滤波器，逐渐顺时针旋转信号源Ⅱ的“频率微调”旋钮，当其超过某一值(5 kHz)后，波形输出中 AD1 波形被滤除。

随意调整两个信号源频率，只要频率超出 500 Hz～5 kHz 范围就被滤除。

将“AD0”和“AD1”窗口属性的“Display Type”项改成“FFT Magnitude”，将“Sampling Rate (Hz)”改成 20464.8，观察频域上的效果。

试用观察窗口观察滤波器系数(数组 h[64])的时域和频域图形。

(8) 保留工作区。选择菜单 File→Workspace→Save Workspace As，起个易记的文件名，将环境设置保存在工程目录中。下次若需调入工作区，可选择菜单 File→Workspace→Load Workspace…，再选择工作区文件即可恢复现场。

(9) 退出 CCS。

五、任务结果

程序输出波形界面如图 7-17 所示。

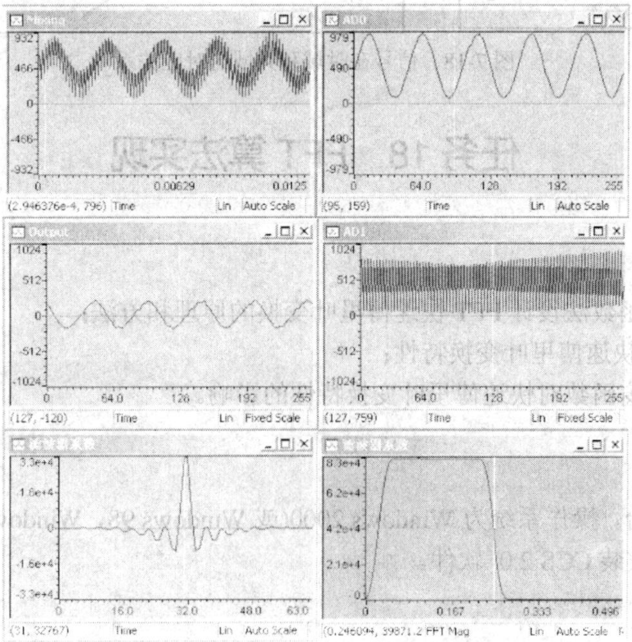

图 7-17　程序输出波形界面

六、问题与思考

请思考本任务中实现 FIR 算法的方法与任务 15 有何不同。

7.4　快速傅里叶变换(FFT)

有限长序列可以通过离散傅里叶变换(DFT)将其频域也离散化成有限长序列，但其计算量太大，很难实时地处理问题，因此引出了快速傅里叶变换(FFT)。

FFT 并不是一种新的变换形式，它只是 DFT 的一种快速算法，并且根据对序列分解与选取方法的不同而产生了 FFT 的多种算法。

正是因为有了 FFT，数字信号处理技术才得以飞速地发展。FFT 可以使我们较容易地在频域里研究随时间变化的时域信号的频率特性，如图 7-18 所示。同时，FFT 在离散傅里叶反变换、线性卷积和线性相关等方面也有重要应用。

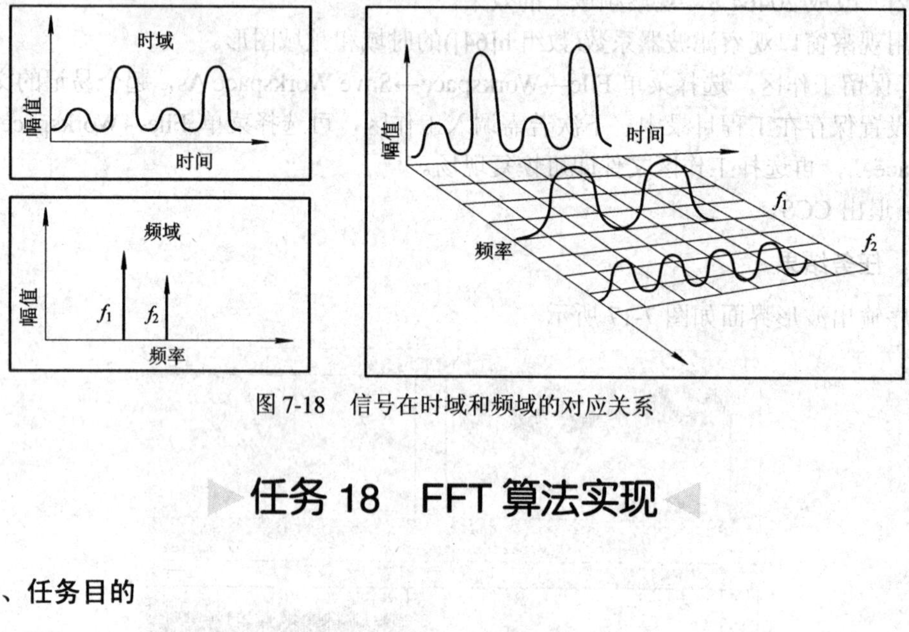

图 7-18　信号在时域和频域的对应关系

任务 18　FFT 算法实现

一、任务目的

(1) 掌握用窗函数法设计 FFT 快速傅里叶变换的原理和方法；

(2) 熟悉 FFT 快速傅里叶变换特性；

(3) 了解各种窗函数对快速傅里叶变换特性的影响。

二、所需设备

PC 兼容机一台，操作系统为 Windows 2000(或 Windows 98，Windows XP，以下默认为 Windows 2000)，安装 CCS 2.0 软件。

三、相关原理

(1) FFT 的原理和参数生成公式。

$$x(k)=\sum_{r=0}^{N/2-1}x_1(r)W_{N/2}^{rk}+W_N^k\sum_{r=0}^{N/2-1}x_2(r)W_{N/2}^{rk}=X_1(k)+W_N^kX_2(k)$$

FFT 并不是一种新的变换，它是离散傅里叶变换(DFT)的一种快速算法。由于我们在计算 DFT 时一次复数乘法需用四次实数乘法和二次实数加法；一次复数加法则需二次实数加法。每运算一个 $X(k)$需要 $4N$ 次复数乘法及 $2N+2(N-1)=2(2N-1)$次实数加法。所以整个 DFT 运算总共需要 $4N^2$ 次实数乘法和 $N\times 2(2N-1)=2N(2N-1)$次实数加法。如此一来，计算时乘法次数和加法次数都是和 N^2 成正比的，当 N 很大时，运算量是可观的，因而需要改进对 DFT 的算法，提高运算速度。

根据傅里叶变换的对称性和周期性，我们可以将 DFT 运算中的有些项合并。

我们先设序列长度为 $N=2^L$(L 为整数)。将 $N=2^L$ 的序列 $x(n)(n=0，1，\cdots，N-1)$，按 N 的奇偶分成两组，也就是说我们将一个 N 点的 DFT 分解成两个 $N/2$ 点的 DFT，他们又重新组合成一个如下式所表达的 N 点 DFT：

$$x(k)=\sum_{r=0}^{N/2-1}x_1(r)W_{N/2}^{rk}+W_N^k\sum_{r=0}^{N/2-1}x_2(r)W_{N/2}^{rk}=X_1(k)+W_N^kX_2(k)$$

一般来说，输入被假定为连续的。当输入为纯粹的实数的时候，我们就可以利用左右对称的特性更好的计算 DFT。

我们称这样的 RFFT 优化算法是包装算法：首先 $2N$ 点实数的连续输入称为“进包”；其次 N 点的 FFT 被连续运行；最后作为结果产生的 N 点的合成输出是“打开”成为最初的与 DFT 相符合的 $2N$ 点输入。

使用这一思想，我们可以划分 FFT 的大小，它有一半花费在包装输入的操作和打开输出上。这样的 RFFT 算法和一般的 FFT 算法同样迅速，计算速度几乎都达到了两次 DFT 的连续输入。

(2) 程序流程图如图 7-19 所示。

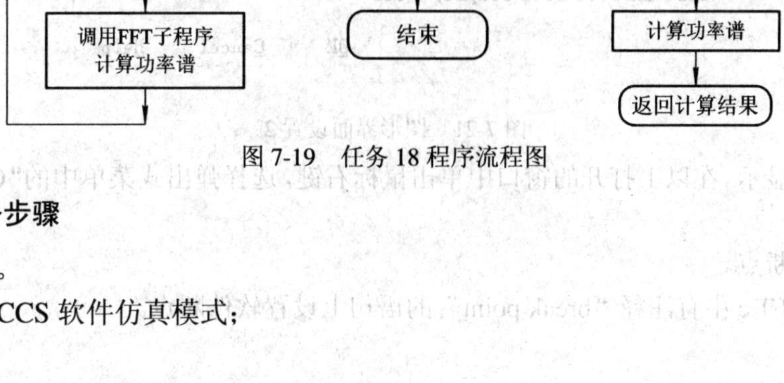

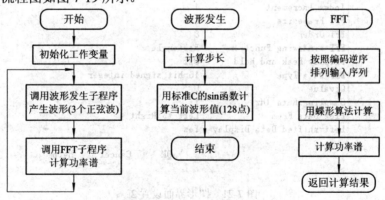

图 7-19　任务 18 程序流程图

四、任务步骤

(1) 准备。

① 设置 CCS 软件仿真模式；

② 启动 CCS。

(2) 打开工程并浏览程序。

(3) 编译并下载程序。

(4) 打开观察窗口。选择菜单 View→Graph→Time/Frequency…，如图 7-20 和图 7-21 所示。按照图中所示进行设置。

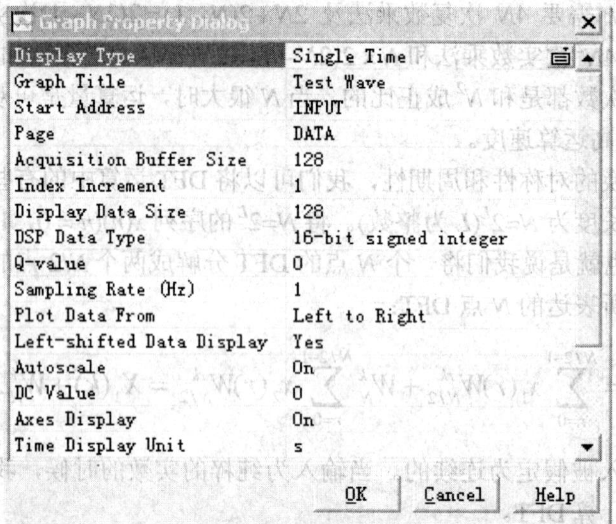

图 7-20　图形界面设置 1

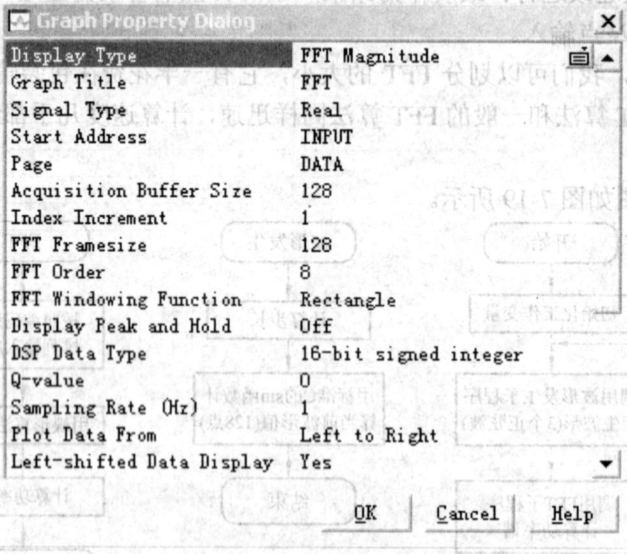

图 7-21　图形界面设置 2

(5) 清除显示。在以上打开的窗口中单击鼠标右键，选择弹出式菜单中的“Clear Display”功能。

(6) 设置断点。

在程序 FFT.c 中有注释“break point”的语句上设置软件断点。

(7) 运行并观察结果。

① 选择“Debug”菜单的“Animate”项，或按 F12 键运行程序；

② 观察“Test Wave”窗口中的时域图形；

③ 在“Test Wave”窗口中点击右键，选择属性，更改图形显示为 FFT，观察频域图形；

④ 观察“FFT”窗口中由 CCS 计算出的正弦波的 FFT。

(8) 退出 CCS。

五、任务结果

程序输出波形界面如图 7-22 所示。

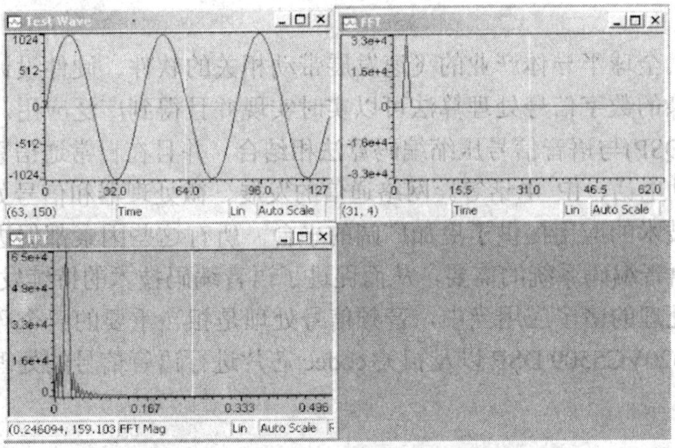

图 7-22　程序输出波形界面

通过观察频域和时域图，可见程序计算出的测试波形的功率谱与 CCS 计算的 FFT 结果相近。

7.5　本 章 小 结

本章对经典的 DSP 算法进行了简单介绍，并且安排了几个任务，希望给读者以感性的认识。在实际编程中我们可以通过相关的软件工具，先将数字滤波器的参数给出，然后调用 TI 公司提供的标准算法或者第三方提供的算法就可以了。对于 FFT，也可以调用针对不同芯片专门设计的标准算法。

习题与思考题

1. 比较 FIR 与 IIR 的区别。简述它们各有什么优缺点。
2. 简述 FFT 是如何做到减少计算量的。

第 8 章　利用 DSP 实现语音信号采集与分析

8.1　引　　言

近二十年来，全球半导体产业的飞速发展带动相关的软件、硬件设计达到新的水平，使得很多比较复杂的数字信号处理算法可以实时实现并且得到广泛应用。突出的代表就是数字信号处理器(DSP)与语音信号压缩编码算法相结合，并且在日常通信系统中得到广泛应用，例如数字移动电话、IP 电话等。网络通信的发展、微处理器和信号处理专用芯片的发展，为语音处理技术的应用提供了更加广阔的平台。所有这些因素都促进了对更加有效、可靠、高质量的语音编码系统的需要，从而促进了语音编码技术的持续发展。

在数字信号处理的诸多应用当中，音频信号处理是相当重要的一个环节。本章重点介绍如何利用 TMS320VC5509 DSP 以及相关 codec 芯片进行语音信号的处理。

8.2　语音 codec 芯片 TLV320AIC23 的设计和控制原理

TLV320AIC23 是一个高性能的多媒体数字语音编解码器，它的内部 ADC 和 DAC 转换模块带有完整的数字滤波器(digital interpolation filters)。数据传输宽度可以是 16 位、20 位、24 位和 32 位，采样频率范围为 8～96 kHz。在 ADC 采集达到 96 kHz 时噪音为 90 dBA，能够高保真的保存音频信号。在 DAC 转换达到 96 kHz 时噪音为 100 dBA，能够高品质地数字回放音频，在回放时仅仅减少 23 mW。

8.2.1　工作原理

TLV320AIC23 内部有 11 个可编程控制寄存器，通过不同设置，可以改变芯片的工作状态，如采样率、左右声道音量等。这些寄存器都是通过 AIC23 的控制接口来编程的。控制接口又分为 SPI(三线)和 I^2C(两线)接口，外部引脚 MODE 置 1/0 决定采用哪种接口方式。

SPI 接口模式是三线串行传输方式。SDIN 为输入串行数据，SCLK 为串行时钟，控制字共 16 位，由高位开始传输，在时钟的上升沿锁存每一位数据，当 16 位控制数据(一个控制字)传输完成后，产生一个上升沿将控制字锁存到 AIC23 的内部。SPI 模式时序如图 8-1 所示。

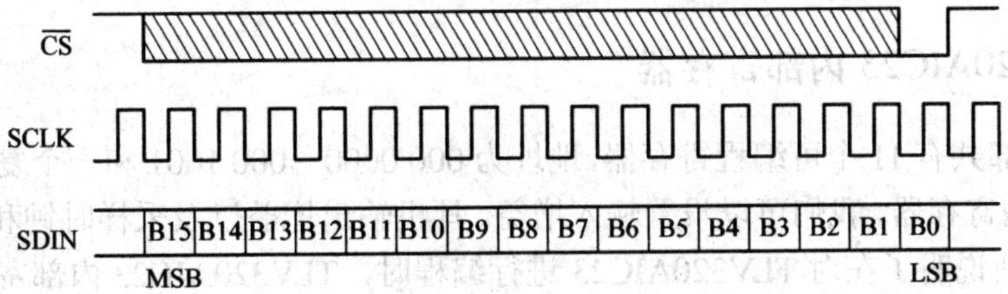

图 8-1　SPI 模式时序图

I^2C 是两线串行传输方式。SDIN 为输入串行数据，SCLK 为串行时钟，具体应用可参考手册。当 SCLK 为高电平时，SDIN 产生下降沿时开始数据传输。传输开始后，首先传输的是接收数据设备的地址。R/W 决定传输的方向，TLV320AIC23 为只能写入控制字的器件，因此 R/W 仅在为 0 时有效。TLV320AIC23 只能工作在从设备模式，其地址由 CS 管脚的状态确定，当 CS 为 0 时，地址为 0011010；当 CS 为 1 时，地址为 0011011，缺省值为 0。

I^2C 总线中的器件当接收到总线上发送的地址与自己地址相同时，通过在第 9 个时钟周期内将 SDIN 的电平拉低来确认数据的传输。在传输 8 位数据后，重复上述控制。当 SCLK 为高电平，且 SDIN 出现上升沿时，传输停止。所传输的 16 位控制字分为两个部分：高 7 位 b15～b9 是寄存器地址，低 9 位 b8～b0 是写入寄存器中的控制数据。其时序如图 8-2 所示。具体 I^2C 总线的工作原理以及 TMS320VC5509 中 I^2C 模块的应用在本章的后面部分加以详细介绍。

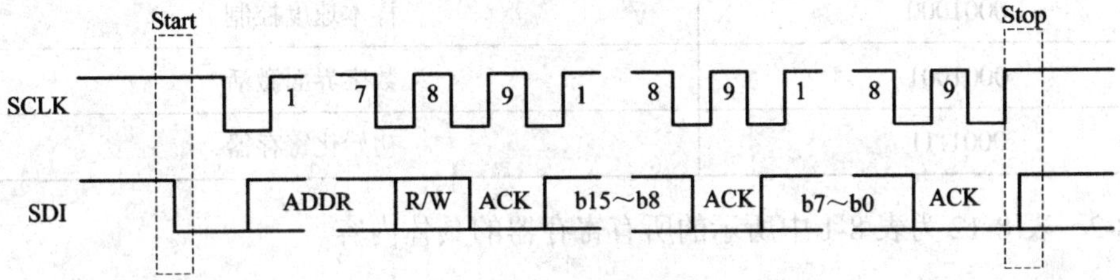

图 8-2　I^2C 模式时序图

TLV320AIC23 与 TMS320VC5509 的连接示意图如图 8-3 所示，从图中可以看出 MODE 接 0，确定为 I^2C 控制方式，CS 为 0，确定地址为 0011010，SCLK、SDIN 分别与 DSP 的 I^2C 接口 SCL、SDA 相连接。DSP 的 McBSP0 作为数据的发送和接收端口。

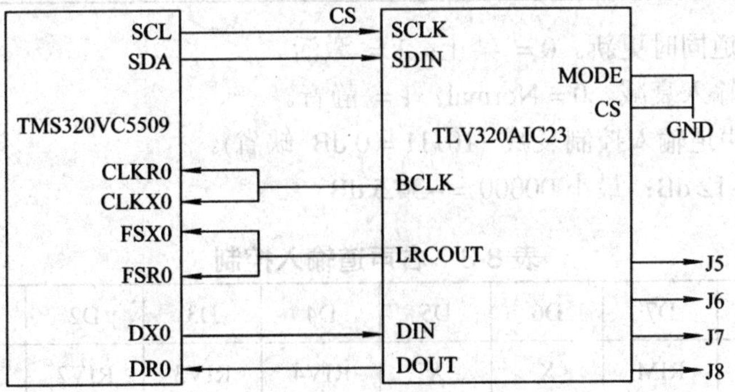

图 8-3　TMS320VC5509 与 TLV320AIC23 的连接示意图

8.2.2　TLV320AIC23 内部寄存器

AIC23 内部共有 11 个可编程寄存器，地址为 000 0000～000 1001 和一个复位寄存器 000 1111。通过这些寄存器，我们可以设置输入增益、耳机输出增益以及采样时钟和采样频率等。

表 8-1 详细说明了在对 TLV320AIC23 进行编程时，TLV320AIC23 内部寄存器的含义。

表 8-1　TLV320AIC23 的内部寄存器含义

地　址	寄存器
0000000	左声道输入控制
0000001	右声道输入控制
0000010	左耳机通道控制
0000011	右耳机通道控制
0000100	模拟音频通道控制
0000101	数字音频通道控制
0000110	启动控制
0000111	数字音频格式
0001000	样本速度控制
0001001	数字界面激活
0001111	初始化寄存器

表 8-2～表 8-12 为表 8-1 中所示的所有寄存器的具体内容。

表 8-2　左声道输入控制

bit	D8	D7	D6	D5	D4	D3	D2	D1	D0
功能	LRS	LIM	X	X	LIV4	LIV3	LIV2	LIV1	LIV0
缺省值	0	1	0	0	1	0	1	1	1

LRS：左右声道同时更新。0 = 禁止；1 = 激活。

LIM：左声道输入衰减。0 = Normal；1 = 静音。

LIV[4:0]：左声道输入控制衰减（10111 = 0 dB 缺省）。

最大 11111 = +12 dB；最小 00000 = −34.5 dB

表 8-3　右声道输入控制

bit	D8	D7	D6	D5	D4	D3	D2	D1	D0
功能	RLS	RIM	X	X	RIV4	RIV3	RIV2	RIV1	RIV0
缺省值	0	1	0	0	1	0	1	1	1

RLS：左右声道同时更新。0 = 禁止；1 = 激活。

RIM：右声道输入衰减。0 = Normal；1 = 静音。

RIV [4:0]：右声道输入控制衰减(10111 = 0 dB 缺省)。

最大 11111 = +12 dB；最小 00000 = – 34.5 dB。

X：保留

表 8-4　左耳机通道控制

bit	D8	D7	D6	D5	D4	D3	D2	D1	D0
功能	LRS	LZC	LHV6	LHV5	LHV4	LHV3	LHV2	LHV1	LHV0
缺省值	0	1	1	1	1	1	0	0	1

LRS：左右耳机通道控制。0 = 禁止；1= 激活。

LZC：0 点检查。0 = Off；1 = On。

LHV[6:0]：左耳机通道控制音量衰减(1111001 = 0 dB 默认)。

最大 1111111 = +6 dB；最小 0110000 = – 73 dB(静音)。

表 8-5　右耳机通道控制

bit	D8	D7	D6	D5	D4	D3	D2	D1	D0
功能	RLS	RZC	RHV6	RHV5	RHV4	RHV3	RHV2	RHV1	RHV0
缺省值	0	1	1	1	1	1	0	0	1

RLS：左右耳机通道控制。0 = 禁止；1 = 激活。

RZC：0 点检查。0 = Off；1 = On。

RHV[6:0]：右耳机通道控制音量衰减(1111001 = 0 dB 默认)。

最大 1111111 = +6 dB；最小 0110000 = –73 dB(静音)。

表 8-6　模拟音频通道控制

bit	D8	D7	D6	D5	D4	D3	D2	D1	D0
功能	X	STA1	STA0	STE	DAC	BYP	INSEL	MICM	MICB
缺省值	0	0	0	0	1	1	0	1	0

STA[1:0]：侧音衰减。00 = – 6 dB；01 = – 9 dB；10 = – 12 dB；11 = – 15 dB。

STE：侧音激活。0 = 禁止；1 = 激活。

DAC：DAC 选择。0 = DAC 关闭；1 = DAC 选择。

BYP：旁路。0 = 禁止；1= 激活。

INSEL：模拟输入选择。0 = 线路；1 = 麦克风。

MICM：麦克风衰减。0 = 普通；1 = 衰减。

MICB：麦克风增益。0 = 0 dB；1 = 20 dB。

表 8-7　数字音频通道控制

bit	D8	D7	D6	D5	D4	D3	D2	D1	D0
功能	X	X	X	X	X	DACM	DEEMP	DEEMP	ADCHP
缺省值	0	0	0	0	0	0	1	0	0

DACM：DAC 软件衰减。0 = 禁止；1 = 激活。

DEEMP[1:0]：消除高频成分控制。00 = 禁止；01 = 32 kHz；10 = 44.1 kHz；11 = 48 kHz。

ADCHP：ADC 滤波器。0 = 禁止；1 = 激活。

X：保留

表 8-8　启 动 控 制

bit	D8	D7	D6	D5	D4	D3	D2	D1	D0
功能	X	OFF	CLK	OSC	OUT	DAC	ADC	MIC	LINE
缺省值	0	0	0	0	0	0	1	1	1

OFF：设备电源。0 = On；1=OFF。

CLK：时钟。0 = On；1 = OFF。

OSC：振荡器。0= On；1 = OFF。

OUT：输出。0= On；1 = OFF。

DAC：DAC。0= On；1 = OFF。

ADC：ADC。0= On；1 = OFF。

MIC：麦克风输入。0 = On；1=OFF。

LINE：Line 输入。0 = On；1 = OFF。

表 8-9　数字音频格式

bit	D8	D7	D6	D5	D4	D3	D2	D1	D0
功能	X	X	MS	LRSWAP	LRP	IWL1	IWL0	FOR1	FOR0
缺省值	0	0	0	0	0	0	0	0	1

MS：主从选择。0 = 从模式；1 = 主模式。

LRSWAP：DAC 左/右通道交换。0 = 禁止；1 = 激活。

LRP: DAC 左/右通道设定。0 = 右通道在 LRCIN 高电平；1 = 右通道在 LRCIN 低电平。

IWL[1:0]：输入长度。00 = 16 bit；01 = 20 bit；10 = 24 bit；11 = 32 bit。

FOR[1:0]：数据初始化。11 = DSP 初始化，帧同步来自于两个字；10 = I^2S 初始化；01 = MSB 优先左声道排列；00 = MSB 优先右声道排列。

X：保留

表 8-10　样本速度控制

bit	D8	D7	D6	D5	D4	D3	D2	D1	D0
功能	X	CLKOUT	CLKIN	SR3	SR2	SR1	SR0	BOSR	USB/Normal
缺省值	0	0	0	1	0	0	0	0	0

CLKIN：时钟输入分频。0 = MCLK；1 = MCLK/2。

CLKOUT：时钟输出分频。0 = MCLK；1 = MCLK/2。

SR[3:0]：采样速率控制。

BOSR：基础速度比率。

USB 模式：0 = 250；1 = 272。

Normal 模式：0 = 256；1 = 384。

USB/Normal：时钟模式选择。0 = Normal；1 = USB。

X：保留

表 8-11　数字界面激活

bit	D8	D7	D6	D5	D4	D3	D2	D1	D0
功能	X	X	X	X	X	X	X	X	ACT
缺省值	0	0	0	0	0	0	0	0	0

ACT：激活控制。0 = 停止；1 = 激活。

X：保留

表 8-12　初始化寄存器

bit	D8	D7	D6	D5	D4	D3	D2	D1	D0
功能	RES	RES	RES	RES	RES	RES	RES	RES	RES
缺省值	0	0	0	0	0	0	0	0	0

RES：写 000000000 到这个寄存器引发初始化。

关于 TLV320AIC23 的更详细信息，请参考相关数据手册。

8.3　I²C 模块

8.3.1　I²C 总线特点与工作原理

集成电路芯片间总线 I²C(Inter-Integrated Circuit)是 Philips 公司提出的一种允许芯片间在简单的二线总线上工作的串行接口和软件协议，主要用于智能集成电路和器件间的数据通信。

I²C 总线最主要的优点是其简单性和有效性。由于接口直接在组件之上，因此 I²C 总线占用的空间非常小，减少了电路板的空间和芯片管脚的数量，降低了互联成本。总线的长度可高达 25 英尺，并且能够以 10 kb/s 的最大传输速率支持 40 个组件。I²C 总线的另一个优点是，它支持多主控，其中任何能够进行发送和接收的设备都可以成为主总线。一个主控能够控制信号的传输和时钟频率。当然，在任何时间点上只能有一个主控。

I²C 总线是由数据线 SDA 和时钟 SCL 构成的串行总线，可发送和接收数据。在 CPU 与被控 IC 之间、IC 与 IC 之间进行双向传送时，最高传送速率为 100 kb/s。各种被控制电路均并联在这条总线上，但就像电话机一样只有拨通各自的号码才能工作，所以每个电路和模块都有唯一的地址。在信息的传输过程中，I²C 总线上并接的每一模块电路既是主控器(或被控器)，又是发送器(或接收器)，这取决于它所要完成的功能。CPU 发出的控制信号分为地址码和控制量两部分，地址码用来选址，即接通需要控制的电路，确定控制的种类；控制量决定该调整的类别(如对比度、亮度等)及需要调整的量。这样，各控制电路虽然挂在同一条总线上，却彼此独立，互不相关。

I²C 总线在传送数据过程中共有三种类型信号，它们分别是：开始信号、结束信号和应答信号。

开始信号：SCL 为高电平时，SDA 由高电平向低电平跳变，开始传送数据。

结束信号：SCL 为低电平时，SDA 由低电平向高电平跳变，结束传送数据。

应答信号：接收数据的 IC 在接收到 8 bit 数据后，向发送数据的 IC 发出特定的低电平脉冲，表示已收到数据。CPU 向受控单元发出一个信号后，等待受控单元发出一个应答信号，CPU 接收到应答信号后，根据实际情况做出是否继续传递信号的判断，若未收到应答信号，则判断为受控单元出现故障。

I²C 规程运用主/从双向通信。器件发送数据到总线上，则定义为发送器，器件接收数据则定义为接收器。主器件和从器件都可以工作于接收和发送状态。总线必须由主器件(通常为微控制器)控制，主器件产生串行时钟(SCL)控制总线的传输方向，并产生起始和停止条件。SDA 线上的数据状态仅在 SCL 为低电平的期间才能改变，SCL 为高电平的期间，SDA 状态的改变被用来表示起始和停止条件。

8.3.2　TMS320VC5509 DSP 的 I²C 模块功能

TMS320VC5509 DSP 的内部集成了 I²C 模块。其为 DSP 提供与内部 IC 总线(I²C 总线)V2.1 兼容的接口。和这个 2 线的串口总线连接的外部设备，可以通过该 I²C 模块传输 1～8 bit 的数据(I²C 模块传输的数据单元可以小于 8 bit。但为了方便起见，一般将数据的单元称为一个数据 byte)。

I²C 模块支持所有与 I²C 兼容的主从设备。图 8-4 所示是多个 I²C 模块双向传输的例子。

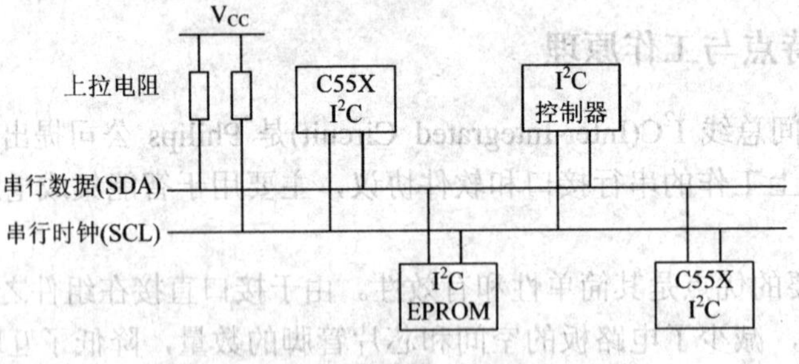

图 8-4　多个 I²C 模块双向传输

每一个连接到 I²C 总线上的设备，包括 C55X DSP，都用一个惟一的地址。每个设备是发送器还是接收器取决于设备的功能。连接到 I²C 总线上的设备，在传输数据时，也可以看作是主设备或从设备。主设备在总线上初始化数据传输，且产生传输所需要的时钟信号。在传输过程中，主设备所寻址的设备就是从设备。I²C 模块支持多个主设备模式，连接到同一个 I²C 总线上的多个设备都可以控制该 I²C 总线。

用于数据通信时 I²C 模块有一个串行数据引脚(SDA)和一个串行时钟引脚(SCL)。这两个引脚在 C55X 及连接到 I²C 总线的其他设备之间传递信息。这两个引脚都是双向的。它们都需要用上拉电阻连接到高电平。当总线空闲时，这两个引脚都为高。这两个引脚的驱动器配置为漏极开路来实现线与功能。

I²C 模块包括以下基本模块：

- 一个串行接口：一个数据引脚(SDA)和一个时钟引脚(SCL)。
- 数据寄存器，暂时存放 SDA 引脚和 CPU 或 DMA 控制器之间传输的数据。
- 控制和状态寄存器。
- 一个外设总线接口，使能 CPU 和 DMA 控制器，访问 I²C 模块寄存器。
- 一个时钟同步器，用来同步 I²C 的输入时钟(来自 DSP 时钟发生器)和 SCL 引脚上的时钟，还要同步不同频率主设备的数据传输。
- 一个预分频器，用来对 I²C 模块的输入时钟分频。
- SDA 和 SCL 引脚上都有一个噪声滤波器。
- 一个仲裁器，当 I²C 模块是主模块时，仲裁该模块与其他的主模块。
- 中断产生逻辑，可向 CPU 发出中断。
- DMA 事件产生逻辑，可以使 DMA 控制器与 I²C 模块的数据接收和发送同步。

图 8-5 是 I²C 模块框图。I2CDXR、I2CDRR、I2CXSR、I2CRSR 分别是用于发送和接收的 4 个寄存器。CPU 或 DMA 控制器把要发送的数据写到 I²CDXR，从 I2CDRR 中读接收到的数据。当 I²C 配置成发送器，写到 I2CDXR 中的数据，就复制到 I2CXSR，从 SDA 引脚一次1位串行移出。当I²C配置成接收器，接收到的数据先移到I2CRSR，然后复制到I2CDRR。

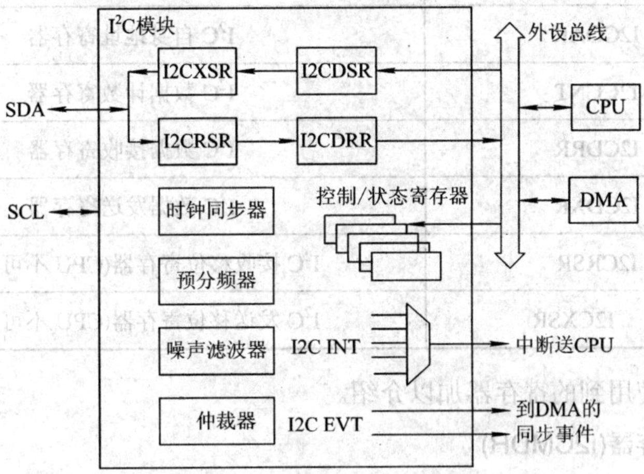

图 8-5　I²C 模块框图

8.3.3　复位和关闭 I²C 模块

可以通过以下两种方式复位/关闭 I²C 模块：

(1) 将 I²C 模式寄存器(I2CMDR)中的 I²C 复位 bit(IRS)置 0。I2CSTR 中的所有状态 bits 都强制恢复到默认值，I²C 保持关闭状态直到 IRS 变为 1。SDA 和 SDL 引脚处于高阻状态。

(2) 将 RESET 引脚拉低，使 DSP 复位。整个 DSP 保持复位态，直到 RESET 引脚拉高。复位释放后，所有的 I²C 寄存器都恢复到默认值。将 IRS bit 强制为 0，复位 I²C 模块。I²C 模块将处于复位状态，直到写 1 给 IRS。

配置或重新配置 I²C 模块时，IRS 必须为 0。使 IRS 为 0 可以节省功率和清除错误条件。

8.3.4　I²C 模块寄存器

表 8-13 列出了 I²C 模块的寄存器。所有寄存器，除了接收和发送移位寄存器(I2CRSR 和 I2CXSR)之外，都可以通过 I/O 空间的 16 bit 地址被 CPU 访问。

表 8-13　I²C 模块寄存器

名　称	说　明
I2CMDR	I²C 模式寄存器
I2CIER	I²C 中断使能寄存器
I2CSTR	I²C 状态寄存器
I2CISRC	I²C 中断源寄存器
I2CPSC	I²C 预分频寄存器
I2CCLKL	I²C 时钟低分频寄存器
I2CCLKH	I²C 时钟高分频寄存器
I2CSAR	I²C 从地址寄存器
I2COAR	I²C 自身地址寄存器
I2CCNT	I²C 数据计数寄存器
I2CDRR	I²C 数据接收寄存器
I2CDXR	I²C 数据发送寄存器
I2CRSR	I²C 接收移位寄存器(CPU 不可访问)
I2CXSR	I²C 发送移位寄存器(CPU 不可访问)

下面对本章中使用到的寄存器加以介绍。

1. I²C 模式寄存器(I2CMDR)

I2CMDR 是一个 16 bit 的 I/O 空间映射寄存器，它包括 I²C 模块的控制 bits。其示意图如图 8-6 所示。I2CMDR 寄存器的每一位的功能在表 8-14 里作了说明。

15	14	13	12	11	10	9	8
NACKMOD	FREE	STT	IDLEEN	STP	MST	TRX	XA
R/W-0	R/W-0	R/W-0	R/W-0	R/W-0	R/W-0	R/W-0	R/W-0

7	6	5	4	3	2　　　0
RW	DLB	IRS	STB	FDF	BC
R/W-0	R/W-0	R/W-0	R/W-0	R/W-0	R/W-0

图 8-6　I²C 模式寄存器(I2CMDR)

表 8-14　I^{2}C 模式寄存器

bit	域	值	说　明
15	NACKMOD	0/1	NACK 模式 bit(对于 TMS320VC5509 DSP 无效)。该 bit 只有在 I^{2}C 作为一个接收器时才有用
14	FREE		该仿真模式 bit 用于高级语言调试遇到断点时，决定 I^{2}C 模块的状态
		0	I^{2}C 模块为主设备：遇到断点时，SCL 为低，不管 I^{2}C 模块是发送还是接收，都立即停止，保持 SCL 为低。如果 SCL 为高，I^{2}C 模块等待 SCL 变低，然后停止
		1	I^{2}C 模块为从模块：断点会在当前发送和接收完成时，迫使 I^{2}C 模块停止。I^{2}C 模块自由工作，当遇到断点时继续工作
13	STT		START 条件 bit(只有在 I^{2}C 为主设备时才有用)。RM、STT 和 STP bit 决定 I^{2}C 模块何时开始和停止数据传输。注意，STT 和 STP 可以用来终止循环模式
		0	在主模式下，在 START 条件产生之后，STT 自动清除。 在从模式下，如果 STT 为 0，I^{2}C 模块并不监视总线上主设备发出的命令，I^{2}C 模块不执行数据传输。
		1	在主模式下，设置 STT 为 1，I^{2}C 模块在 I^{2}C 总线上产生 START 条件 在从模式下，如果 STT 为 1，I^{2}C 模块监视总线，并且根据主设备的命令发送/接收数据
12	IDLEEN		IDLE 使能 bit
		0	CPU 执行 IDLE 指令时，不影响 I^{2}C 模块
		1	置位该 bit，执行 IDLE 指令时关闭 I^{2}C 模块。 如果 PERIPH 域由于 IDILE 命令关闭(IDLE 状态寄存器中 PERIS=1)，I^{2}C 模块也处于非激活状态
11	STP		STOP 条件 bit(只有在 I^{2}C 为主设备时才有用)
		0	在主模式，RM、STT、STP bit 决定 I^{2}C 什么时候开始和停止数据传输。 注意：STT、STP bit 可以用于终止循环模式。当 STOP 条件产生之后，STP 自动清除
		1	当 I^{2}C 模块的内部数据计数器减为 0 时，DSP 置位 STP，产生 STOP 条件
10	MST		主模式 bit。该 bit 决定 I^{2}C 模块是从模式还是主模式。当 I^{2}C 主设备产生一个 STOP 条件，MST 自动从 1 变为 0
		0	从模式。I^{2}C 模块是从模式，接收主设备提供的串行时钟
		1	主模式。I^{2}C 模块是主模式，在 SCL 引脚上产生串行时钟
9	TRX		发送模式 bit。决定 I^{2}C 模块处于发送模式还是接收模式
		0	接收模式。I^{2}C 模块是接收设备，从 SDA 引脚上接收数据
		1	发送模式。I^{2}C 模块是发送设备，通过 SDA 引脚发送数据
8	XA		扩展地址使能 bit
		0	7 bit 寻址模式(一般寻址模式)。I^{2}C 模块传送 7 bit 的从地址(I2CSAR 的 bit6~0)，它自己的从地址也有 7 bit(I2COAR 的 bit6～0)
		1	10 bit 寻址模式(扩展寻址模式)。I^{2}C 模块传输 10 bit 的从地址(I2CSAR 的 bit9～0)，它自己的从地址也有 10 bit(I2COAR 的 bit9～0)
7	RM		循环模式 bit(只有在 I^{2}C 模块是主发送设备时才有用)
		0	非循环模式。数据计数寄存器(I2CCNT)中的值，确定 I^{2}C 模块发送/接收的 byte 数
		1	循环模式。I^{2}C 模块连续发送/接收 byte，直到 STP bit 被手动设置为 1，不管 I2CCNT 的值是多少

续表

bit	域	值	说　明
6	DLB		数字回环模式 bit。 在数字回环模式下，从 I2CDXR 发送出的数据，通过内部路径，在 n 个 DSP 周期后，接收到 I2CDRR 中。其中，n=(I^{2}C 输入时钟频率/模块时钟频率)×8 发送时钟也是接收时钟。SDA 上发送的地址，是 I2COAR 中的地址 注意：自由数据格式(FDF = 1)不支持数字回环模式
		0	关闭数字回环模式
		1	使能数字回环模式。为了在这种模式下正常工作，MST bit 必须设置为 1
5	IRS		I^{2}C 模块复位 bit
		0	I^{2}C 模块复位/禁止。该 bit 清 0，I2CSTR 中所有的状态 bit 都恢复到默认值
		1	使能 I^{2}C 模块
4	STB		START Byte 模式 bit，I^{2}C 模块为主设备时才使用。START Byte 可以用来帮助需要额外时间来检测 START 条件的从设备。当 I^{2}C 模块为从设备时，忽略主设备发来的 START Byte，不管 STB 的值为多少
		0	I^{2}C 模块不在 START Byte 模式
		1	I^{2}C 模块处于 START Byte 模式，如果置位 START 条件 bit(STT)，I^{2}C 模块需要不止一个 START 条件来启动传输。特别是，它会产生： 一个 START 条件； 一个 START Byte(0000 0001b)； 一个伪确认时钟脉冲； 一个循环 START 条件。 然后，I^{2}C 模块发送 I2CSAR 中的从地址
3	FDF		自由数据格式模式 bit
		0	关闭自由数据格式模式。用 7 bit/10 bit 寻址格式来传输，由 XA bit 来选择
		1	使能自由数据格式模式。发送设备使用自由数据格式来传输。 注意：数字回环模式(DLB = 1)不支持自由数据格式
2～0	BC		bit 计数 bit。BC 定义 I^{2}C 模块发送或接收的下一个数据 byte 的位数(1～8)。BC 选择的 bit 数要与其他设备的数据大小匹配。注意，BC = 000b 时，一个 byte 有 8 bit。BC 不影响地址 byte，地址总是 8 bit。 注意：如果 bit 计数小于 8，则接收到的数据在 I2CDRR(7～0)中是合适的，而其他的 bit 都没有定义，发送数据也是如此
		000	每 Byte 0 bit
		001	每 Byte 1 bit
		010	每 Byte 2 bit
		011	每 Byte 3 bit
		100	每 Byte 4 bit
		101	每 Byte 5 bit
		110	每 Byte 6 bit
		111	每 Byte 7 bit

2．I^{2}C 预分频寄存器(I2CPSC)

I^{2}C 预分频寄存器 I2CPSC 是一个 16 bit I/O 映射寄存器，用来对 I^{2}C 的输入时钟分频，获得期望的模块时钟，如图 8-7 和表 8-15 所示。

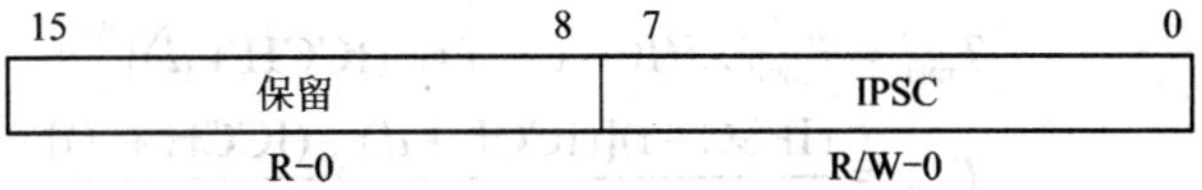

图 8-7 I²C 预分频寄存器(I2CPSC)

表 8-15 I²C 预分频寄存器(I2CPSC)各域的说明

bit	域	值	说 明
15~8	保留	0	读的返回值总是 0，写无效
7~0	IPSC	00~FFh	I²C 的预分频值，它决定了怎样将 CPU 时钟分频，获得 I²C 模块时钟：模块时钟频率=I²C 输入时钟频率/(IPSC + 1)。注意：当 I²C 模块复位时(I2CMDR 中 IRS = 0)，必须对 IPSC 初始化

IPSC 必须在 I²C 模块复位(I2CMDR 中 IRS = 0)时进行初始化。

预分频的频率只有在 IRS 变为 1 时才有效。IRS = 1 时，改变 IPSC 的值无效。

3. I²C 时钟分频寄存器(I2CCLKL 和 I2CCLKH)

当 I²C 模块是主设备时，需要对模块时钟进行分频，获得 SCL 引脚上的主时钟。如图 8-8 所示，主时钟的波形取决于两个分频值：

(1) I2CCLKL 的 ICCL(如表 8-16 所示)。对于每个主时钟周期，ICCL 决定信号电平为低的持续时间。

(2) I2CCLKH 的 ICCH(如表 8-17 所示)。对于每个主时钟周期，ICCH 决定信号电平为高的持续时间。

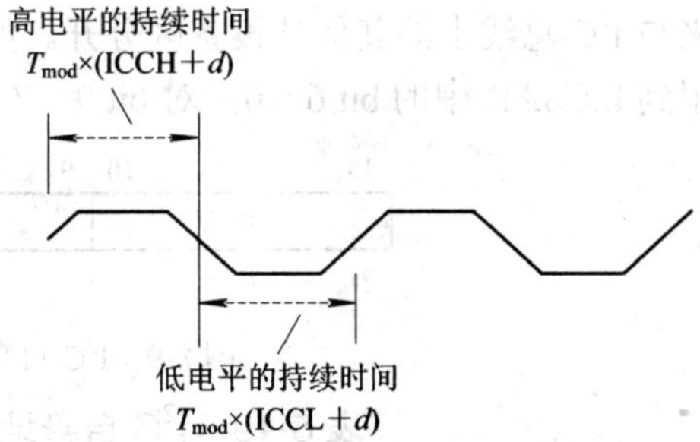

图 8-8 时钟分频值(ICCL 和 ICCH)的作用

表 8-16 I²C 时钟低电平分频寄存器(I2CCLKL)的说明

bit	域	值	说 明
15~0	ICCL	0000~FFFFh	时钟低电平时间分频值(1~65 535)。为了产生主时钟的低电平持续时间，将模块时钟周期乘以(ICCL + d)，d = 5、6、7

表 8-17 I²C 时钟高电平分频寄存器(I2CCLKH)的说明

bit	域	值	说 明
15~0	ICCH	0000~FFFFh	时钟高电平时间分频值(1~65 535)。为了产生主时钟的低电平持续时间，将模块时钟周期乘以(ICCH + d)，d = 5、6、7

主时钟周期(T_{mst})是模块时钟周期(T_{mod})的整数倍：

$$T_{mst} = T_{mod} \times [(\mathrm{ICCL}+d)+(\mathrm{ICCH}+d)]$$

$$T_{mst} = \frac{(\mathrm{IPSC}+1)[(\mathrm{ICCL}+d)+(\mathrm{ICCH}+d)]}{\mathrm{I^2C}\text{输入时钟频率}} \tag{8-1}$$

其中，d 取决于分频值 IPSC，如表 8-18 所示。

表 8-18　延时 d 与 IPSC 之间的关系

IPSC	d
0	7
1	6
大于 1	5

4.　I²C 自身地址寄存器(I2COAR)

I²C 自身地址寄存器(I2COAR)是一个 16 bit 映射到 DSP 的 I/O 空间的寄存器。图 8-9 是 I2COAR 的示意图，表 8-19 对其作了说明。I²C 模块用这个寄存器来指定自身的从设备地址，用来与 I²C 总线上的其他从设备区分开。如果选择 7 bit 寻址模式(I2CMDR 中 XA = 0)，则只用到 I2CSAR 中的 bit 6～0，对 bit 9～7 写 0。

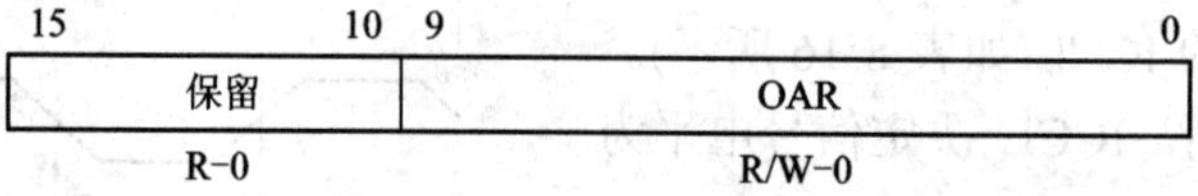

图 8-9　I²C 自身地址寄存器(I2COAR)

表 8-19　I²C 自身地址寄存器(I2COAR)的说明

bit	域	值	说　明
15～10	ICCH	0	读出为 0，写入无效
9～0	OAR	00～7Fh	7 bit 寻址模式(I2CMDR 中 XA = 0)。提供 I²C 模块 7 bit 的从地址，bit9～7 写 0。
		000～3FFh	10 bit 寻址模式(I2CMDR 中 XA = 1)。提供 I²C 模块 10 bit 的从地址

5. I²C 数据接收寄存器(I2CDRR)

I2CDRR(如图 8-10 和表 8-20 所示)是一个 16 bit I/O 映射的寄存器，由 CPU 或 DMA 控制器用来读接收的数据。I²C 模块可以接收 1 到 8 bit 的数据 byte，这由 I2CMDR 中的 BC bit 决定。每次从 SDA 引脚上移进一个 bit 到接收移位寄存器(I2CRSR)。接收完一个数据 byte，I²C 模块就将 12CRSR 中的数据复制到 I2CDRR 中。

如果 I2CDRR 中的数据 byte 少于 8 bit，则只有一些 bit 是有效的，其他 bit 都没有定义。例如，如果 BC = 011(数据长度为 3 bit)，接收的数据存放在 I2CDRR(2～0)中，I2CDRR(7～3)的值就没有定义。

CPU 和 DMA 控制器不能访问 I2CRSR。

15　　　　　　　　　　8	7　　　　　　　　　　0
保留	DATA
R-0	R/W-0

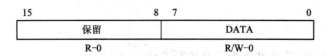

图 8-10　I^2C 数据接收寄存器(I2CDRR)

表 8-20　I^2C 数据接收寄存器(I2CDRR)的说明

bit	域	值	说　明
15～8	保留	0	读出为 0，写入无效
7～0	DATA	00～FFh	接收的数据

6. I^2C 数据发送寄存器(I2CDXR)

CPU 或 DMA 控制器将要发送的数据写入 I2CDXR(如图 8-11 和表 8-21 所示)。这个 16 bit 的 I/O 映射寄存器接收 1 bit 到 8 bit 的数据。在往 I2CDXR 写之前，通过正确设置 I2CMDR 中的 BC bit，来确定一个数据 byte 里有多少 bits。写一个少于 8 bit 的数据 byte 时，I2CDXR 中的值要右对齐。

一个 byte 写入 I2CDXR 后，I^2C 模块将这个数据 byte 复制发送移位寄存器(I2CXSR)，然后每次一个 bit 从 SDA 引脚移出。

CPU 和 DMA 控制器不能访问 I2CXSR。

15　　　　　　　　　　8	7　　　　　　　　　　0
保留	DATA
R-0	R/W-0

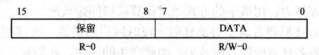

图 8-11　I^2C 数据发送寄存器(I2CDXR)

表 8-21　I^2C 数据发送寄存器(I2CDXR)的说明

bit	域	值	说　明
15～8	保留	0	读出为 0，写入无效
7～0	DATA	00～FFh	要发送的数据

任务 19　语音采集和放送

一、任务目标

(1) 了解语音 codec 芯片 TLV320AIC23 的设计和程序控制原理。

(2) 了解数字回声产生原理、编程及其参数选择、控制。

(3) 熟悉 VC5509DSP 扩展存储器的编程使用方法。

二、所需设备

计算机，ICETEK-VC5509-EDU 实验箱(或 ICETEK 仿真器，ICETEK-VC5509-A 系统板，相关连线及电源)，耳机，麦克风。

三、相关原理

1. TLV320AIC23 芯片性能指标及控制方法

(1) 初始化配置：DSP 通过 I^2C 总线将配置命令发送到 AIC23，配置完成后，AIC23 开始工作。

(2) 语音信号的输入：AIC23 通过其中的 A/D 转换采集输入的语音信号，每采集完一个信号后，将数据发送到 DSP 的 McBSP 接口上，DSP 可以读取到语音数据，每个数据为 16 位无符号整数，左右通道各有一个数值。

(3) 语音信号的输出：DSP 可以将语音数据通过 McBSP 接口发送给 AIC23，AIC23 的 D/A 器件将他们变成模拟信号输出。

2. 数字回声原理

在实际生活中，当声源遇到物体时，会发生反射，反射的声波和声源声波一起传输，听者会发现反射声波部分比声源声波慢一些，类似人们面对山体高声呼喊后可以在过一会儿听到回声的现象。声音遇到较远的物体产生的反射会比遇到较近的物体的反射波晚些到达声源位置，所以回声和原声的延迟随反射物体的距离大小改变。同时，反射声音的物体对声波的反射能力，决定了听到的回声的强弱和质量。另外，生活中的回声的成分比较复杂，有反射、漫反射、折射，还有回声的多次反、折射效果。当已知一个数字音源后，可以利用计算机的处理能力，用数字的方式通过计算模拟回声效应。

简单地讲，可以在原声音流中叠加延迟一段时间后的声流，实现回声效果。当然通过复杂运算，可以计算各种效应的混响效果。如此产生的回声，我们称之为数字回声。

3. 程序说明

该项目的程序流程图如图 8-12 所示。

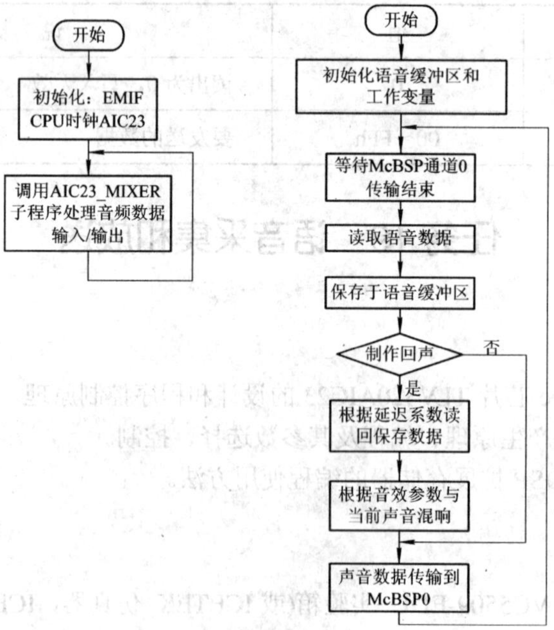

图 8-12　语音的采集与放送程序流程图

4. 程序清单

(1) 项目源程序 audio.c 的流程图如图 8-12 左侧所示。其程序的主要部分如下：

```
#include "5509.h"
#include "util.h"

void wait( unsigned int cycles );
void EnableAPLL( );
void main()
{
    SDRAM_init();
    EnableAPLL();
    PLL_Init(40);
    AIC23_Init();
    for(;;)
    {
        AIC23_Mixer();
    }
}
```

(2) 整个项目的流程如图 8-12 右侧所示。AIC23_Mixer 函数位于 aic23.c 程序中，aic23.c 程序如下所示：

```
#include "5509.h"
#include "util.h"
#include "extaddr.h"
#include "math.h"

// AIC23 控制寄存器地址(注意：AIC23 控制寄存器地址为 7 位，而寄存器的内容为 9 位，因此
用 8 位来表示其地址时，相当于将其左移一位，具体寄存器内容见 8.2.2 小节)
#define AIC23_LT_LINE_CTL           0x00  // 0
#define AIC23_RT_LINE_CTL           0x02  // 1
#define AIC23_LT_HP_CTL             0x04  // 2
#define AIC23_RT_HP_CTL             0x06  // 3
#define AIC23_ANALOG_AUDIO_CTL      0x08  // 4
#define AIC23_DIGITAL_AUDIO_CTL     0x0A  // 5
#define AIC23_POWER_DOWN_CTL        0x0C  // 6
#define AIC23_DIGITAL_IF_FORMAT     0x0E  // 7
#define AIC23_SAMPLE_RATE_CTL       0x10  // 8
#define AIC23_DIG_IF_ACTIVATE       0x12  // 9
#define AIC23_RESET_REG             0x1E  // 往该寄存器写入 0 触发 AIC23 复位
```

```
// AIC23 控制寄存器设置
#define lt_ch_vol_ctrl          0x0017    /* 0*/
#define rt_ch_vol_ctrl          0x0017    /* 1*/
#define lt_ch_headph_ctrl       0x0079    /* 2*/
#define rt_ch_headph_ctrl       0x0079    /* 3*/
#define alog_au_path_ctrl       0x0000    /* 4*/
#define digi_au_path_ctrl       0x0000    /* 5*/
#define pow_mgt_ctrl_ctrl       0x0002    /* 6*/
#define digi_au_intf_ctrl       0x000D    /* 7*/
#define au_FS_TIM_ctrl          0x0000    /* 8 MCLK=12 MHz, Sample Rate setting */
#define digi_intf1_ctrl         0x0001    /* 9*/
#define digi_intf2_ctrl         0x00FF    /* 10 */

#define DIGIF_FMT_MS            0x40
#define DIGIF_FMT_LRSWAP        0x20
#define DIGIF_FMT_LRP           0x10
#define DIGIF_FMT_IWL           0x0c
#define DIGIF_FMT_FOR           0x03

#define DIGIF_FMT_IWL_16        0x00
#define DIGIF_FMT_IWL_20        0x04
#define DIGIF_FMT_IWL_24        0x08
#define DIGIF_FMT_IWL_32        0xc0

#define DIGIF_FMT_FOR_MSBRIGHT       0x00
#define DIGIF_FMT_FOR_MSLEFT         0x01
#define DIGIF_FMT_FOR_I2S            0x02
#define DIGIF_FMT_FOR_DSP            0x03

#define POWER_DEV                    0x80
#define POWER_CLK                    0x40
#define POWER_OSC                    0x20
#define POWER_OUT                    0x10
#define POWER_DAC                    0x08
#define POWER_ADC                    0x04
#define POWER_MIC                    0x02
#define POWER_LINE                   0x01

#define SRC_CLKOUT                   0x80
```

```
#define SRC_CLKIN                 0x40
#define SRC_SR                    0x3c
#define SRC_BOSR                  0x02
#define SRC_MO                    0x01

#define SRC_SR_44                 0x20
#define SRC_SR_32                 0x18

#define ANAPCTL_STA               0xc0
#define ANAPCTL_STE               0x20
#define ANAPCTL_DAC               0x10
#define ANAPCTL_BYP               0x08
#define ANAPCTL_INSEL             0x04
#define ANAPCTL_MICM              0x02
#define ANAPCTL_MICB              0x01

#define DIGPCTL_DACM              0x08
#define DIGPCTL_DEEMP             0x06
#define DIGPCTL_ADCHP             0x01
#define DIGPCTL_DEEMP_DIS         0x00
#define DIGPCTL_DEEMP_32          0x02
#define DIGPCTL_DEEMP_44          0x04
#define DIGPCRL_DEEMP_48          0x06

#define DIGIFACT_ACT              0x01

#define LT_HP_CTL_LZC             0x80
#define RT_HP_CTL_RZC             0x80

void AIC23_Write(unsigned short regaddr, unsigned short data)
{
    unsigned char buf[2];
    buf[0] = regaddr;
    buf[1] = data;
    I2C_Write(I2C_AIC23, 2, buf);  //调用 I2C_Write 函数，该函数位于 i2c.c 程序中，具体应用
                                   //详见 TI 应用手册《Programming the TMS320VC5509 I2C Peripheral》
}
void McBSP0_InitSlave()
```

```
{
    PC55XX_MCSP pMcBSP0 = (PC55XX_MCSP)C55XX_MSP0_ADDR;

    // 复位 McBSP
    Write(pMcBSP0 -> spcr1, 0);
    Write(pMcBSP0 -> spcr2, 0);

    // 设置帧参数 (32 bit, 发送帧与接收帧都为单段，发送接收数据无延时)
    Write(pMcBSP0 -> xcr1, XWDLEN1_32);
    Write(pMcBSP0 -> xcr2, XPHASE_SINGLE | XDATDLY_0);
    Write(pMcBSP0 -> rcr1, RWDLEN1_32);
    Write(pMcBSP0 -> rcr2, RPHASE_SINGLE | RDATDLY_0);

    // 发送帧同步信号高电平有效，CLKK 上升沿发送数据
    Write(pMcBSP0 -> pcr, PCR_CLKXP);

    // Bring transmitter and receiver out of reset
    SetMask(pMcBSP0 -> spcr2, SPCR2_XRST);
    SetMask(pMcBSP0 -> spcr1, SPCR1_RRST);
}

void AIC23_Init()
{
    I2C_Init();

    // 复位 AIC23 以及打开设备电源
    AIC23_Write(AIC23_RESET_REG , 0);
    AIC23_Write(AIC23_POWER_DOWN_CTL, 0);
    AIC23_Write(AIC23_ANALOG_AUDIO_CTL, ANAPCTL_DAC | ANAPCTL_INSEL);
    AIC23_Write(AIC23_DIGITAL_AUDIO_CTL, 0);

    // 打开左右声道输入音量控制
    AIC23_Write(AIC23_LT_LINE_CTL,0x000);
    AIC23_Write(AIC23_RT_LINE_CTL,0x000);

    //设置 AIC23 为主模式，44.1 kHz 立体声，16 bit 采样
    AIC23_Write(AIC23_DIGITAL_IF_FORMAT,  DIGIF_FMT_MS  |  DIGIF_FMT_IWL_16  |
DIGIF_FMT_FOR_DSP);
    AIC23_Write(AIC23_SAMPLE_RATE_CTL, SRC_SR_44 | SRC_BOSR | SRC_MO);
```

```
    // 打开话筒音量和数字接口
    AIC23_Write(AIC23_LT_HP_CTL, 0x07f);   // 0x79 for speakers
    AIC23_Write(AIC23_RT_HP_CTL, 0x07f);
    AIC23_Write(AIC23_DIG_IF_ACTIVATE, DIGIFACT_ACT);

    // 设置 McBSP0 为从传输模式
    McBSP0_InitSlave();
}

void AIC23_Disable()
{
    PC55XX_MCSP pMcBSP0 = (PC55XX_MCSP)C55XX_MSP0_ADDR;
    I2C_Disable();

    // 复位 McBSP
    Write(pMcBSP0 -> spcr1, 0);
    Write(pMcBSP0 -> spcr2, 0);
}

#define AUDIOBUFFER 0x200000
FARPTR lpAudio;
unsigned int bEcho=0,uDelay=64,uEffect=256;
void AIC23_Mixer()
{
    PC55XX_MCSP pMcBSP0 = (PC55XX_MCSP)C55XX_MSP0_ADDR;
    int nWork,nWork1;
    FARPTR lpWork,lpWork1;
    long int luWork,luWork1;
    float fWork,fWork1;

    lpWork=lpAudio=AUDIOBUFFER; luWork=0;
    for ( luWork1=0;luWork1<0x48000;luWork1++ )
    far_poke(lpWork++,0);
    lpWork=lpAudio;

    while(1)
    {
      while (!ReadMask(pMcBSP0 → spcr2, SPCR2_XRDY));   // 等待 McBSP0 发送准备
                                                        // 好，数据传输完成
```

```
        nWork=Read(pMcBSP0->ddr2);      // 读取左右声道的数据
        nWork=Read(pMcBSP0->ddr1);      // 因为耳机输入左右声道相同，所以读两次即可
        far_poke(lpWork++,nWork);       // 保存到缓冲区
        if ( bEcho )                    // 需要制作数字回声否？
        {
         uEffect%=1024;                 // 保证输入在 0～1023 之间
         uDelay%=1024;                  // 保证输入在 0～1023 之间
         fWork=uEffect/1024.0;
         luWork1=100;
         luWork1*=uDelay;
         luWork1=luWork-luWork1;
         if ( luWork1<0 ) luWork1+=0x48000;
         lpWork1=lpAudio;
         lpWork1+=luWork1;              // 根据 uDelay 参数计算
         nWork1=far_peek(lpWork1);      // 取得保存的音频数据
         fWork1=nWork1;
         fWork1/=512.0;
         fWork1*=uEffect;
         fWork1+=nWork;
         fWork+=1.0;
         fWork1/=fWork;
         nWork=fWork1;                  // 与当前声音混响
        }
        Write(pMcBSP0->dxr2,nWork);     // 送数据到 McBSP0
        Write(pMcBSP0->dxr1,nWork);     // 声音输出由 AIC23 完成
        luWork++;                       // 循环使用缓冲区
        if ( luWork>=0x48000 )
        {
         lpWork=lpAudio; luWork=0;
        }
    }
}
```

四、任务步骤

(1) 准备。

① 连接实验设备。

② 准备音频输入、输出设备。

a. 将耳机上麦克风插头插到 ICETEK-VC5509-A 板的 J5 插座，即“麦克风输入”。

b. 将耳机上音频输入插头插到 ICETEK-VC5509-A 板的 J7 插座，即“耳机输出”。

c. 调节耳机上音量旋钮到适中位置。

③ 设置 CCS 2.21 在硬件仿真(Emulator)方式下运行。

④ 启动 CCS 2.21。选择菜单 Debug→Reset CPU。

(2) 打开工程文件。

(3) 编译、下载程序。选择菜单 Debug→Go Main，使程序运行到 main 函数入口位置。

(4) 设置观察窗口。打开源程序 aic23.c，将变量 bEcho、uDelay 和 uEffect 加入观察窗口。

(5) 运行程序观察结果。

① 按“F5”键运行，注意观察窗口中的 bEcho=0，表示数字回声功能没有激活。

② 这时从耳机中能听到麦克风中的输入语音放送。

③ 将观察到窗口中 bEcho 的取值改成非 0 值。

④ 这时可从耳机中听到带数字回声道语音放送。

⑤ 试着分别调整 uDelay 和 uEffect 的取值，使他们保持在 0～1023 范围内，同时听听耳机中的输出有何变化。

(6) 退出 CCS。

五、结果

声音放送可以加入数字回声，数字回声的强弱和与原声的延迟均可在程序中设定和调整。

六、问题与思考

修改程序，实现第二重回声。例如：原声音直接放送表示为“A------”，而带数字回声的发送为“A—a----”，那么带第二重回声的为“A—a—a---”。第二重回声的音效要比第一重的弱。(提示：可以修改 AIC23_Mixer 函数中的相关部分。)

任务 20　实现语音信号编码解码(G .711)

一、任务目标

(1) 熟悉 ICETEK-VC5509-A 板上语音 codec 芯片 TLV320AIC23 的设计和程序控制原理。

(2) 了解语音编码 G .711 的特点、工作原理及其编程。

(3) 了解 PCM 编码过程及应用，学习 *A* 律压缩解压缩方法的运算过程和程序编制实现。

(4) 通过实验体会语音编解码过程及应用。

二、所需设备

计算机，ICETEK-VC5509-EDU 实验箱(或 ICETEK 仿真器、ICETEK-VC5509-A 系统板、

相关连线及电源)，耳机，麦克风。

三、相关原理

1．TLV320AIC23 芯片性能指标及控制方法

同任务 19。

2．G .711 语音编码标准

G .711 是国际电报电话咨询委员会(CCITT)和国际标准化组织(ISO)提出的一系列有关音频编码算法和国际标准中的一种，应用于电话语音传输。

G .711 是一种工作在 8 kHz 采样率模式下的脉冲编码调制(Pulse Code Modulation，PCM)方案，采样值是 8 位的。按照恩奎斯特法则规定，采样频率必须高于被采信号最大频率成分的 2 倍，G .711 可以编码的频率范围是从 0 到 4 kHz。G .711 可以由两种编码方案：*A* 律和 μ 律。G .711 采用 8 kHz、8 位编码值，占用带宽为 64 kb/s。

3．PCM 编码

在电话网络中规定，传输语音部分采用 0.3～3.3 kHz 的语音信号。这一频率范围可覆盖大部分语音信号。它可以保留语音频率的前 3 个共振峰信息，而通过分析这 3 个共振峰的频率特性和幅度特性可以识别不同人声。而 0～0.3 Hz 和 3.3～4 kHz 未用，也被当成保护波段。总之，电话网络具有 4 kHz 的带宽。由于需要通过这一带宽传送小幅变化的语音信号，因此需要借助于脉冲调制编码(PCM)，使模拟的语音信号在数字化时使用固定的精度，以最小的代价得到高质量的语音信号。

PCM 编码需要经过连续的三步：抽样、量化和编码。抽样取决于信号的振幅随时间的变化频率，由于电话网络的带宽是 4 kHz 的，因此为了精确地表现语音信号，必须用至少 8 kHz 的抽样率来取样。量化的任务是由模拟转换成数字的过程，但会引入量化误差，应尽量采用较小的量化间隔来减小这一误差。编码完成数字化的最后工作，在编码的过程中，应保存信息的有效位，而且算法应利于快速计算，无论是编码还是解码。其中，压扩运算可以采用两种标准：*A* 律和 μ 律。μ 律是美洲和日本的公认标准，而 *A* 律是欧洲采用的标准。我国采用的是 *A* 律。

4．*A* 律压扩标准

A 律编码的数据对象是 12 位精度的，它保证了压缩后的数据有 5 位的精度并存储到一个字节(8 位)中。其方程如下：

$$y=\begin{cases}\dfrac{Ax}{1+\ln A} & 0\leqslant x\leqslant\dfrac{1}{A}\\[2ex]\dfrac{1+\ln Ax}{1+\ln A} & \dfrac{1}{A}\leqslant x\leqslant 1\end{cases}\tag{8-2}$$

其中，*A* 为压缩参数取值 87.6，*x* 为规格化的 12 位(二进制)整数。图 8-13 是用折线逼近的压缩方程曲线示意图。

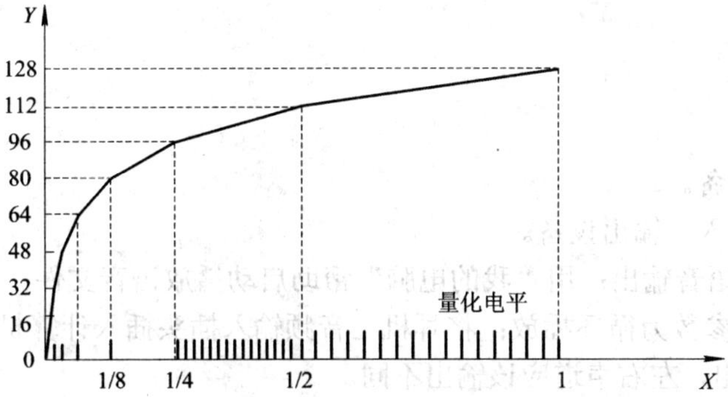

图 8-13　用折线逼近的压缩方程曲线示意图

一般地，用程序进行 *A* 律编码解码有两种方法：一种是直接计算法，这种方法程序代码较多，时间较慢，但可节省宝贵的内存空间；另一种是查表法，这种方法程序量小、运算速度快，但占用较多的内存以存储查找表。

5．程序流程图

语音信号编码解码(G .711)程序流程图如图 8-14 所示。

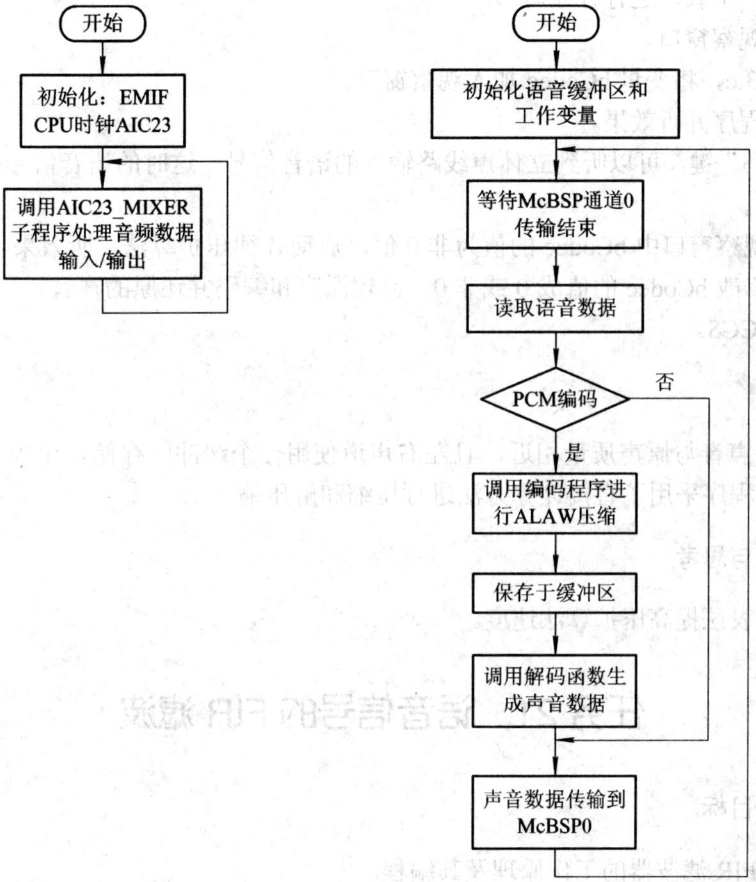

图 8-14　语音信号编码解码(G .711)程序流程图\

四、任务步骤

(1) 准备。

① 连接实验设备。

② 准备音频输入、输出设备。

a. 测试计算机语音输出：用“我的电脑”帮助启动播放语音文件。

b. 选择播放器参数为循环播放；将耳机上音频输入插头插入计算机上耳机插座，仔细听耳机中是否有输出，左右声道应该输出不同。

c. 拔下耳机音频输入插头，用实验箱附带的音频连接线(两端均为双声道音频插头)连接计算机耳机输出插座和 ICETEK-VC5509-A 板上 J5 插座(麦克风输入)。

d. 将耳机上音频输入插头插到 ICETEK-VC5509-A 板的 J7 插座(耳机输出)。

e. 调节耳机上音量旋钮到适中位置。

③ 设置 CCS 2.21 在硬件仿真(Emulator)方式下运行。

④ 启动 CCS 2.21。选择菜单 Debug→Reset CPU。

(2) 打开工程文件。

(3) 编译、下载、运行程序。

(4) 设置观察窗口。

打开 aic23.c，将变量 bCodec 加入观察窗口。

(5) 运行程序并听效果。

① 按“F5”键，可以听到立体声线路输入的语音信号。这时的语音信号并未经过压扩处理。

② 修改观察窗口中 bCodec 的值为非 0 值，启动 *A* 律压扩算法，听效果。

③ 反复修改 bCodec 的值成 0 或非 0，比较原声和编码并还原的声音。

(6) 退出 CCS。

五、结果

压扩后的声音与原声质量相近，且左右声道使用一个缓冲区存储，至少节省了一半存储空间。实验程序采用了直接计算方法进行压缩和解压缩。

六、问题与思考

试采用查表法提高压扩算法速度。

任务 21　语音信号的 FIR 滤波

一、任务目标

(1) 熟悉 FIR 滤波器的工作原理及其编程。

(2) 掌握使用 TI 的算法库 dsplib 提高程序运行效率的方法。

(3) 学习使用 CCS 图形观察窗口观察和分析语音波形及其频谱。

二、所需设备

计算机，ICETEK-VC5509-EDU 实验箱(或 ICETEK 仿真器、ICETEK-VC5509-A 系统板、相关连线及电源)，耳机，麦克风。

三、相关原理

1．TLV320AIC23 芯片性能指标及控制方法

同任务 19。

2．FIR 滤波器原理

请参见本书第 7 章。

参数选取：实验程序采用 64 阶滤波参数，低通滤波，海明窗(Hamming Window)函数，截止频率为 2400 Hz，采样频率为 48 000 Hz，增益 40 dB。

3．TI 算法库 dsplib 的使用

在这里，我们需要调用 dsplib 中的函数 fir2。函数 fir2 是一个可以利用 DSP 中有双 MAC 硬件的滤波程序，而 TMS320VC5509 DSP 片内具有双 MAC，可以用此程序完成运算。

4．程序流程图

程序流程图如图 8-15 所示。

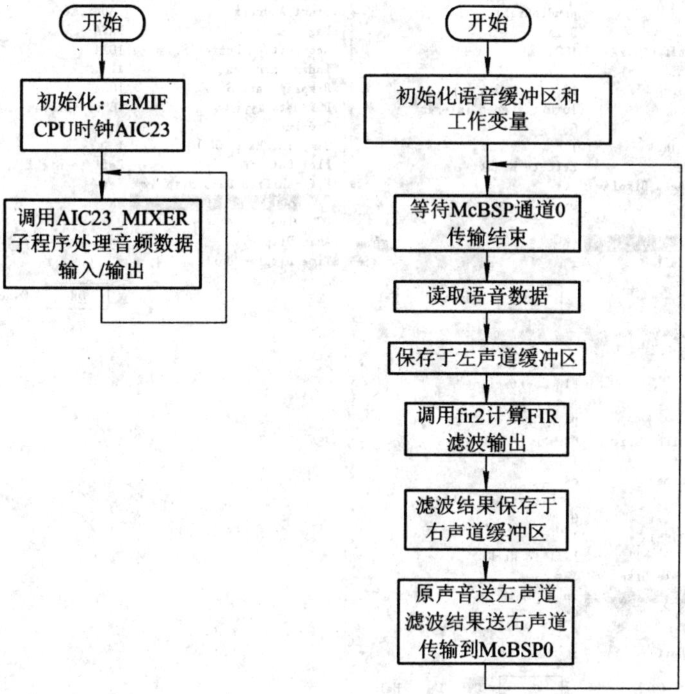

图 8-15　语音信号的 FIR 滤波程序流程图

四、任务步骤

(1) 准备。

① 连接实验设备。

② 准备音频输入、输出设备。

a. 将耳机上麦克风插头插到麦克风输入。

b. 将耳机上音频输入插头插到耳机输出。

c. 调节耳机上音量旋钮到适中位置。

③ 设置 CCS 2.21 在硬件仿真(Emulator)方式下运行。

④ 启动 CCS 2.21。

(2) 打开工程文件

(3) 编译、下载并运行程序。用麦克风输入一些语音信号，可以从耳机中听到：左声道存在一些高频噪声，而右声道则较为干净。后面我们将根据输入输出波形分析这个现象。

(4) 设置断点。在麦克风上吹气，造成“呼呼”声音输入，同时在程序 aic23.c 的有“break point”注释的语句上加注软件断点(双击此行前的灰色控制条)，程序会停止在此行上。

(5) 打开观察窗口，观察滤波效果显示。分 3 次选择菜单 View→Graph→Time/Frequency，出现如图 8-16 所示的三个参数设置窗口，按照图中所示进行设置，打开 3 个观察窗口，如图 8-17 左侧所示。

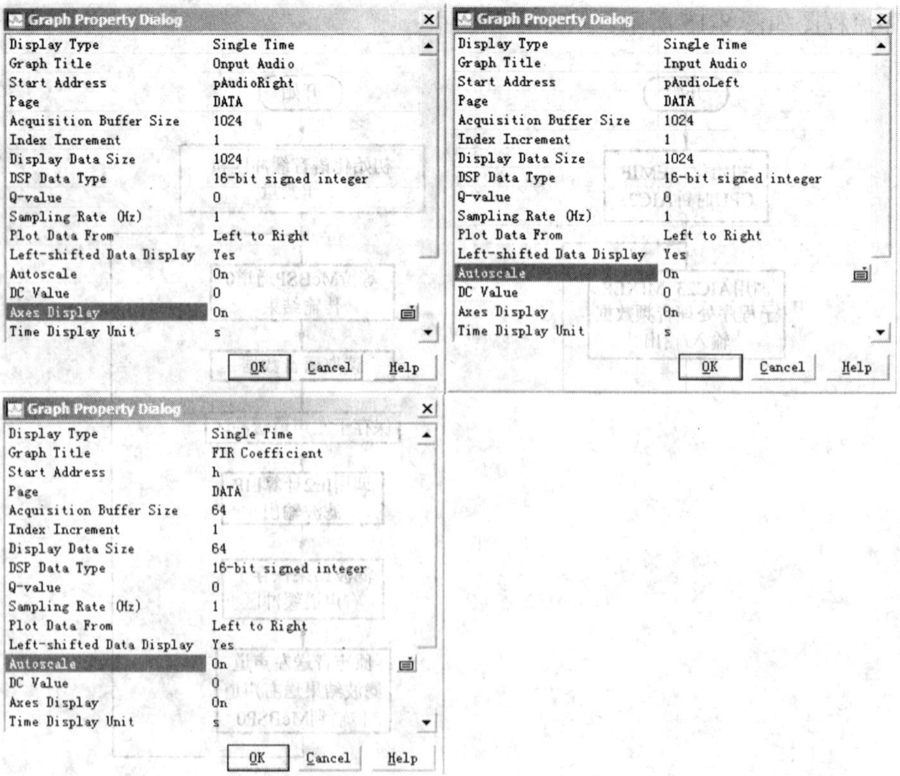

图 8-16　图形界面参数设置

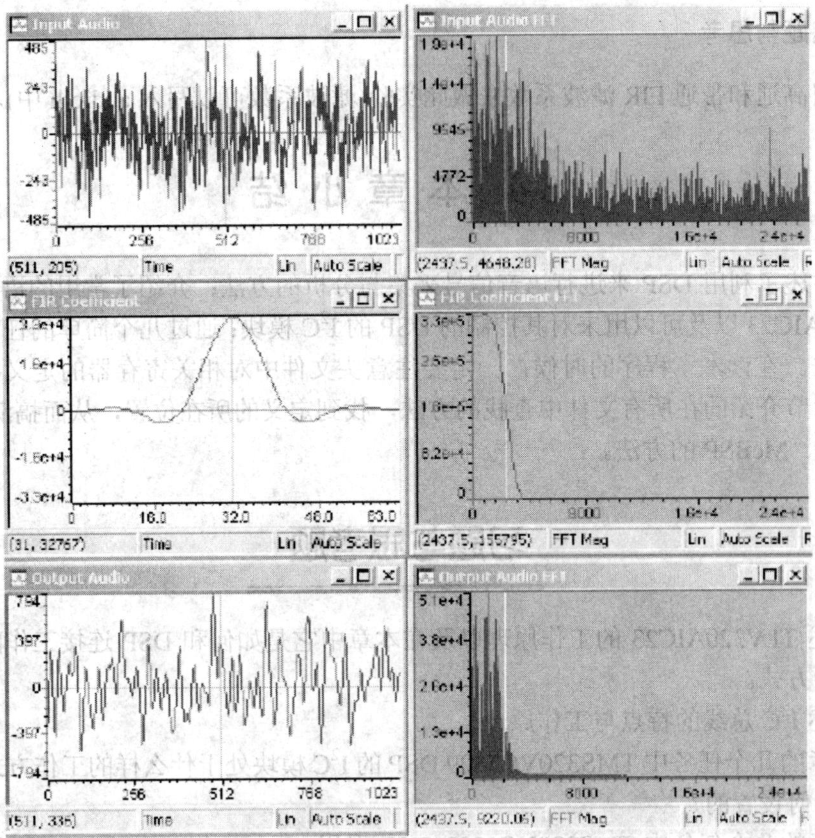

图 8-17　语音信号的 FIR 滤波图形界面

① 观察窗口中各波形的时域波形。

② 将各观察窗口参数中的“Display Type”项分别改成“FFT Magnitude”。

③ 观察窗口中各波形的频域波形。

(6) 使用计算机提供的声源。

① 测试计算机语音输出：用“我的电脑”帮助启动播放语音文件，并选择播放器参数为循环播放。将耳机上音频输入插头插入计算机上耳机插座，仔细听耳机中是否有输出。

② 拔下耳机音频输入插头，用音频连接线(两端均为双声道音频插头)连接计算机耳机输出插座和 ICETEK-VC5509-A 板麦克风输入。

③ 运行程序，听效果。

(7) 退出 CCS。

五、结果

语音信号的 FIR 滤波图形界面如图 8-17 所示。输入波形是麦克风输入吹气的“呼呼”声。滤波器参数的频域能量显示，它是一个参数较优的低通滤波器，截止频率在 2437 Hz 左右。从输入和输出音频数据的频域上可以看出，输出音频的高频部分被较好地滤除了。从时域图也可发现，输出波形去掉了输入波形的震动较快的成分，显示为较平滑的输出。

六、问题与思考

试选用高通和带通 FIR 滤波系数来做此实验(滤波系数可以写入 audio.h 中)。

8.4 本章小结

本章讲述了利用 DSP 来进行语音信号采集与分析的方法；介绍了常用的语音 codec 芯片 TLV320AIC23 以及可以用来对其控制的 DSP 的 I^2C 模块；通过几个简单的任务了解相关的编程方法。在读本章程序的时候，一定要注意头文件中对相关寄存器的定义，可以使用本书前面章节介绍的在所有文件中查找的方法，找到定义的所在位置，从而搞清楚 DSP 控制 I^2C 模块、McBSP 的方法。

习题与思考题

1. 简述 TLV320AIC23 的工作原理以及在本章中它是如何和 DSP 连接工作的，有没有其他的连接方式。

2. 简述 I^2C 总线的特点与工作原理。

3. 本章的几个任务中 TMS320VC5509 DSP 的 I^2C 模块处于什么样的工作方式？其相关寄存器是如何设置的？

4. 本章的几个任务中 TMS320VC5509 DSP 采用 McBSP 与 TLV320AIC23 进行数据交换时，程序是如何对其进行控制的？

第 9 章　DSP 系统硬件设计

9.1　DSP 系统的设计过程

在第 3 章中，我们介绍了 DSP 软件开发的一般流程。而对于整体的 DSP 系统设计来说应该同时包括硬件设计和软件设计，图 9-1 所示是 DSP 系统设计的一般流程。

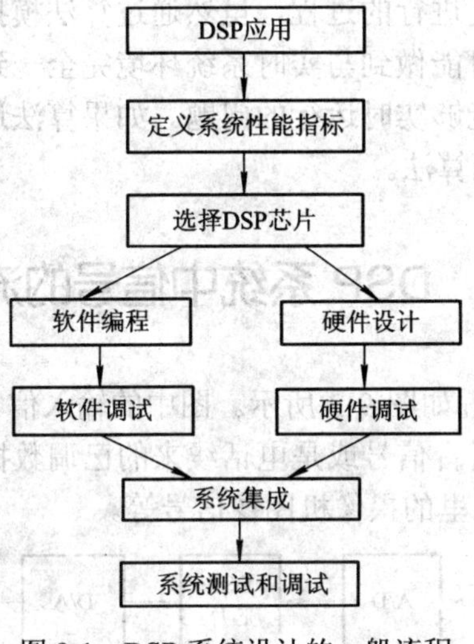

图 9-1　DSP 系统设计的一般流程

在设计 DSP 系统之前，首先必须根据应用系统的目标确定系统的性能指标、信号处理的要求，通常可用数据流程图、数学运算序列、正式的符号或自然语言来描述。

第二步是根据系统的要求进行高级语言的模拟。一般来说，为了实现系统的最终目标，需要对输入的信号进行适当的处理，而处理方法的不同会导致不同的系统性能。要得到最佳的系统性能，就必须在这一步确定最佳的处理方法，即数字信号处理的算法(Algorithm)，因此这一步也称算法模拟阶段。例如，语音压缩编码算法就是要在确定的压缩比条件下，获得最佳的合成语音。算法模拟所用的输入数据是实际信号经采集而获得的，通常以计算机文件的形式存储为数据文件。如语音压缩编码算法模拟时所用的语音信号就是实际采集而获得并存储为计算机文件形式的语音数据文件。有些算法模拟时所用的输入数据并不一定要是实际采集的信号数据，只要能够验证算法的可行性，输入假设的数据也是可以的。

第三步是设计实时 DSP 系统。实时 DSP 系统的设计包括硬件设计和软件设计两个方面。硬件设计首先要根据系统运算量的大小、对运算精度的要求、系统成本限制以及体积、功耗等要求选择合适的 DSP 芯片，然后设计 DSP 芯片的外围电路及其他电路。软件设计和编程主要根据系统要求和所选的 DSP 芯片编写相应的 DSP 汇编程序，若系统运算量不大且有高级语言编译器支持，也可用高级语言(如 C 语言)编程。由于现有的高级语言编译器的效率还比不上手工编写汇编语言的效率，因此在实际应用系统中常常采用高级语言和汇编语言的混合编程方法，即在算法运算量大的地方，用手工编写的方法编写汇编语言，而运算量不大的地方则采用高级语言。采用这种方法，既可缩短软件开发的周期，提高程序的可读性和可移植性，又能满足系统实时运算的要求。

第四步是进行硬件和软件的调试。软件的调试一般借助于 DSP 开发工具，如软件模拟器、DSP 开发系统或仿真器等。调试 DSP 算法时一般采用比较实时结果与模拟结果的方法，如果实时程序和模拟程序的输入相同，则两者的输出应该一致。应用系统的其他软件可以根据实际情况进行调试。硬件调试一般采用硬件仿真器进行调试，如果没有相应的硬件仿真器，且硬件系统不是十分复杂，也可以借助于一般的工具进行调试。

第五步是将软件脱离开发系统而直接在应用系统上运行。当然，DSP 系统的开发，特别是软件开发是一个需要反复进行的过程，虽然通过算法模拟基本上可以知道实时系统的性能，但实际上模拟环境不可能做到与实时系统环境完全一致，而且将模拟算法移植到实时系统时必须考虑算法是否能够实时运行的问题。如果算法运算量太大不能在硬件上实时运行，则必须重新修改或简化算法。

9.2 DSP 系统中信号的流程

在 DSP 系统中信号的流程如图 9-2 所示。图中的输入信号可以有各种各样的形式，例如，它可以是麦克风输出的语音信号或是电话线来的已调数据信号，也可以是编码后在数字链路上传输或存储在计算机里的摄像机图像信号等。

图 9-2　典型的 DSP 系统中信号的流程

输入信号首先进行带限滤波和抽样，然后进行 A/D 变换将信号变换成数字比特流。根据奈奎斯特抽样定理，为保证信息不丢失，抽样频率至少必须是输入带限信号最高频率的 2 倍。

DSP 芯片的输入是 A/D 变换后得到的以抽样形式表示的数字信号，DSP 芯片对输入的数字信号进行某种形式的处理，如进行一系列的乘累加操作(MAC)。数字处理是 DSP 的关键，这与其他系统(如电话交换系统)有很大的不同。在交换系统中，处理器的作用是进行路由选择，它并不对输入数据进行修改，因此虽然两者都是实时系统，但两者的实时约束条件却有很大的不同。最后，经过处理后的数字样值再经 D/A 变换转换为模拟样值，之后再进行内插和平滑滤波就可得到连续的模拟波形。

必须指出的是，上面给出的 DSP 系统模型只是一个典型模型，并不是所有的 DSP 系统都必须具有模型中的所有部件。例如，语音识别系统在输出端并不是连续的波形，而是识别结果，如数字、文字等；有些输入信号本身就是数字信号，因此就不必进行模数变换了。

9.3　DSP 系统硬件设计

9.3.1　典型 DSP 系统的硬件组成

一个典型的 DSP 系统硬件组成如图 9-3 所示。

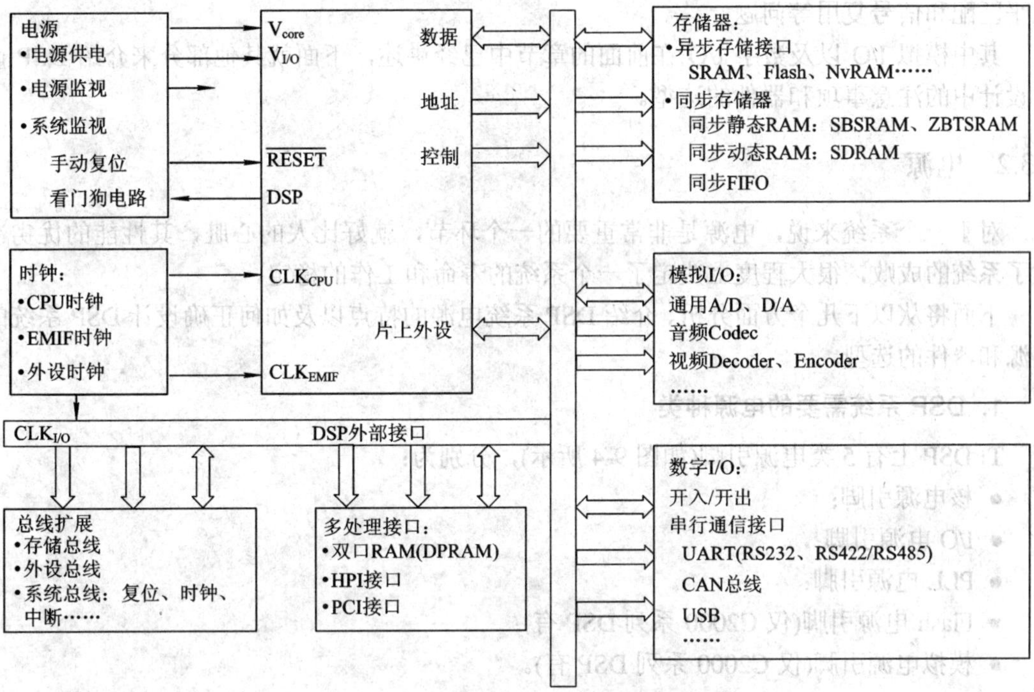

图 9-3　典型的 DSP 系统硬件组成

由图中可以看出典型的 DSP 系统由下列几个组成部分：

(1) 电源：为 DSP 及其他器件供电。与电源相关的有电源监视和系统监视。电源监视是指监测电源电压值，看是否符合要求，当不符合要求时，产生复位信号；系统监视是监测系统是否正常工作，不正常时产生复位信号，一般有手动复位和看门狗电路复位等。这些均能提高整个系统的可靠性。

(2) 时钟：为需要时钟的器件提供满足要求的时钟信号。

(3) 存储器：用于存放程序、数据。存储器有两种接口类型，一种为异步存储器接口，如常见的 SRAM、Flash、NvRAM 等，MCU 系统中均为这种存储器接口；另一种是同步存储器接口，同步存储器接口又可细分为同步静态存储器(如 SBSRAM、ZBTSRAM)和同步动态存储器(如 SDRAM，同步 FIFO 等)，这样分类的原因是不同类型的存储器控制信号不同。同步存储器接口主要应用于 C55X、C6000 系列 DSP 中，实现高速、大容量存储。

(4) 模拟 I/O：有通用 A/D、D/A、音频 Codec、视频编码器和解码器等。DSP 与它们之间的接口，可以是并行方式，也可以是串行方式，根据实际情况而定。

(5) 数字 I/O：有开关量的输入/输出、串口通信接口，如 UART、CAN 总线、USB 等。DSP 与它们之间的接口，也可以是并行方式或串行方式，视实际情况而定。

(6) 多处理器接口：当系统不仅有 DSP 还有其他处理器时，二者之间需要通信，一般采用双口 RAM 进行，但现在新型的 DSP 器件中，一般都集成了 HPI 接口，即主处理器接口。通过 HPI 接口，主处理器可以访问 DSP 的所有存储空间，比采用双口 RAM 的方式速度更高、更方便，而且更便宜。某些 DSP 为了方便和 PC 机接口，还集成了 PCI 接口。

(7) 总线扩展：将 DSP 外部总线扩展至板外，实现模块化开发。但它会带来总线驱动、电平匹配和信号复用等问题。

其中模拟 I/O 以及数字 I/O 在前面的章节中已经讲述，下面就其他部分来介绍 DSP 硬件设计中的注意事项和器件的选型。

9.3.2 电源

对于一个系统来说，电源是非常重要的一个环节，就好比人的心脏，其性能的优劣决定了系统的成败，很大程度上决定了一个系统的寿命和工作的稳定。

下面将从以下几个方面分析、介绍 DSP 系统电源的特点以及如何正确设计 DSP 系统的电源和器件的选型。

1. DSP 系统需要的电源种类

TI DSP 上有 5 类电源引脚(如图 9-4 所示)，分别为：

- 核电源引脚；
- I/O 电源引脚；
- PLL 电源引脚；
- Flash 电源引脚(仅 C2000 系列 DSP 有)；
- 模拟电源引脚(仅 C2000 系列 DSP 有)。

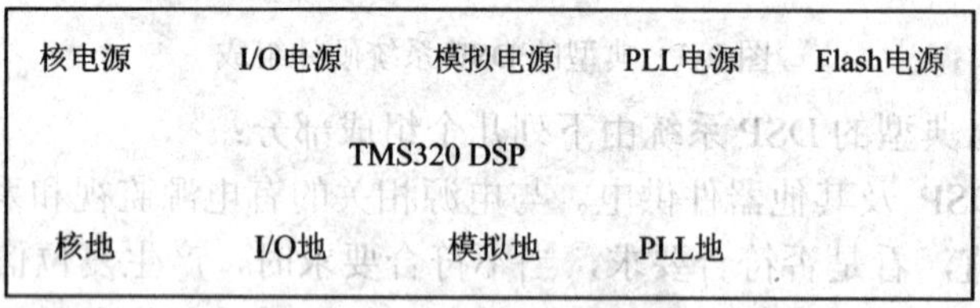

图 9-4　TI DSP 电源引脚

为了使 DSP 正确工作，其上的所有电源引脚都必须接到相应的电源上。大多数 DSP 有多个核电源引脚和多个 I/O 电源引脚，而且核电源电压与 I/O 电源电压不同。这些引脚都必须接到相应的电源上，不能悬空不接。

另外，C2000 系列 DSP 上集成了 Flash 存储器，对应有对 Flash 进行编程的电源引脚。设计时往往没有将 Flash 电源引脚接到正确的电源上，导致 Flash 无法编程。

2. 数字电源和模拟电源

有些型号的 DSP，如 C55X、C2000 系列，片上包含有 A/D 转换器，其他的 DSP 可能需要外扩 A/D、D/A、运放、codec 等模拟器件。

为了使转换器正确工作，模拟电源应避免噪声干扰，模拟电源上的噪声干扰将大大降低转换器的性能，甚至导致转换器工作不正常。数字电路，尤其是CMOS电路，在开关切换时会产生较大的电流波动。一个逻辑节点从一个逻辑电平转换为另一个逻辑电平时，与此节点相关的电容将被充电或放电，电容充/放电电流由电源提供。换句话说，静态电路所需的电流相对很少，也比较平稳，而DSP这样复杂的数字电路，供电电流忽大忽小很不规则，这将导致电源线上产生很强的噪声干扰。

如果模拟部分与数字部分共用一个电源，则会大大降低模拟器件的性能，比如，A/D转换结果误差增加。为了避免这样的情况发生，应使模拟部分电源和数字部分电源分开供电，如图9-5所示。

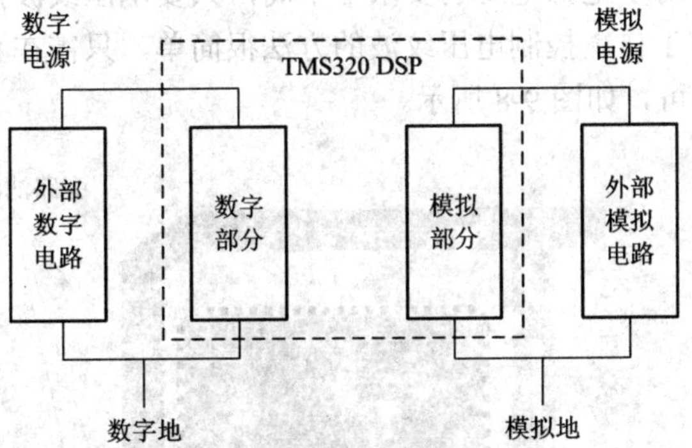

图9-5 数字和模拟部分独立供电

将模拟电源和数字电源分离开来一般有两种方法。

第1种方法是被动滤波电路法(见图9-6)：模拟电源由数字电源经无源滤波器件(如电感或磁珠)后产生，电感或磁珠相当于一个低通滤波器，直流电源可以通过，而高频噪声被滤除。模拟地和数字地在板上一点接地，同样可以通过电感或磁珠接地，这可以进一步滤除噪声。

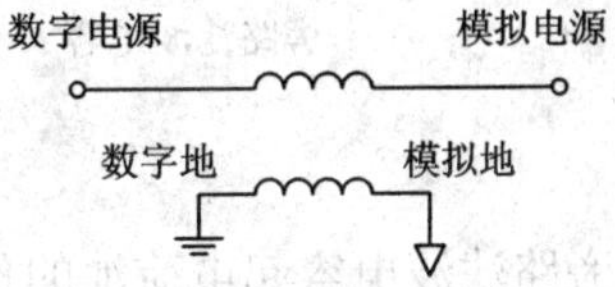

图9-6 被动滤波电路法

被动滤波电路的优点是：

- 电路简单；
- 占地小；
- 成本低；
- 对大多数应用已经可以满足要求。

第2种方法是多路稳压器法(见图9-7)：用多个稳压器分别产生模拟电源和数字电源。

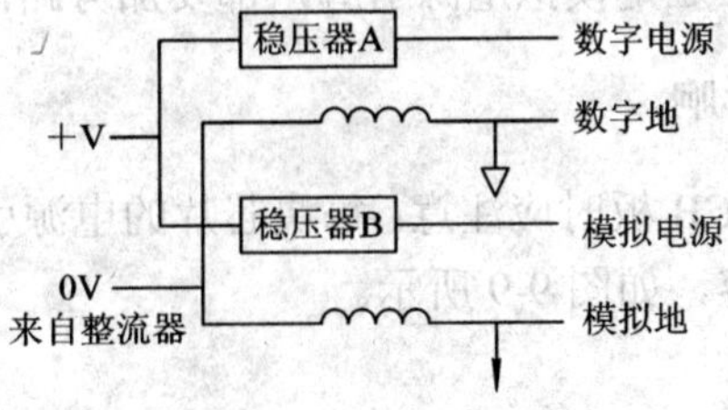

图9-7 多路稳压器法

这种方法降噪效果更好，但要特别注意对地的处理，否则数字电路的噪声可以通过地线耦合到模拟电路中。模拟地和数字地必须连在一起。

还可以采取一些其他的降噪措施，比如，给时钟电路的电源串接一个电感，并在其电源引脚处加旁路滤波电容等。所有数字电路的电源引脚必须加旁路滤波电容，对噪声进行去耦。

3. 电源滤波

DSP 工作时，CPU 和片上外设电路的开关切换，将引起电流的变化，从而使电源电压产生纹波。

大多数的数字电路对于电源电压的要求并不高，只要电压纹波控制在一定的范围内，数字电路总是可以正常工作。控制电压纹波的方法很简单，只需在数字电路的电源引脚旁加一个旁路滤波电容即可，如图 9-8 所示。

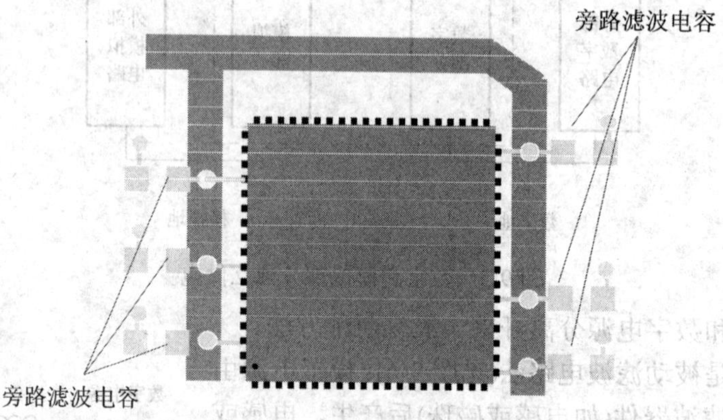

图 9-8　电源旁路滤波

旁路滤波电容起电荷池的作用，以平滑电流变化引起的电源电压的波动。当 DSP 电流突然增大时，旁路滤波电容放电以降低 DSP 上的电压波动。

旁路滤波电容通常选 10～100 nF 的瓷片电容，瓷片电容的特点是：电感小，等效串联电阻(ESR)低，用作旁路滤波电容非常适合。

为了更好地对电源进行滤波，还可以在板的四周放一些大电容，电容值范围为 4.7～10 μF，选择电容种类时，同样也要求选择电感小、等效串联电阻低的电容，一般推荐使用钽电容。板上数字器件的电源引脚旁，一般均要放置 1 个 10～100 nF 的旁路滤波电容，DSP 的所有电源引脚，无论是数字还是模拟电源引脚，都要加旁路滤波电容。

4. 电源对 PCB 布局的影响

考虑电源因素，在设计 PCB 板时应注意：每块芯片的电源引脚附近放置旁路滤波电容，板的四周均匀分布一些大电容，如图 9-9 所示。

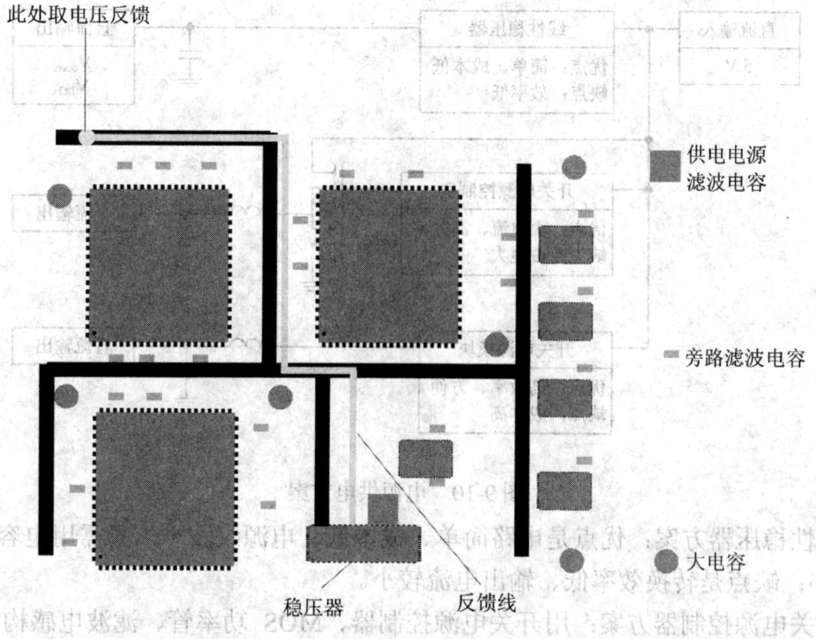

图 9-9　电源旁路滤波

在此我们要特别注意图 9-9 上标出的稳压器反馈线，稳压器根据反馈信号调整其电压输出值。由于电源走线上有一定的电阻，会产生一定的压降，这个压降可能使得远离稳压器的器件电源电压不能满足要求，因此如果从图中标注的原点处取电压反馈给稳压器，则稳压器根据该点处的电压进行调整，从而可避免电源压降产生的问题。

在布局 PCB 时，应该避免产生地环路，这是确保信号完整性的关键。

对于高速的 DSP 系统，考虑信号完整性，在设计 PCB 板时，强烈推荐采用多层板，为电源和地分别安排专用的层。当有多个电源和地时，可用隔离带将电源和地平面分成若干个专用的区域，这可使噪声很容易被控制在允许的范围内，同时也解决了电源电压沿传输方向产生压降的问题，使电压的压降最小。

5. 供电方案

如前所述，TI DSP 有 5 类电源：核、I/O、PLL、Flash 和模拟电源，其中 I/O 电源、Flash 电源和模拟电源的电压一般均为 3.3 V；而不同的 DSP 其 CPU 核电源电压不同，有 1.2 V、1.4 V、1.5 V 和 1.8 V 等；PLL 电源电压一般与 I/O 电源电压相同，均为 3.3 V，但某些 DSP 的 PLL 电源电压与核电源电压相同。另外传统的 TTL 电平的外围器件采用 5 V 电源电压。

所以 DSP 系统中一般有三组电源：

- 核电源：V_{core}；
- LVTTL 电平 I/O 电源：3.3 V；
- TTL 电平 I/O 电源：5 V。

5 V 电源一般直接由外部电源提供，DSP 系统板内用 5 V 电源作为输入，产生 V_{core} 和 $V_{I/O}$。如图 9-10 所示，有 3 种电源供电方案。

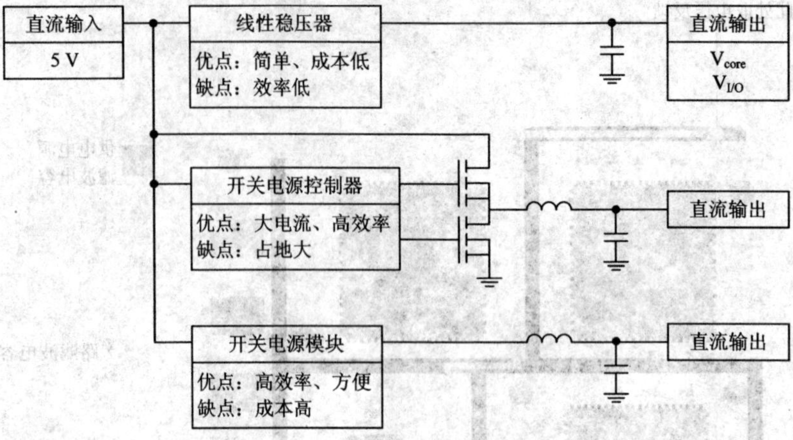

图 9-10　电源供电方案

(1) 线性稳压器方案：优点是电路简单、成本低、电源纹波小，只需用电容进行滤波，所以占地小；缺点是转换效率低、输出电流较小。

(2) 开关电源控制器方案：用开关电源控制器、MOS 功率管、滤波电感构建一开关电源。其优点是转换效率高、输出电流大；缺点是电路复杂、成本较高，为了滤除电源纹波要用较大的电感，所以占地大。

(3) 开关电源模块方案：本质上与开关电源控制器方案相同，也是将控制器、MOS 功率管、电感做成现成的电源模块。其优点是使用方便；缺点是成本高。

6. 电源器件选型

电源器件选型一般有如下步骤：

(1) 确定电源器件类型。

(2) 根据需要选择输入电压。

(3) 根据需要选择输出电压。

● 确定输出电压是否可调；

● 确定输出电压的路数。

(4) 选择具有合适输出电流的电源。

(5) 根据需要选择是否需要控制/状态：EN 控制、PowerGood 状态。

7. 上电次序

电源或多电源供电的系统，一般都有上电/掉电次序问题。上电/掉电次序的一般原则是：

(1) 内核应先于 I/O 上电，后于 I/O 掉电。

(2) 内核和 I/O 供电应尽可能同时，二者的时间差不能太长(一般不能大于 1 s，否则会影响器件的寿命或损坏器件)。

一般内核电压小于 I/O 电压，在内核电压与 I/O 电压之间正向加一个肖特基二极管有助于保护器件，如图 9-11 所示。

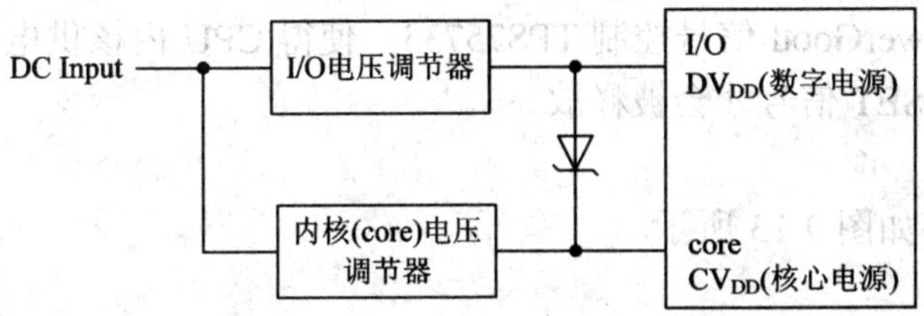

图 9-11 在内核电压与 I/O 电压之间正向加肖特基二极管

考虑供电次序的原因在于：如果只有 CPU 内核获得供电，周边 I/O 没有供电，则对芯片是不会产生任何损害的，只是没有 I/O 能力而已；如果反过来，周边 I/O 得到供电而 CPU 内核没有加电，那么芯片缓冲/驱动部分的三极管将处于一个未知状态下工作，这是非常危险的。

8. 电源监视与系统监视

为了使系统工作稳定，有必要对供电电源进行监视，电源电压监视器(Supply Voltage Supervisors，SVS)就是为此目的而设计的电路。SVS 除了对电源电压进行监视外，还会附加一些别的功能，如上电复位、手动复位和看门狗电路等，这些功能对追求高可靠性的系统来说是必备的。

常用的 SVS 器件有：

- TPS3823-33：具有电压监测、上电复位、手动复位和看门狗电路；
- TPS3809K33：仅有电压监测和上电复位功能。

9. 电源电路实例

1) 实例 1

图 9-12 为一完整的电源电路。

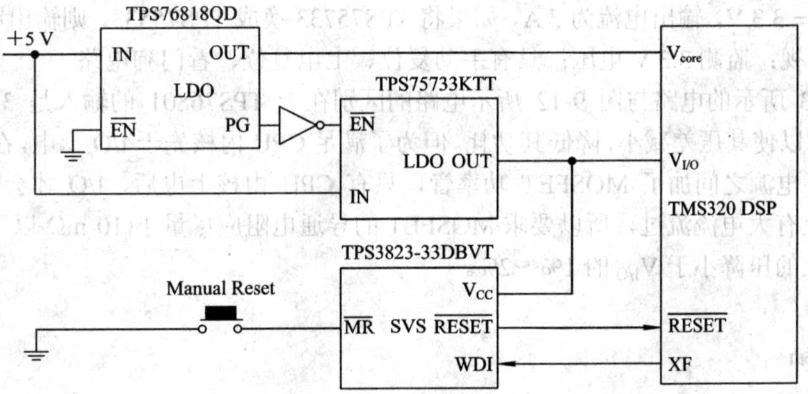

图 9-12 电源电路实例 1

输入电压：5 V

输出电压：

- V_{core} = 1.8 V，输出电流为 1 A；
- $V_{I/O}$ = 3.3 V，输出电流为 3 A，如果将 TPS75733 换成 TPS75533，则输出电流为 5 A。

电源监视：监测 3.3 V 电压；具有手动复位、上电复位、看门狗电路。

TPS76818 的 PowerGood 信号控制 TPS75733，使得 CPU 内核供电后，I/O 才会供电，I/O 上电完成后，RESET 信号才会被释放。

2) 实例 2

该实例电源电路如图 9-13 所示。

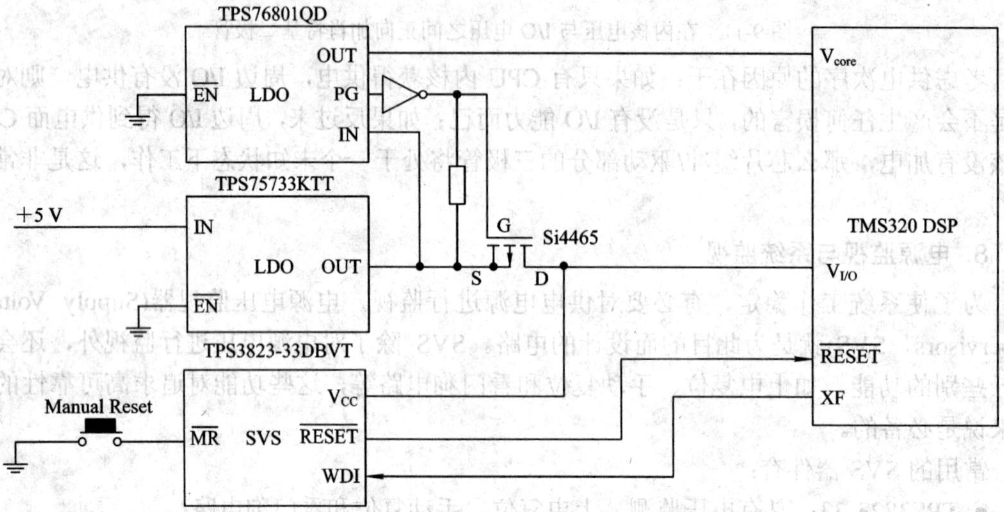

图 9-13　电源电路实例 2

输入电压：5 V

输出电压：

- V_{core} = 可调，输出电流为 1 A；
- $V_{I/O}$ = 3.3 V，输出电流为 3 A，如果将 TPS75733 换成 TPS75533，则输出电流为 5 A。

电源监视：监测 3.3 V 电压；具有手动复位、上电复位、看门狗电路。

图 9-13 所示的电路与图 9-12 所示电路的区别在于 TPS76801 的输入是 3.3 V，而非 5 V，这样可以使其压差减小，降低其功耗。但为了满足 CPU 内核先于 I/O 上电，在 TPS75733 输出与 I/O 电源之间加了 MOSFET 功率管，只有 CPU 内核上电后，I/O 才会供电。因为 MOSFET 上有大电流流过，所以要求 MOSFET 的导通电阻应尽量小(10 mΩ 以下)，以保证 MOSFET 上的压降小于 $V_{I/O}$ 的 1%～2%。

9.3.3　时钟

1. 基本知识

1) 晶体(Crystal)

图 9-14　晶体外观图

晶体是晶体谐振器的简称，是一种压电石英晶体器件，具有一个固有的谐振频率，在恰当的激励作用下，以其固有频率振荡。其外观如图 9-14 所示，在图 9-15 中晶体用 X_1 来表示。

2) 振荡电路(Oscillator)

振荡电路是为晶体提供激励和检测的电路，高频增益放大器 IC_1(见图 9-15)产生的宽带噪声用于激励晶体，而晶体的作用相当于一个以其固有频率为中心的带通滤波器，从而得到等于晶体固有频率的振荡信号，当正弦波振荡信号被充分放大、限幅后，输出方波信号。

3) 晶振(Crystal Oscillator)

晶振将晶体、振荡器和负载电容集成在一起，其输出为一个方波时钟信号。

4) 锁相环电路 PLL(Phase Locked Loops)

锁相环电路用于对输入时钟信号进行分频或倍频。

2. 需要时钟的器件

DSP 系统中，需要时钟信号的器件有 DSP、CPU、EMIF(仅 C55X 和 C6000 系列 DSP)、串行通信器件(如 UART、USB 等)和音频/视频器件(如 Audio Codec 器件、Video Decoder 和 Encoder 器件)等，它们所要求的时钟信号频率各不相同。

这些大多数器件片内均包含振荡电路，只需外加晶体和 2 个负载电容即可产生所需的时钟信号，也可禁止片内振荡电路，直接由外部提供时钟信号。

TI DSP 更提供多种灵活的时钟选项，如：片内/片外振荡器、片内 PLL、PLL 分频/倍频(系数可由硬件/软件配置)。

不同的 DSP 时钟可配置的能力可能不同，使用前应参考各自的数据手册。

3. 时钟电路

1) 晶体时钟电路

晶体时钟发生电路如图 9-15 所示，它具有如下的特点：

- 电路简单，只需 1 个晶体加 2 个电容；
- 价格便宜，占板子空间小；
- 信号电平自然满足要求；
- 驱动能力差，只能供自己使用，不能给其他器件使用；
- 应注意正确配置晶体的负载电容；
- C6000、C5510、C5409A、C5416、C5420、C5421 和 C5441 等 DSP 片内无振荡电路，不能用晶体时钟电路。

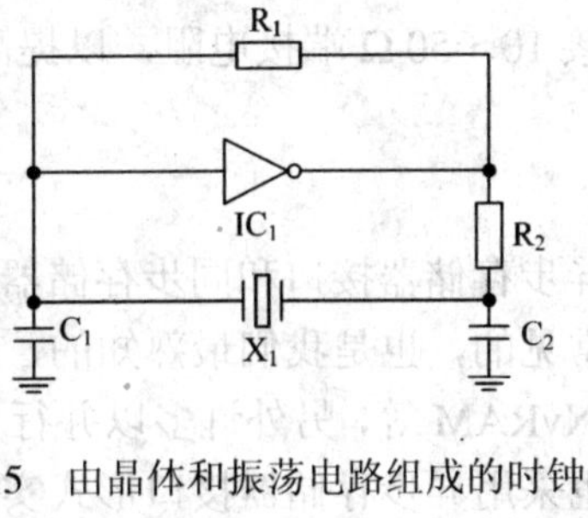

图 9-15　由晶体和振荡电路组成的时钟电路

2) 晶振时钟电路

晶振时钟发生电路具有如下的特点：

- 电路简单，加电即可工作；

● 占地小、驱动能力强，可提供给多个时钟频率相同的器件使用；
● 成本较高，尤其当系统需要多个频率不同的时钟时更为突出；
● 使用晶振提供时钟时，还需注意其信号电平，一般晶振输出的时钟信号电平为 5 V 或 3.3 V，对于 1.8 V 电平的时钟信号，不能使用晶振。VC5401、VC5402、VC5409 和 F281X 等 DSP 时钟信号的电平均为 1.8 V。

3) 可编程时钟芯片时钟电路

可编程时钟芯片上集成有振荡电路 OSC 和 1 个或多个独立的 PLL，提供多个时钟输出引脚，每个 PLL 的分频/倍频系数可独立编程确定。

可编程时钟芯片的特点：

● 电路简单、占地小，只需可编程时钟芯片、晶体和 2 个外部电容(CY22381 已将负载电容集成在芯片中)；
● 多个时钟输出引脚，并可编程产生特殊的频率值，适合于多时钟源的系统；
● 驱动能力强，可提供给多个器件使用；
● 成本较高，但对于多时钟源系统来说，总体成本较低；
● 使用时，注意时钟信号电平一般为 5 V 或 3.3 V，对大多数系统适用；
● 常用的可编程时钟芯片有：CY22381，片内有 3 个独立的 PLL，三个时钟输出引脚；CY2071A，其片内有 1 个 PLL、3 个时钟输出引脚。

当系统中要求多个不同频率的时钟信号时，首选可编程时钟芯片；单一时钟信号时，选择晶体时钟电路；多个同频时钟信号时，选择晶振时钟电路。

在使用中，尽量使用 DSP 片内的 PLL，降低片外时钟频率，提高系统的稳定性。

C6000、C5510、C5409A、C5416、C5420、C5421 和 C5441 等 DSP 片内无振荡电路，不能用晶体时钟电路。而 VC5401、VC5402、VC5409 和 F281X 等 DSP 时钟信号的电平为 1.8 V，建议采用晶体时钟电路。

4. 时钟对 PCB 布局的影响

需要注意以下事项：

● 用被动元件滤波方式给时钟电路供电，供电电源加 10～100 μF 钽电容旁路，每个电源引脚加 0.01～0.1 μF 瓷片电容去耦；
● 晶振、负载电容、PLL 滤波器和电源滤波等元器件应尽可能靠近时钟器件；
● 在靠近时钟源的地方串接 10～50 Ω 端接电阻，以提高时钟波形的质量。

9.3.4 存储器

存储器接口类型可分为：异步存储器接口和同步存储器接口。

异步存储器接口类型是最常见的，也是我们最熟知的，MCU 一般均采用此类接口。相应的存储器有：SRAM、Flash、NvRAM 等，另外许多以并行方式接口的模拟/数字 I/O 器件，如 A/D、D/A、开入/开出等，也采用异步存储器接口形式实现。

同步存储器接口相对比较陌生，一般用于高档的微处理器中，TI DSP 中只有 C55X 和 C6000 系列 DSP 包含同步存储器接口。相应的存储器有：同步静态存储器(SBSRAM 和 ZBTSRAM)、同步动态存储器(SDRAM，同步 FIFO 等)。SDRAM 可能是我们最熟知的同步存储器件，它被广泛用作 PC 机的内存。C55X 扩展 SDRAM 的方法已经在第 5 章中介绍，这里就不再多述。

C2000、C3X、C54X 系列 DSP 只提供异步存储器接口，所以它们只能与异步存储器直接接口，如果想要与同步存储器接口，则必须外加相应的存储器控制器，从电路的复杂性和成本来考虑，一般不这么做。

C55X、C6000 系列 DSP 不仅提供了异步存储器接口，为配合其性能还提供了同步存储器接口。

C55X 和 C6000 系列 DSP 的异步存储器接口主要用于扩展 Flash 和模拟/数字 I/O。Flash 主要用于存放程序，系统上电后将 Flash 中的程序加载到 DSP 片内或片外的高速 RAM 中，这一过程我们称为启动加载程序。

同步存储器接口主要用于扩展外部高速数据或程序 RAM，如 SBSRAM、ZBTSRAM 或 SDRAM 等。

DSP 与异步存储器接口时，数据总线和地址总线一般只要直接连接即可，而 DSP 提供的控制信号与存储器所需的控制信号并不完全一致，此时需要译码产生存储器的片选、读/写信号。表 9-1 和表 9-2 分别列出了 16 位异步存储器以及 DSP 异步存储器接口的控制信号。

表 9-1　16 位异步存储器控制信号

存储器类型	片选	读/写控制	字节使能
SRAM	CS#	OE#、WE#	BHE#、BLE#
Flash	CS#	OE#、WE#	BYTE#

表 9-2　DSP 异步存储器接口控制信号

DSP 系列	片选	读/写控制	字节使能	数据就绪
C2000	PS#、DS#、IS#	STRB#、R/W#、RD#、WE#	—	RDY
C54X	PS#、DS#、IS#	MSTRB#、IOSTRB#、R/W#	—	RDY
C3X	PAGE[3：0]#	STRB#、R/W#	—	RDY#
C55X/C6000	CE[3：0]#	RE#、OE#、WE#	BE[m：0]	RDY

其中：CS#(存储器)：直接与 DSP 的片选信号连接，或由 DSP 的片选信号和地址线译码产生。

OE#(存储器)：直接与 DSP 的 RD#或 OE#连接，或由[STRB# or (not)R/W#]产生。

WE#(存储器)：直接与 DSP 的 WE#连接，或由(STRB# or R/W#)产生。

DSP 与异步存储器接口还有一种简便的方法：存储器的读信号 OE#与存储器片选信号 CS#直接连接，存储器的写信号 WE#与 DSP 的 R/W#信号直接连接，这种连接方式使用前必须仔细查看 DSP 和存储器的数据手册，以确保工作正常。

C55X 和 C6000 系列 DSP 与异步存储器接口时，RE#信号不用。

16 位 SRAM 具有字节访问功能，但 SRAM 一般只用在 C2000、C54X 和 C3X 系列 DSP 中，这些 DSP 均不支持字节访问，所以 BHE#和 BLE#直接接地即可。

16 位 Flash 芯片，BYTE#只是静态地将其配置为 8 位或 16 位数据宽度，不支持动态字节访问，所以一般将 BYTE#接高电平，使 Flash 配置为 16 位数据宽度。

DSP 异步存储器接口的 RDY 信号是用来以硬件方式匹配 DSP 与存储器的访问时序的，但 DSP 中一般均有软件插等待寄存器或时序配置寄存器，可以由软件来配置 DSP 与存储器之间的访问时序，所以一般不用 RDY 信号，将 RDY 直接接为有效电平即可。注意 C3X 系列 DSP 的 RDY#信号低电平有效，其余均为高电平有效。

9.3.5 电平转换

DSP 系统中难免存在 5 V/3.3 V 混合供电现象，对于 I/O 为 3.3 V 供电的 DSP，其输入信号电平不允许超过电源，但是 5 V 器件输出信号高电平可达 4.4 V，长时间超常规工作会损坏 DSP 器件，因此在 DSP 系统中一般需要进行电平变换。输出信号电平一般无需变换。

电平变换的方法如下：

1. 总线收发器(Bus Transceiver)

常用器件：SN74LVTH245A(8 位)、SN74LVTH16245A；

特点：3.3 V 供电，需进行方向控制，延迟为 3.5 ns。

应用：主要应用于数据、地址和控制总线的驱动。

2. 总线开关(Bus Switch)

常用器件：SN74CBTD3384(10 位)、SN74CBTD16210；

特点：5 V 供电，无需方向控制，延迟为 0.25 ns；

应用：适用于信号方向灵活且负载单一的应用，如 McBSP 等外设信号的电平转换。

3. 2 选 1 切换器(1 of 2 Multiplexer)

常用器件：SN74CBT3257(4 位)、SN74CBT16292(12 位)；

特点：实现 2 选 1，5 V 供电，无需方向控制，延迟为 0.25 ns；

应用：适用于多路切换信号且要进行电平变换的应用，如双路复用的 McBSP。

4. CPLD

3.3 V 供电，但输入容限为 5 V，并且延迟较大，大于 7 ns，适用于少量的对信号延迟要求不高的信号。

5. 电阻分压

10 kΩ 和 20 kΩ 串联分压，则 $5\text{ V} \times 20/(10+20) \approx 3.3\text{ V}$，符合要求。

9.3.6 硬件设计的其他因素的考虑

1. 未用的 I/O 引脚的处理

对未用的 I/O 引脚应做以下处理：

(1) 未用的输入引脚不能悬空不接，而应将它们上拉或下拉为固定的电平。

① 关键的控制输入引脚，如 Ready、Hold 等，应固定接为适当的状态。

- Ready 引脚应固定接为有效状态；
- Hold 引脚应固定接为无效状态。

② 无连接(NC)和保留(RSV)引脚。

- NC 引脚：除非特殊说明，这些引脚悬空不接；
- RSV 引脚：应根据数据手册具体决定接还是不接。

③ 非关键的输入引脚：将它们上拉或下拉为固定的电平，以降低功耗。

(2) 未用的输出引脚可以悬空不接。

(3) 未用的 I/O 引脚。

① 如果缺省状态为输入引脚，则作为非关键的输入引脚处理，上拉或下拉为固定的电平。

② 如果缺省状态为输出引脚，则可以悬空不接。

2. 特殊的逻辑用 CPLD 实现

DSP 的速度较快，要求译码的速度也必须较快。利用小规模逻辑器件译码的方式，已不能满足 DSP 系统的要求。同时，DSP 系统中也经常需要外部快速部件的配合，这些部件往往是专门的电路，由可编程器件实现。

CPLD 集成度高，可靠性高，时序严格，延迟一致，速度较快，可编程性好，易于实现复杂的组合或时序逻辑，非常适合于实现译码和专门电路。

3. 其他

(1) 读/写控制、时钟、电源、地等重要信号应加测试点，也可连接至连接器或逻辑分析仪插头上，方便今后的硬件调试。

(2) 特殊的信号加 0 Ω 电阻，实现不同的配置(如前面讲到的不同容量的 SDRAM 配置)，方便今后的硬件调试。

(3) 提供手动复位开关，方便今后的硬件调试。

习题与思考题

1．简述 DSP 系统设计的一般过程。
2．简述典型 DSP 系统的组成及各部分的作用。
3．简述 DSP 系统电源设计时需要注意的事项。
4．简述 C5509 是如何与 SDRAM 相连接的。

附录　C5000 汇编语言指令概要

	表达式方式	说　明	字/周期
	算 术 指 令		
ABDST　Xmem，Ymem	abdst　(Xmem，Ymem)	绝对距离	1/1
ABS　src[，dst]	ds t = |src|	ACC 的值取绝对值	1/1
ADD　Smem，src	src = src + Smem src + = Smem	与 ACC 相加	1/1
ADD　Smem，TS，SFC	src = src + Smem << TS src + = Smem << TS	操作数移位后加到 ACC 中	1/1
ADD　Smem，16，src[，dst]	dst = src + Smem << 16 dst + = Smem << 16	把左移 16 位的操作数加到 ACC 中	1/1
ADD Smem[，SHIFT]，src [，dst]	dst = src + Smem[<<SHIFT] dst + = Smem[<<SHIFT]	移位后的操作数加到 ACC (2 字操作码)	2/2
ADD Xmem，SHFT，Src	src = src + Xmem<<SHFT src + = Xmem<<SHFT	把移位后的操作数加到 ACC 中	1/1
ADD Xmem，Ymem，Dst	dst=Xmem<<16+Ymem <<16	两个操作数分别左移 16 位，然后相加	1/1
ADD # 1k[，SHFT]，src[，dst]	dst = src + # 1k [<<SHFT] dst + = # lk [<<SHFT]	长立即数移位后加到 ACC 中	2/2
ADD# 1k，16，src[，dst]	dst = src + # lk << 16 dst + = # lk<<16	把左移 16 位的长立即数加到 ACC 中	2/2
ADD　src [，SHIFT] [，dst]	dst = dst + src[<<SHIFT] dst + = src + [<<SHIFT]	移位再相加	1/1
ADD src，ASM[，dst]	dst = dst + src <<ASM dst + = src <<ASM	移位再相加，移动位数为 ASM 的值	1/1
ADDC　Smem，src	src = src + Smem + CARRY src + = Smem + CARRY	带有进位位的加法	1/1

续表一

	表达式方式	说 明	字/周期
算 术 指 令			
ADDM #1k，Smem	Smem = Smem + #1k Smem + = #lk	把长立即数加到存储器中	2/2
ADDS Smem，src	src = src + uns（Smem) src + = uns（Smem)	带符号扩展的加法	1/1
DADD Lmem，src[，dst]	dst = src + dbl (Lmem) dst + = dbl (Lmem) dst = src + dual (Lmem) dst + = dual (Lmem)	双重加法	1/1
DADST Lmem，dst	dst = dadst (Lmem，T)	T 寄存器和长立即数的双重加法和减法	1/1
DELAY Smem	delay (Smem)	存储器延迟	1/1
DRSUB Lmem，src	src = dbl (Lmem) – src src = dual (Lmem) – src	长字的双 16 位减法	1/1
DSADT Lmem，dst	dst = dsadt (Lmem，T)	T 寄存器和长操作数的双重减法	1/1
DSUB Lmem，src	src = src–dbl (Lmem) src– = dbl (Lmem) src = src–dual (Lmem) src– = dual (Lmem)	ACC 的双精度/双 16 位减法	1/1
DSUBT Lmem，dst	dst = dbl (Lmem) – T dst = dual (Lmem) – T	T 寄存器和长操作数的双重减法	1/1
EXP src	T = exp(src)	求累加器指数	1/1
FIRS Xmem，Ymem, Pmad	firs (Xmem，Ymem，pmad)	对称有限冲激响应滤波器	2/3
LMS Xmem，Ymem	lms (Xmem，Ymem)	求最小均方值	1/1
MAC[R] Smem，src	src = rnd (src + T*Smem)	与 TREG 相乘再加到 ACC 中，最后凑整	1/1
MAC[R] Xmem，Ymem，src [，dst]	dst= rnd(src+Xmem*Ymem)[，T = Xmem]	双操作数相乘再加到 ACC 中，最后凑整	1/1
MAC #1k，src[，dst]	dst = src + T*# lk dst + = T*# lk	TREG 与长立即数相乘，再加到 ACC 中	2/2
MAC Smem，#1k，src[，dst]	dst = src + Smem*# lk[，T = Smem] dst+= Smem*# lk[，T = Smem]	与长立即数相乘，再加到 ACC 中	2/2

续表二

	表达式方式	说　明	字/周期
算 术 指 令			
MACA[R]　Smem[，B]	B = rnd(B + Smem*hi (A)) [，T = Smem]	与 ACCA 高端相乘，加到 ACCB 中[凑整]	1/1
MACA[R]　T，src[，dst]	dst = rnd (src + T*hi (A))	T 与 ACCA 高端相乘，加到 ACC[凑整]	1/1
MACD　Smem，pmad，Src	macd (Smem，pmad，src)	与程序存储器值相乘再累加/延迟	2/3
MACP Smem，pmad，Src	macp (Smem，pmad，src)	与程序存储器值相乘再累加	2/3
MACSU Xmem，Ymem，src	src = src + uns (Xmem)* Ymem [，T = Xmem] src + = uns (Xmem)*Ymem [，T = Xmem]	带符号和无符号数相乘再累加	1/1
MAS[R]　Smem，src	src = rnd (src−T*Smem)	与 T 寄存器相乘再与 ACC 相减[凑整]	1/1
MAS[R]　Xmem，Ymem，src[，dst]	dst = rnd (src−Xmem*Ymem) [，T = Xmem]	双操作数相乘，再与 ACC 相减[凑整]	1/1
MASA Smem[，B]	B=B−Smem*hi(A)[,T= Smem] B−=Smem*hi(A)[，T = Smem]	从 ACCB 中减去单数据存储器操作数与 ACCA 的乘积	1/1
MASA[R] T，src[，dst]	dst = rnd (src−T*hi (A))	从 src 减 ACCA 高端与 T 的乘积[凑整]	1/1
MAX dst	dst = max (A,B)	求累加器的最大值	1/1
MIN dst	dst = min (A,B)	求累加器的最小值	1/1
MPY[R]　Smem，dst	dst = rnd (T*Smem)	TREG 与单数据存储器操作数相乘	1/1
MPY Xmem，Ymem，Dst	dst=Xmem*Ymem[，T= Xmem]	两数据存储器操作数相乘	1/1
MPY Smem，# lk，dst	dst = Smem*# 1k [，T = Smem]	长立即数与单数据存储器操作数相乘	2/2
MPY # lk, dst	dst = T * # lk	长立即数与 T 相乘	2/2
MPYA　Smem	B = Smem*hi (A) [，T = Smem]	单数据存储器操作数与 ACCA 高端相乘	1/1
MPYA dst	dst = T*hi (A)	ACCA 高端与 T 相乘	1/1

续表三

	表达式方式	说　明	字/周期
算 术 指 令			
MPYU　Smem，dst	dst = T*uns (Smem)	T 与无符号数相乘	1/1
NEG src[，dst]	dst = −src	求累加器的负值	1/1
NORM src[，dst]	dst = src<<TS dst = norm (src,TS)	归一化	1/1
POLY　Smem	poly (Smem)	求多项式的值	1/1
RND src[，dst]	dst = rnd (src)	对累加器的值凑整	1/1
SAT src	saturate (src)	累加器作饱和运算	1/1
SQDST Xmem，Ymem	sqdst (Xmem，Ymem)	距离的平方	1/1
SQUR　Smem，dst	dst = Smem*Smem [，T = Smem] dst = square (Smem) [，T = Smem]	单数据存储器操作数的平方	1/1
SQUR A，dst	dst = hi (A) * hi (A) dst = square (hi (A))	ACCA 高端的平方值	1/1
SQURA　Smem，src	src = src + square (Smem) [，T = Smem] src + = square (Smem) [，T = Smem] src = src + Smem*Smem [，T = Smem] Src + =　Smem*Smem [，T = Smem]	平方后累加	1/1
SQURS　Smem，src	src = src−square (Smem) [，T = Smem] src− = square (Smem) [，T = Smem] src = src−Smem*Smem [，T = Smem] src− = Smem*Smem [, T = Smem]	平方后作减法	1/1
SUB　Smem，src	src = src−Smem src−= Smem	从累加器中减去一个操作数值	1/1

续表四

	表达式方式	说　明	字/周期
算 术 指 令			
SUB　Smem，TS，src	src = src−Smem<<TS src−= Smem<<TS	移动由 T 的 0～5 位所确定的位数，再与 ACC 相减。	1/1
SUB Smem，16，src[，dst]	dst = src−Smem<<16 dst− = Smem<<1 6	移位 16 位再与 ACC 相减	1/1
SUB Smem[，SHIFT]，src[，dst]	dst = src − Smem[<<SHIFT] dst− = Smem[<<Smem]	操作数移位后再与 src 相减(2 字操作码)	2/2
SUB Xmem，SHFT，src	src = src − Xmem << SHFT src − = Xmem << SHFT	操作数移位后再与 src 相减	1/1
SUB Xmem，Ymem，Dst	dst=Xmem<<16− Xmem<<16	两个操作数分别左移 16 位，再相减	1/1
SUB # lk[,SHFT]，src[，dst]	dst = src−# lk[<<SHFT] dst− = # lk[<<SHFT]	长立即数移位后与 ACC 作减法	2/2
SUB # lk，16，src[，dst]	dst = src−# lk<<16 dst− = # lk<<16	长立即数左移 16 位后再与 ACC 相减	2/2
SUB src[，SHIFT]，[，dst]	dst = dst−src<<SHIFT dst− = src<<SHIFT	移位后的 src 与 dst 相减	1/1
SUB　src，ASM[，dst]	dst = dst−src<<ASM dst− = src<<ASM	src 移动由 ASM 决定的位数再与 dst 相减	1/1
SUBB　Smem，src	src = src−Smem−BORROW src− = Smem−BORROW	作带借位的减法	1/1
SUBC　Smem，src	subc (Smem，src)	条件减法	1/1
SUBS Smem，src	src = src − uns (Smem) src−= uns (Smem)	与 ACC 作带符号扩展的减法	1/1
逻 辑 指 令			
AND　Smem，src	src = src & Smem src & = Smem	单数据存储器操作数和 ACC 相与	1/1
AND # lk[，SHFT]，src[，dst]	dst = src& # lk [<<SHFT] dst& = # lk [<<SHFT]	长立即数移位后和 ACC 的值相与	2/2
AND# lk，16，src[，dst]	dst = src & # lk <<16 dst & = # lk <<16	长立即数左移 16 位后和 ACC 的值相与	2/2
AND src[，SHIFT][，dst]	dst = dst & src [<<SHIFT] dst & = src [<<SHIFT]	累加器的值相与	1/1

续表五

	表达式方式	说　明	字/周期
逻 辑 指 令			
ANDM　# 1k, Smem	Smem = Smem & # lk Smem & = # lk	单数据存储器操作数和长立即数相与	2/2
BIT Xmem，BITC	TC = bit (Xmem,bit−code)	测试指定位	1/1
BITF　Smem,# lk	TC = bitf (Smem, # lk)	测试立即数指定的位	2/2
BITT　Smem	TC = bitt (Smem)	测试 T 指定的位	1/1
CMPL　src[，dst]	dst = ～src	求累加器值的反码	1/1
CMPM　Smem,# lk	TC = (Smem = = # lk)	比较单数据存储器操作数和立即数的值	2/2
CMPR CC，ARx	TC = (AR0 = = ARx) TC = (AR0 > ARx) TC = (AR0 < ARx) TC = (AR0! = ARx)	辅助寄存器 ARx 与 AR0 相比较	1/1
OR　Smem，src	src = src | Smem src | = Smem	单数据存储器操作数与 CC 的值相或	1/1
OR # lk[，SHFT]，src[，dst]	dst = src | # lk [<<SHFT] dst | = # 1k [<<SHFT]	长立即数移位后与 ACC 的值相或	2/2
OR #　lk，16，src[，dst]	dst = src | # lk << 16	长立即数左移 16 位后与 src 的值相或	2/2
OR src[，SHIFT]，[，dst]	dst = dst | src [<< SHIFT]	src 移位后与 dst 相或	1/1
ORM # lk，Smem	Smem = Smem | # lk	单数据存储器操作数与一常数相或	2/2
ROL　src	src = src\\CARRY	累加器值循环左移	1/1
ROLTC　src	roltc (src)	累加器使用 TC 进行循环左移	1/1
ROR　src	src = src//CARRY	累加器循环右移	1/1
SFTA src，SHIFT[，dst]	dst = src << C SHIFT	累加器算术移位	1/1

续表六

	表达式方式	说　明	字/周期
逻 辑 指 令			
SFTC src	shiftc (src)	累加器条件移位	1/1
SFTL　src，SHIFT[，dst]	dst = src <<< SHIFT	累加器逻辑移位	1/1
XOR　Smem，src	src = src ^ Smem	操作数与ACC异或	1/1
XOR # lk[，SHFT]，src[，dst]	dst = src ^ # lk [，SHFT]	长立即数移位后与ACC相异或	2/2
XOR # lk，16，src[，dst]	dst = src ^ # lk << 16	长立即数左移16位后与ACC异或	2/2
XOR src [，SHIFT][，dst]	dst = dst ^ src[<< SHIFT]	src移位后与dst异或	1/1
XORM　# 1k,Smem	Smem = Smem ^ # 1k	存储器操作数和常数异或	2/2
程序控制指令			
B[D] pmad	goto　pmad dgoto　pmad	可选择延迟的无条件转移	2/4[2]
BACC[D]　src	goto　src dgoto　src	指令指针指向ACC中的地址，可选择延迟	1/6[4]
BANZ[D]pmad，Sind	if (Sind! = 0)goto pmad if (Sind! = 0)dgoto pmad	AR (ARP)不为0时转移，可选择延迟	2/4,2[2]
BC[D]pmad，cond[，cond[，cond]]	if (cond[，cond[，cond]]) [d] goto pmad	可选择延迟的条件转移	2/5,3[3]
CALA[D]　src	call　src dcall　src	调用起始地址为ACC值的子程序，可选择延迟	1/6[4]
CALL[D]pmad	call pmad dcall Pmad	非条件调用，可选择延迟	2/4[2]
CC[D]pmad，cond[，cond[，cond]]	if (cond[，cond[，cond]]) call pmad if (cond[，cond[，cond]]) dcall pmad	条件调用，可选择延迟	2/5,3[3]
FB[D]　extpmad	far goto　extpmad far dgoto　extpmad	非条件远程转移，可选择延迟	2/4[2]
FBACC[D]　src	far goto src far dgoto src	远程转移到地址为ACC值的单元	1/6[4]
FCALA[D]　src	far call　src far dcall　src	远程调用起始地址为ACC值的程序，可选择延迟	1/6[4]

续表七

	表达式方式	说　明	字/周期
程序控制指令			
FCALL[D]　extpmad	far call　extpmad far dcall　extpmad	非条件远程调用，可选择延迟	2/4[2]
FRAME　k	SP = SP + k SP + = k	堆栈指针偏移立即数值	1/1
FRET[D]	far return far dreturn	远程返回	1/6[4]
FRETE[D]	far return_enable far dreturn_enable	远程返回且允许中断，可选择延迟	1/6[4]
IDLE　K	idle (k)	保持空闲状态直到有中断产生	1/4
INTR　k	int (k)	软件中断	1/3
MAR　Smem	mar (Smem)	修改辅助寄存器	1/1
NOP	Nop	无任何操作	1/1
POPD　Smem	Smem = pop ( )	把数据从栈顶弹入到数据存储器	1/1
POPM　MMR	MMR = pop ( ) mmr (MMR) = pop ( )	把数据从栈顶弹入到存储器映射寄存器中	1/1
PSHD　Smem	push (Smem)	数据存储器压入堆栈	1/1
PSHM MMR	push (MMR) push (mmr (MMR))	把存储器映射寄存器值压入堆栈	1/1

RC[D]cond[，cond[，cond]]	if (cond[，cond[，cond]]) return
	if (cond[，cond[，cond]])
	dreturn
		条件返回，可选择延迟	1/5，3[3]

RESET	Reset	软件复位	1/3
RET[D]	Return Dreturn	可选择延迟的返回	1/5[3]
RETE[D]	return_enable dreturn_enable	返回并允许中断，可选择中断	1/5[3]
RETF[D]	return_fast dreturn_fast	快速返回并允许中断，可选择中断	1/3[1]
RPT　Smem	repeat　(Smem)	循环执行下一条指令，计数为单数据存储器操作数	1/1
RPT　# k	repeat　(# k)	循环执行下一条指令，计数为短立即数	1/1

续表八

	表达式方式	说　明	字/周期
	程序控制指令		
RPT　# lk	repeat　# lk	循环执行下一条指令，计数为长立即数	2/2
RPTB[D] pmad	blockrepeat　(pmad) dblockrepeat　(pmad)	可选择延迟的块循环	2/4[2]
RPTZ　dst，# lk	repeat　(# lk)，dst = 0	循环执行下一条指令并对 ACC 清 0	2/2
RSBX　N，SBIT	SBIT = 0 ST　(N,SBIT) = 0	状态寄存器位复位	1/1
SSBX　N，SBIT	SBIT = 1 ST　(N,SBIT) = 1	状态寄存器位置位	1/1
TRAP　K	trap　(K)	软件中断	1/3
XC n，cond[，cond[，cond]]	if　(cond[，cond[，cond]]) execute (n)	条件执行	1/1
	装入和存储指令		
CMPS　src，Smem	cmps　(src，Smem)	比较，选择并存储最大值	1/1
DLD Lmem，dst	dst = dbl (Lmem) dst = dual (Lmem)	把长字装入累加器	1/1
DST　src，Lmem	dbl　(Lmem) = src dual　(Lmem) = src	把累加器值存放到长字中	1/2
LD　Smem，dst	dst = dbl　(Lmem) dst = dual　(Lmem)	把操作数装入累加器	1/1
LD　Smem，TS，dst	dst = Smem <<TS	操作数移动由 T(5～0)决定的位后装入 ACC	1/1
LD　Smem，16，dst	dst = Smem <<16	操作数左移 16 位后装入 ACC	1/1
LD Smem[，SHIFT]，dst	dst = Smem [<<SHIFT]	操作数移位后装入 ACC(2 字指令)	2/2
LD Xmem，SHFT，dst	dst = Xmem [<<SHFT]	操作数 Xmem 移位后装入 ACC	1/1
LD　# K，dst	dst = # K	短立即操作数装入 ACC	1/1
LD # lk[，SHFT]，dst	dst = # lk [<<SHFT]	长立即操作数移位后装入 ACC	2/2

续表九

指令	表达式方式	说　明	字/周期
装入和存储指令			
LD #lk，16，dst	dst = #lk <<16	长立即数左移16位后装入ACC	2/2
LD src，ASM[，dst]	dst = src <<ASM	累加器移动由ASM决定的位数	1/1
LD src[，SHIFT][，dst]	dst = src [<<SHIFT]	累加器移位	1/1
LD Smem，T	T = Smem	把单数据存储器操作数装入T寄存器	1/1
LD Smem，DP	DP = Smem	把单数据存储器操作数装入数据页指针DP	1/3
LD #k9，DP	DP = #k9	把9位操作数装入DP	1/1
LD #k5，ASM	ASM = #k5	把5位操作数装入累加器移位方式寄存器中	1/1
LD #k3，ARP	ARP = #k3	把3位操作数装入到ARP中	1/1
LD Smem，ASM	ASM = Smem	操作数的4～0位装入ASM	1/1
LD Xmem,dst ‖ MAC[R]Ymem[，dst_]	dst = Xmem [<<16] ‖ dst_=[rnd] (dst_ + T*Ymem)	装入和乘/累加操作并行执行，可凑整	1/1
LD Xmem,dst ‖ MAS[R]Ymem[，dst_]	dst = Xmem[<<16] ‖ dst_ = [rnd] (dst_-T*Ymem)	装入和乘/减法并行执行	1/1
LDM MMR，dst	dst = MMR dst = mmr (MMR)	把存储器映射寄存器值装入到累加器中	1/1
LDR Smem，dst	dst = rnd (Smem)	把存储器值装入到ACC的高端	1/1
LDU Smem，dst	dst = uns (Smem)	把不带符号的存储器值装入到累加器中	1/1
LTD Smem	ltd (Smem)	单数据存储器值装入T寄存器并插入延迟	1/1
SACCD src，Xmem，cond	if (cond) Xmem = hi (src) << ASM	条件存储累加器的值	1/1
SRCCD Xmem，cond	if (cond) Xmem = BRC	条件存储块循环计数器	1/1
ST T，Smem	Smem = T	存储T寄存器的值	1/1
ST TRN，Smem	Smem = TRN	存储TRN的值	1/1

续表十

	表达式方式	说　明	字/周期
装入和存储指令			
ST # lk, Smem	Smem = # lk	存储长立即操作数	2/2
STH　src，Smem	Smem = hi (src)	把累加器的高端存放到数据存储器中	1/1
STH src，ASM，Smem	Smem = hi (src) << ASM	ACC 的高端移动由 ASM 决定的位数后存放到数据存储器中	1/1
STH src，SHFT，Xmem	Xmem = hi (src) << SHFT	ACC 的高端移位后存放到数据存储器中	1/1
STH src[，SHIFT]，Smem	Smem = hi (src) << SHIFT	ACC 高端移位后存到数据存储器（2 字）	2/2
ST　src，Ymem ‖ADD　Xmem，dst	Ymem = hi (src) [<<ASM] ‖dst = dst_ + Xmem << 16	存储 ACC 和加法并行执行	1/1
ST　src，Ymem ‖LD　Xmem，dst	Ymem = hi (src) [<<ASM] ‖dst = Xmem << 16	存储 ACC 和装入到累加器中并行执行	1/1
ST　src，Ymem ‖LD　Xmem，T	Ymem = hi (src) [<< ASM] ‖T = Xmem	存储 ACC 和装入到 T 寄存器中并行执行	1/1
ST　src，Ymem ‖MAC[R] Xmem，dst	1：Ymem = hi (src)[<< ASM] ‖dst = dst + T*Xmem 2：Ymem = hi (src)[<<ASM] ‖dst = rnd (dst + T*Xmem)	存储和乘/累加并行执行	1/1
ST　src，Ymem ‖MAS[R] Xmem，dst	1：Ymem = hi (src)[<< ASM] ‖dst = dst – T*Xmem 2：Ymem = hi (src)[<<ASM] ‖dst = rnd (dst – T*Xmem)	存储和乘/减法并行执行	1/1
ST src，Ymem ‖MPY Xmem，dst	Ymem = hi (src)[<<ASM] ‖dst = T*Xmem	存储和乘法并行执行	1/1
ST src，Ymem ‖SUB Xmem，dst	Ymem = hi (src)[<<ASM] ‖dst = Xmem<<16-dst	存储和减法并行执行	1/1
STL　src，Smem	Smem = src	把累加器的低端存放到数据存储器中	1/1

续表十一

	表达式方式	说　明	字/周期
装入和存储指令			
STL　src，ASM，Smem	Smem = src << ASM	累加器的低端移动 ASM 决定的位数后存放到数据存储器中	1/1
STL　src，SHFT，Xmem	Xmem = src <<SHFT	ACC 的低端移位后存放到数据存储器中	1/1
STL src[，SHIFT]，Smem	Smem = src <<SHIFT	ACC 低端移位后存到数据存储器 (2 字)	2/2
STLM　src，MMR	1：MMR = src 2：mmr (MMR) = src	把累加器的低端存放到存储器中	1/1
STM　# lk，MMR	1：MMR = # 1k 2：mmr (MMR) = # 1k	累加器的低端存放到存储器映射寄存器中	2/2
STRCD　Xmcm，cond	if (cond) Xmem = T	条件存储 T 的值	1/1
MVDD　Xmem，Ymem	Ymem = Xmem	数据存储器内部转移	1/1
MVDK　Smem，dmad	data (dmad) = Smem	目的地址寻址的数据转移	2/2
MVDM　dread，MMR	1：MMR = data (dmad) 2：mmr (MMR) = data (dmad)	把数据转移到存储器映射寄存器中	2/2
MVDP　Smem，pmad	prog (pmad) = Smem	把数据转移到程序存储器中	2/4
MVKD　dmad，Smem	Smem = data (dmad)	源地址寻址数据转移	2/2
MVMD　MMR，dmad	1：data (dmad) = MMR 2：data (dmad) = mmr (MMR)	存储器映射寄存器值转移到数据存储器中	2/2
MVMM　MMRx，MMRy	1：MMRy = MMRx 2：mmr (MMRy) = mmr (MMRx)	在存储器映射寄存器之间转移数据	1/1
MVPD　pmad，Smem	Smem = prog (pmad)	把程序存储器值转移到数据存储器中	2/3
READA　Smem	Smem = prog (A)	把由 ACCA 寻址的程序存储器单元的值读到数据单元中去	1/5
WRITA　Smem	prog (A) = Smem	把数据单元中的值写到由 ACCA 寻址的程序存储器中	1/5
PORTR　PA，Smem	Smem = port (PA)	从端口把数据读到数据存储器单元中	2/2
PORTW　Smem，PA	port (PA) = Smem	把数据写到端口	2/2

参 考 文 献

[1] 彭启琮，李玉柏. TMS320C54X 实用教程. 成都：电子科技大学出版社，2000

[2] 张雄伟. DSP 芯片的原理与开发应用. 3 版. 北京：电子工业出版社，2003

[3] 张雄伟，陈亮，徐光辉. DSP 集成开发与应用实例. 北京：电子工业出版社，2003

[4] 苏涛，等. 高性能数字信号处理器与高速实时信号处理. 西安：西安电子科技大学出版社，2000

[5] 郑红，吴冠. TMS320C54X DSP 应用系统设计. 北京：北京航空航天大学出版社，2002

[6] Texas Instruments. Code Composer Studio User's Guide(Rev. B). www.ti.com. Mar 2000

[7] Texas Instruments. DSP Glossary (Rev. A)(spru258a.htm, 0 KB). www.ti.com. 1997

[8] Texas Instruments. TMS320C55X Assembly Language Tools User's Guide(Rev. H). www.ti.com. Jul 2004

[9] Texas Instruments. TMS320C55X Chip Support Library API Reference Guide(Rev. J). www.ti.com. Sep 2004

[10] Texas Instruments. TMS320C55X DSP Peripherals Overview Reference Guide(Rev. G). www.ti.com. Feb 200

[11] Texas Instrument. TMS320C55X DSP Programmer's Guide (Rev. A). www.ti.com. 2001

[12] Texas Instruments. TMS320C55X Optimizing C/C++ Compiler User's Guide (Rev. F). www.ti.com. Dec 2003

[13] Texas Instruments. TMS320C55X Technical Overview. www.ti.com. Dec 1999

[14] Reference Guide (Rev. F). www.ti.com. Aug 2005

[15] Texas Instruments. TMS320VC5501/5502/5503/5507/5509 DSP Inter-Integrated Circuit (I^2C) Module RG (Rev. D). www.ti.co. Oct 2005

[16] Texas Instruments. TMS320VC5501/5502/5503/5507/5509/5510 DSP(McBSP) Reference Guide (Rev. E). www.ti.com. Apr 2005

[17] Texas Instruments. TMS320VC5503/5507/5509 DSP External Memory Interface (EMIF)Reference Guide (Rev. A). www.ti.com. Jun 2004

[18] Texas Instruments. TMS320VC5503/5507/5509/5510 DSP Timers Reference Guide (Rev. B) (spru595b.htm, 1 KB). www.ti.com. Sep 2004

[19] Texas Instruments. TMS320VC5507/5509 DSP Analog-to-Digital Converter(ADC) Reference Guide (Rev. B). www.ti.com. Jun 2004

[20] Texas Instruments. TMS320VC5509A Fixed-Point Digital Signal Processor Data Manual November 2002. www.ti.com. March 2006

~~~~~~~自动控制、机械类~~~~~~~

控制工程基础(王建平)	23.00
现代控制理论基础(舒欣梅)	14.00
过程控制系统及工程(杨为民)	25.00
控制系统仿真(党宏社)	21.00
模糊控制技术(席爱民)	24.00
运动控制系统(高职)(尚丽)	26.00
工程力学(项目式教学)(高职)	21.00
工程材料及应用(汪传生)	31.00
工程实践训练基础(周桂莲)	18.00
工程制图(含习题集)(高职)(白福民)	33.00
工程制图(含习题集)(周明贵)	36.00
现代工程制图(含习题集)(朱效波)	48.00
现代设计方法(曹岩)	20.00
液压与气压传动(刘军营)	34.00
液压与气压传动案例教程(高职)(梁洪洁)	20. 00
先进制造技术(高职)(孙燕华)	16.00
机电一体化控制技术与系统(计时鸣)	33.00
机械原理(朱龙英)	27.00
机械设计(王宁侠)	36.00
机械 CAD/CAM(葛友华)	20.00
画法几何与机械制图(叶琳)	35.00
机械制图与 CAD(含习题集)(杜淑幸)	59.00
机械设备制造技术(高职)(柳青松)	33.00
机械制造技术实训教程(高职)(黄雨田)	23.00
机械制造基础(周桂莲)	21.00
特种加工(高职)(杨武成)	20.00
数控加工进阶教程(张立新)	30.00
数控加工工艺学(任同)	29.00
数控机床电气控制(高职)(姚勇刚)	21.00
机床电器与 PLC(高职)(李伟)	14.00
电机与电气控制(高职)(冉文)	23.00
电机安装维护与故障处理(高职)(张桂金)	18.00
供配电技术(高职)(杨洋)	25.00
模具制造技术(高职)(刘航)	24.00
塑料成型模具设计(高职)(单小根)	37.00
液压传动技术(高职)(简引霞)	23.00
发动机构造与维修(高职)(王正键)	29.00
汽车典型电控系统结构与维修(李美娟)	31.00
汽车单片机与车载网络技术(于万海)	20.00
汽车故障诊断技术(高职)(王秀贞)	19.00
汽车使用性能与检测技术(高职)(郭彬)	22.00
汽车电工电子技术(高职)(黄建华)	22.00
汽车电气设备与维修(高职)(李春明)	25.00
汽车空调(高职)(李祥峰)	16.00
现代汽车典型电控系统结构原理与故障诊断	25.00

~~~~~~~~~其 他 类~~~~~~~~~

移动地理信息系统开发技术(李斌兵)(研究生)	35.00
地理信息系统及 3S 空间信息技术(韦娟)	18.00
管理学(刘颖民)	29.00
西方哲学的智慧(常新)	39.00
实用英语口语教程(含光盘)(吕允康)	22.00
高等数学(高职)(徐文智)	23.00
电子信息类专业英语(高职)(汤滟)	20.00
高等教育学新探(杜希民)(研究生)	36.00
国际贸易实务(谭大林)(高职)	24.00
国际贸易理论与实务(鲁丹萍)(高职)	27.00
电子商务与物流(燕春蓉)	21.00
市场营销与市场调查技术(康晓玲)	25.00
技术创业：企业组织设计与团队建设(邓俊荣)	24.00
技术创业：创业者与创业战略(马鸣萧)	20.00
技术创业：技术项目评价与选择(杜跃平)	20.00
技术创业：商务谈判与推销技术(王林雪)	25.00
技术创业：知识产权理论与实务(王品华)	28.00
技术创业：新创企业融资与理财(张蔚虹)	25.00
计算方法及其 MATLAB 实现(杨志明)(高职)	28.00
网络金融与应用(高职)	20.00
网络营销(王少华)	21.00
网络营销理论与实务(高职)(宋沛军)	33.00
企划设计与企划书写作(高职)(李红薇)	23.00
现代公关礼仪(高职)(王剑)	30.00
布艺折叠花(中职)(赵彤凤)	25.00